OSCAR FEYERABEND

# DAS ORGANOLOGISCHE WELTBILD

OSCAR FEYERABEND

# DAS ORGANOLOGISCHE WELTBILD

EINE PHILOSOPHISCH-NATURWISSENSCHAFTLICHE

THEORIE DES ORGANISCHEN

BERLIN 1939

WALTER DE GRUYTER & CO.

Printed in Germany

Druck von Walter de Gruyter & Co., vormals G. J. Göschen'sche Verlagshandlung, J. Guttentag Verlagsbuchhandlung, Georg Reimer, Karl J. Trübner, Veit & Comp. Berlin W 35

Archiv-Nr. 42 43 38

Meiner lieben Frau
und treuen Helferin
gewidmet

# VORWORT

Das vorliegende Buch ist entstanden aus der Bearbeitung weltanschaulicher Probleme, die sich jedem denkenden Menschen aufdrängen, in der Wissenschaft des 19. Jahrhunderts aber keine Klärung, geschweige denn eine Lösung gefunden haben. Der junge Student, der die Universität besucht, um dort in die großen Probleme des Daseins eingeweiht zu werden, sieht sich bekanntlich einer Fülle von Spezialwissenschaften gegenüber, vermißt aber eine gemeinsame verbindende und befruchtende wissenschaftliche Weltanschauung. Es ist eine stillschweigende Überzeugung der Naturwissenschaftler geworden, daß ein naturwissenschaftliches Weltbild nur mosaikartig induktiv durch Spezialforschungen entstehen könne und es überwundene Methode einer vergangenen romantischen Epoche sei, durch philosophische Deduktionen Welterkenntnis zu gewinnen. Kein Naturforscher will sich daher von einem Philosophen, geschweige denn von einem Metaphysiker in seine Wissenschaft hineinreden lassen; die Philosophie hat sich seiner Ansicht nach vielmehr nach den Naturwissenschaften zu richten. Einerseits ist dadurch eine Art Liberalismus der Einzeldisziplinen entstanden, wodurch diese den Zusammenhang mit den großen weltanschaulichen Problemen verloren haben, andererseits ist die Naturwissenschaft metaphysiklos geworden und ebenso ihr Weltbild. So entstand der naturwissenschaftliche Materialismus des 19. Jahrhunderts, der — ursprünglich Forschungsmethodik — bald zum weltanschaulichen Materialismus wurde, von dem die einen sagen, daß er längst wieder überwunden sei, und die anderen, daß er noch heute, wenn auch hinter den Kulissen der Wissenschaft, lebe und herrsche. Verfasser ist der letzteren Ansicht und hat seinen Standpunkt in einer demnächst erscheinenden Schrift „Zur Psychologie des naturwissenschaftlichen Materialismus" (künftig „Sonderschrift" genannt) eingehend dargelegt. Die weltanschauliche Minderwertigkeit und Unhaltbarkeit des naturwissenschaftlich-materialistischen Weltbildes ist bekannt. Ihre Auswirkungen kann man täglich erleben. Eine wissenschaftlich brauchbare Theorie des Lebens und der Seele als Grundlage einer höheren und befriedigenden Weltauffassung gibt es noch nicht. Ein Entwurf zu einer solchen wird in diesem Buche vorgelegt, das zeigen will, zu welchen Erkenntnissen und Perspektiven eine organologische, d. h. den Gesetzen der organischen Natur entsprechende Naturphilosophie führt, die die Ergebnisse moderner Naturwissenschaft verarbeitet, und wie notwendig sie ist. Ob sie dem deutschen Geiste mehr entspricht als die bisherige Einstellung, mag der Leser entscheiden. Sollten Berichtigungen notwendig werden, so wären Hinweise darauf im Interesse der Sache dankbar zu begrüßen. Das Gebiet ist so groß, daß es nur von einer Arbeitsgemeinschaft berufener Geister beherrscht und ausgebaut werden kann, die sich hoffentlich bilden wird.

Dortmund, im Januar 1938

Oscar Feyerabend
Dr. med. et phil.

# INHALT

# I. DAS PROBLEM DES LEBENS ALS DAS PROBLEM DER SINNVOLLEN GESTALTUNG

## A. DIE LAGE DES PROBLEMS

Bei der Analyse des Wesens der organischen Erscheinungen handelt es sich im Grunde um die Frage, ob im Organischen eine besondere Gesetzlichkeit, die sog. „Autonomie des Lebens" zutage tritt, die im Anorganischen nicht besteht, wodurch der Begriff des Organischen im Unterschiede vom Anorganischen für ein besonderes Tatsachengebiet abgegrenzt würde. Da dies aber bekanntlich noch als unentschieden dahingestellt, von gewissen Forschern sogar rundweg abgelehnt wird, fehlt vorläufig noch eine exakte Definition des Begriffs „organisch" zum Unterschied von „anorganisch" und damit die Grundlage für eine theoretisch-planmäßige Bearbeitung und Differenzierung der Probleme des Lebens. Es besteht daher die Aufgabe, den Begriff des Organischen auf den verschiedenen Gebieten des Lebens so zu bestimmen, daß er den an ihn zu stellenden Anforderungen entspricht.

Das Grundphänomen, auf das sich der Begriff der „Autonomie des Lebens" gründet, ist offenbar die Gestalt der organischen Gebilde. — Die schönen und zweckmäßigen Formen und Farben der Pflanzen- und Tierwelt, die differenzierte Planmäßigkeit der Lebens- und Entwicklungsvorgänge, die Rätsel der Gehirnfunktion, die kosmische Ordnung des Sternenhimmels, das alles weist uns hin auf die Frage: Wie ist die Entstehung dieser sinnvollen*) Gestalten angesichts der doch intelligenzlosen Materie möglich? d. h. handelt es sich hier um den Ausdruck, die Wirkung besonderer sinnvoll gestaltender übermaterieller Kräfte oder nur um Erscheinungen, die prinzipiell auf die Gesetze und Eigenschaften der Materie zurückgeführt und durch sie begriffen werden können? — Damit haben wir das Problem der sinnvollen organischen Gestaltung, das letzten Endes auf eine

*) Die Begriffe „sinnvoll" und „sinnlos" werden noch erörtert.

Metaphysik der Natur hinausläuft, worauf die Ergründung von Ordnung, Schönheit und Zweckmäßigkeit den philosophisch denkenden Menschen von jeher geführt hat.

Die soeben formulierte Problemstellung zeigt nun schon von vornherein die Möglichkeit der Spaltung wissenschaftlicher Stellungnahme in zwei entgegengesetzte Lager: einerseits die Bejahung des Gedankens der Gestaltung der Materie durch eine immaterielle Realität, wie wir sie in der Philosophie aller Zeitalter von den Indern bis in die Neuzeit haben, andererseits die Ablehnung immaterieller Einwirkung auf das materielle Naturgeschehen unter prinzipieller Beschränkung aller wissenschaftlichen Erklärung organischer Erscheinungen auf die Gesetzlichkeit der Materie, wie es heute noch der naturwissenschaftliche Materialismus fordert.

Die großen Systeme der Philosophie setzen bekanntlich in der Überzeugung, daß die weisheitsvolle Ordnung des organischen Lebens nicht in den Gesetzlichkeiten der Materie und ihrer blinden Kausalität begründet sein könne, in Analogie mit der psycho-physischen Doppelwesenheit des Menschen als Grund der sinnvollen Gestaltung der Materie ein Geistiges: Brahman, Logos, Weltseele, Gott, Geist, Wille, Unbewußtes und wie die Namen für das Eine alle heißen. Die sinnvolle Ordnung der sichtbaren Welt ist nach dieser Anschauung nur Ausdruck jenes Geistigen, wie die sinnvolle Ordnung der Teilbewegungen unserer Handlungen das an sich Sinnvolle unseres Geistes verkörpert.

Der naturwissenschaftliche Materialismus, der sich vom weltanschaulichen Materialismus dadurch unterscheidet, daß er nur als Forschungsprinzip auftritt, hat das Geistige und alles Übersinnliche weitgehend aus unserem Weltbilde dadurch verdrängt, daß er es zwar nicht leugnet, ihm aber jede Wirksamkeit auf das physische Geschehen abspricht, wodurch es praktisch belanglos wird und nur noch eine Rolle in der Metaphysik, Ästhetik und Morallehre spielt. Die Folgen dieser Einstellung sind zu bekannt, als daß sie hier erörtert zu werden brauchten; in extremer Form sehen wir sie im Bolschewismus. Wir haben daher alle Veranlassung, ihr kritisch auf den Grund zu gehen, zumal sie heute in der exakten Forschung noch herrschend ist.

## 1. Das Problem der Gestalt

Die Kardinalfrage, um die es sich in der Entscheidung zwischen der philosophischen und der materialistischen Einstellung der Natur gegenüber handelt, ist die Frage nach der objektiven Realität der Gestalt.

Wenn wir den Begriff „Gestalt“ als Einheit oder Ganzheit von Beziehungen definieren, kommen wir zu einem erkenntnis-theoretischen Problem. Da wir nämlich die Außenwelt nicht direkt, sondern indirekt durch unsere Vorstellung wahrnehmen, treten uns Gestalten nur als unsere Vorstellungen entgegen, und die Frage nach der objektiven Realität der Gestalt ist die, ob es auch Gestalten außerhalb unserer Vorstellung gibt.

Es gibt Gelehrte, die diese Frage verneinen. Aus obiger Fragestellung geht aber hervor, daß wir einen Unterschied machen müssen zwischen Gestalt, die nur Vorstellung ist, und Gestalt in der Natur, und um die Anerkennung oder Nichtanerkennung der letzteren handelt es sich. Bei der Definition von „Gestalt“ als unteilbarer Einheit von Beziehungen bekommen wir lediglich den Begriff der Gestalt als Vorstellung*), und dann folgt daraus, daß es in der materiellen teilbaren Außenwelt keine „Gestalten“ gibt, außer magnetischen und elektrostatischen Kraftfeldern nach W. Köhler**). Begreifen wir aber „Gestalt“ zunächst nur als Kombination von Teilen, so kann uns ein Erkenntnistheoretiker entgegentreten: außerhalb unserer Auffassung gäbe es keine Kombination, dies sei vielmehr nur eine psychologische Realität.

Wenn wir nun weiter fragen: Gibt es objektiv, d. h. außerhalb unserer Auffassung planmäßige Gestalten zum Unterschiede von planlosen Massen, so werden uns Erkenntnistheoretiker antworten: nein! — Denn wenn man obige Unterschiede im objektiven Sinne gelten läßt, also Organismen von anorganischen Konglomeraten als objektiv planmäßig strukturiert unterscheidet, so muß man bei der Materie, die wir von der Chemie und Physik her kennen, auch einen Plan, also ein Geistiges voraussetzen, das jene planmäßige Gestalten gebildet hat, wie wir bei Mechanismen ohne weiteres auf einen menschlichen Geist schließen. Das widerspricht aber dem Weltbilde des naturwissenschaftlichen Materialismus und der nach ihm orientierten Erkenntnistheorie; nach dieser würden wir damit die Grenzen naturwissenschaftlicher Erkenntnis überschreiten und das Gebiet der spekulativen Metaphysik betreten, die keine Naturerkenntnis gibt. Auch

*) In dem Sinne bearbeitete M. Scheerer „Die Lehre von der Gestalt“, W. de Gruyter, Berlin, 1931.

**) W. Köhler, Die physischen Gestalten in Ruhe und im stationären Zustand. Braunschweig 1920, jetzt bei Benary, Erfurt.

für von Menschenhand gefertigte Gebilde wird von dieser Richtung kein Geist angenommen, sondern nur Gehirnfunktion. — Andererseits werden in der Praxis des Lebens gewisse Zustände und Beziehungen nicht nur vulgär, sondern auch in der Politik, Medizin und Rechtswissenschaft so beurteilt, als ob es objektiv planmäßige Gestalten gäbe. Insofern besteht also schon hier eine verhängnisvolle Divergenz zwischen natürlicher und „naturwissenschaftlicher" Auffassung.

## 2. Das Problem der entelechialen Gestaltung

Ebensogroß sind die Schwierigkeiten, die sich für den strengen Naturwissenschaftler der Erklärung planmäßig erscheinender materieller Gestalten durch immaterielle (entelechiale) Kräfte entgegenstellen. Die theoretische Physik, deren Sätze mathematisch begründet und daher unumstößlich sind, verbietet die Annahme entelechialer Gestaltung aus zwei Gründen:

Erstens würde nämlich durch geistige oder metaphysische Einwirkung auf das physische Geschehen das Gesetz von der Konstanz der physischen Energie durchbrochen, das sich auf das Gesetz von der Erhaltung der Kraft (Rob. Mayer) gründet, welches experimentell bestätigt in der Physik grundlegend ist. Da also Kraft weder verschwinden, noch aus nichts neu entstehen, sondern nur transformiert werden kann, so folgt, daß die Kraftmenge der physischen Welt konstant ist. Wenn nun Entelechie da hineinwirkte, so würde, wie die Physik behauptet, dies eine Vermehrung der physischen Energie bedeuten, und somit die Menge der physischen Energie inkonstant werden.

Zweitens stünde die Annahme geistiger Einwirkung auf die Materie im Widerspruch mit dem mathematisch unumstößlich begründeten Äquivalenzprinzip, welches besagt, daß nach dem Zweiten (Wärme-)Satz der Thermodynamik ein gestaltender Einfluß auf materielles Geschehen eine meßbare Wärmevermehrung bedeuten würde, die aber tatsächlich nicht festzustellen sei. Bekanntlich haben Rubner und Atwater durch kalorimetrische Untersuchungen des lebenden Organismus festgestellt, daß die von ihm abgegebene Kalorienmenge der der aufgenommenen Nahrung fast genau (d. h. mit nur 0,1 % Differenz) entspricht, was aus theoretischen Gründen nicht der Fall sein könnte, wenn die organischen Prozesse in ihrem Verlaufe im Sinne einer Gestaltung beeinflußt wären; in dem Falle müßte mehr Wärme als dem Kaloriengehalt der Nahrung entspricht, entstehen und bei der Isothermie*) des Organismus meßbar abgegeben werden. Da dies aber tatsächlich nicht der Fall ist, schloß man, sei naturwissenschaftlich eine Beeinflussung im Sinne einer sinnvollen Gestaltung materieller Teile undenkbar, und damit auch die Wirklichkeit gestaltender Prinzipien, Kräfte, überhaupt überphysischer „Formen", wie sie seit Aristoteles lange Zeit das naturwissenschaftliche Weltbild beherrschten, Illusion. Weil also die Physik die Annahme entelechialer Einwirkung auf die Physis nicht gestattet, gibt es für die exakte Naturwissenschaft kein Lebensprinzip, keine Seele, keinen Geist als wirkende Kräfte, keinen Gott, kein Jenseits, das in diese Welt hineinwirkt und durch diese Wirkungen erschlossen werden kann. — Auch hier also wieder die unüberbrückbare Kluft zwischen natürlichem Empfinden und „wissenschaftlichem" Standpunkte, die trotz zahlreicher Versuche, sie zu beseitigen**), heute noch besteht.

## 3. Das Problem der organischen Zweckmäßigkeit und die Philosophie

Während die offenbar zweckmäßige Ordnung und Zielstrebigkeit der organischen Vorgänge und Gebilde nicht nur dem Laien, sondern auch führenden Biologen den Eindruck finaler Bedingtheit aufzwingt, wird ihnen von der exakten Forschung immer noch entgegengehalten, ihr Begriff der Zweckmäßigkeit oder der Entelechie als causa finalis sei unvereinbar mit echter Naturwissenschaft. Diese könne nur bestehen und sich entwickeln auf Grund des Kausalitätsprinzips, wie das u. a. M. Hartmann in „Das Weltbild der Naturwissenschaften"***) neuerdings wieder betont hat. Für den anorganisch orientierten Naturwissenschaftler ist eben der Begriff der Entelechie unbrauchbar, und einer organischen Orientierung stehen außer den Hindernissen, die wir bereits besprachen, noch philosophische gegenüber, mit denen wir uns nun auseinanderzusetzen haben.

Ein Überblick über die Entwicklung der Philosophie vom Mittelalter bis in die Neuzeit zeigt uns bezüglich der Probleme Leben, Seele, Geist keinen eindeutigen Standpunkt, vielmehr einen jahrhundertelangen Kampf des Empirismus und Materialismus gegen das Weltbild des Aristoteles, der heute noch nicht abgeschlossen ist. Zum

---

*) Wärmegleichheit.

**) Vgl. Sonderschrift.

***) Stuttgart 1931.

Teil liegt das daran, daß die Philosophie besonders seit dem Aufstiege der Naturwissenschaft von deren Resultaten als dem Material zu ihrem Gebäude abhängig war und es sich nicht leisten konnte, wie früher etwa die Kirche, Realitäten in Abrede zu stellen oder zu verdammen, die ihr nicht genehm waren. Ein Philosoph, der sich Schwierigkeiten nicht aussetzen will, geht vorläufig immer noch sicher, wenn er sich auf die klarste erkenntnistheoretische Antwort stützt, die auf die Frage nach der Zweckmäßigkeit in der Natur Immanuel Kant gegeben hat. In seiner Kritik der reinen Vernunft begrenzt dieser unsere Naturerkenntnis auf das Gebiet „möglicher Erfahrung", d. h. auf Objekte, die uns in den Anschauungsformen von Raum und Zeit gegeben werden können. Was außerhalb dieser möglichen Erfahrung liegt, ist für uns transzendent und damit kein Gebiet der Erkenntnis mehr. Indessen wird das menschliche Denken immer wieder verleitet, sich, um höhere Erkenntnisse zu gewinnen, auf dies Gebiet hinauszuwagen und zwar durch die Ideen der „reinen" (d. h. von Erfahrung unabhängigen) Vernunft, die nur Einheit in die Mannigfaltigkeit der Verstandeserkenntnisse zu bringen und sie zu einem einheitlichen Systeme der Erkenntnis zu ordnen haben, ohne aber zu unserer Erkenntnis in concreto das mindeste beitragen zu können. Denn wahre Erkenntnis bildet nur der „Verstand" durch sinnvolle Verknüpfung der Wahrnehmungen im Bereiche möglicher Erfahrung; die „Vernunft" ist nach Kant nur das Vermögen der Prinzipien, nach denen der Verstand im Interesse der Einheit der Erkenntnis zu arbeiten hat, nicht aber ein Vermögen, höhere Erkenntnisse wie solche über das Wesen der Seele oder die Realität eines höchsten Wesens aus sich zu erzeugen. Vernunftbegriffe bzw. -Ideen sind aber auch Ordnung, Schönheit, Zweckmäßigkeit. Demgemäß hätten wir also alle sinnvollen Erscheinungen so anzusehen, als ob sie aus einer sinnvollen Ursache heraus gestaltet wären, dürfen aber eine solche nicht als Naturrealität in unsere Erklärungen einbeziehen, sondern nur „die physisch-mechanische Verknüpfung"*) der Erscheinungen nach jenen allgemeinen durch die „Vernunft" gegebenen Richtlinien verfolgen. Das ist der Begriff des regulativen Prinzips, das nur heuristische, aber keine erkenntnisbildende Bedeutung hat im Gegensatze zu dem konstitutiven, das Objekterkenntnis gibt. Objektiviert man aber Vernunftbegriffe, so legt man Gedankendingen Gegenständlichkeit bei, die sie für uns nicht haben,

*) Vgl. Kritik aller spekul. Theologie (720).

man bildet „Noumena in positiver Bedeutung“, denen keine Wirklichkeit zukommt *). Das würde auch für den Entelechiebegriff gelten. — Man sieht, hier ist das ausgeführt und aller Wissenschaft vorgeschrieben, was heute noch der naturwissenschaftliche Materialismus als die einzig richtige und mögliche Forschungsmethodik hinstellt, und wonach praktisch auch gearbeitet wird: der mechanistische Naturbegriff. Gestützt wird er durch die Tatsache, die den Anhängern der aristotelisch-teleologischen Weltansicht immer entgegen gehalten wurde und noch wird, daß nämlich scheinbar sinnvolle, also zweckbedingte Naturvorgänge sich bei genauer wissenschaftlicher Untersuchung als rein physisch bedingt erwiesen hätten, und daß es mit dem Fortschreiten der Wissenschaft so auch den Naturerscheinungen ergehen würde, die die „faule Vernunft“ (ignava ratio) auf das Wirken eines höchsten Wesens u. dgl. zurückführt. In seiner Vorrede zur „Allgemeinen Naturgeschichte und Theorie des Himmels“ gibt Kant ein klassisches Beispiel hierfür, das wegen seiner prinzipiellen Wichtigkeit zitiert sei:

„Man hat schon mehrmalen es als eine der deutlichsten . . . Proben einer gütigen Vorsorge, die vor die Menschen wacht, angeführt, daß in dem heißesten Erdstriche die Seewinde gerade zu einer solchen Zeit, da das erhitzte Erdreich am meisten ihrer Abkühlung bedarf, gleichsam gerufen über das Land streichen, und es erquicken. Z. E. in der Insel Jamaika, sobald die Sonne so hoch gekommen ist, daß sie die empfindlichste Hitze auf das Erdreich wirft, gleich nach 9 Uhr Vormittags, fängt sich an, aus dem Meere ein Wind zu erheben, der von allen Seiten über das Land wehet; seine Stärke nimmt nach dem Maße zu, als die Höhe der Sonne zunimmt. Um 1 Uhr Nachmittages, da es natürlicherweise am heißesten ist, ist er am heftigsten und läßt wieder mit der Erniedrigung der Sonne allmählich nach, so daß gegen Abend eben die Stille als beim Aufgange herrscht. Ohne diese erwünschte Einrichtung würde diese Insel unbewohnbar sein. Eben diese Wohltat genießen alle Küsten der Länder, die im heißen Erdstriche liegen. Ihnen ist es auch am nötigsten, weil sie, da sie die niedrigsten Gegenden des trockenen Landes sein, auch die größte Hitze erleiden; denn die höher im Lande befindlichen Gegenden, dahin dieser Seewind nicht reichet, sind seiner auch weniger benötigt, weil ihre höhere Lage sie in eine küh-

*) Vgl. Kritik der reinen Vernunft „Postulate des empirischen Denkens überhaupt“, sowie „Phänomena und Noumena“.

lere Luftgegend versetzet. Ist dieses nicht alles schön, sind es nicht sichtbare Zwecke, die durch klüglich angewandte Mittel bewirket worden? Allein zum Widerspiel muß der Naturalist die natürlichen Ursachen davon in den allergemeinsten Eigenschaften der Luft antreffen, ohne besondere Veranstaltungen deswegen vermuten zu dürfen. Er bemerket mit Recht, daß diese Seewinde solche periodische Bewegungen anstellen müssen, wenngleich kein Mensch auf solcher Insel lebete, und zwar durch keine andere Eigenschaft, als die der Luft auch ohne Absicht auf diesen Zweck bloß zum Wachstum der Pflanzen unentbehrlich vonnöten ist, nämlich durch ihre Elastizität und Schwere. Die Hitze der Sonne hebet das Gleichgewicht der Luft auf, indem sie diejenige verdünnet, die über dem Lande ist, und dadurch die kühlere Meeresluft veranlasset, sie aus ihrer Stelle zu heben und ihren Platz einzunehmen."

Hiermit soll allerdings nicht gesagt sein, daß sich auch die organischen Erscheinungen so physikalisch erklären lassen; vielmehr gibt Kant in seiner Kritik der Urteilskraft, in der er u. a. das Problem der Zweckmäßigkeit in der Natur eingehend untersucht, eindeutig zu, daß organisierte Wesen eine besondere Kategorie von Naturerscheinungen darstellen, die nur als Zwecke der Natur möglich gedacht werden müssen, da in ihnen „alles Zweck und wechselseitig auch Mittel ist", während wir bei einer rein physikalischen Kausalreihe niemals die Wirkung auch als Ursache ansehen können. „Genau zu reden hat also die Organisation der Natur nichts Analogisches mit irgendeiner Kausalität, die wir kennen*)". „Ein organisiertes Wesen ist also nicht bloß Maschine, denn die hat lediglich bewegende Kraft, sondern es besitzt in sich bildende Kraft, und zwar eine solche, die es den Materien mitteilt, welche sie nicht haben (sie organisiert), also eine sich fortpflanzende bildende Kraft, welche durch das Bewegungsvermögen allein (den Mechanism) nicht erklärt werden kann*)."

Wir müssen nun sehen, wie Kant sich die Entstehung organisierter, also zweckmäßiger Wesen, m. a. W. den Gestaltungsprozeß denkt, denn der enthält, wie wir zeigten, den Kern der Frage. In § 78 der Kritik der Urteilskraft heißt es:

„Nun müssen zwar das Prinzip des Mechanismus der Natur und das der Kausalität derselben nach Zwecken an einem und ebendemselben Naturprodukte in einem einzigen oberen Prinzip zusam-

---

*) Beide Zitate aus § 65.

menhangen und daraus gemeinschaftlich abfließen, weil sie sonst in der Naturbetrachtung nicht nebeneinander bestehen könnten."

„Nun ist aber das gemeinschaftliche Prinzip der mechanischen einerseits und der teleologischen Abteilung anderseits das Übersinnliche, welches wir der Natur als Phänomen unterlegen müssen. Von diesem aber können wir uns in theoretischer Absicht nicht den mindesten bejahend bestimmten Begriff machen." Das heißt m. a. W.: Was an sich, d. h. unabhängig von unserer raum-zeitlichen Anschauung geschieht, wissen wir nicht und können es niemals wissen. Die raumzeitliche Erscheinung hiervon können wir zwecks konkreter Erkenntnis nur nach den Regeln des „Verstandes" (Kausalität u. a.) konstitutiv, also mechanistisch erklären, das teleologische Prinzip der Vernunft dabei aber nur als heuristische „regulative" Betrachtungsweise anwenden; „denn eine Erklärungsart schließt die andere aus"; . . . „Hierauf gründet sich nun die Befugnis und . . . auch der Beruf: alle Produkte und Ereignisse der Natur, selbst die zweckmäßigsten, so weit mechanisch zu erklären, als es immer in unserem Vermögen ( . . . ) steht, dabei aber niemals aus den Augen zu verlieren, daß wir" die sinnvollen Erscheinungen, „jene mechanischen Ursachen ungeachtet, doch zuletzt der Kausalität nach Zwecken unterordnen müssen." —

Danach läßt sich ein sinnvoller Gestaltungsprozeß, wie wir ihn im Auge haben, naturwissenschaftlich überhaupt nicht denken, obwohl seine metaphysische Möglichkeit, ja Wahrscheinlichkeit zugegeben wird. Für unser Erkenntnisvermögen kommt nach Kant also nur die mechanistische Erklärungsart in Frage, da eine teleologische mit jener unvereinbar ist und ohne Naturkausalität „organisierte Wesen . . . doch keine Naturprodukte sein würden"*).

Hier haben wir also den Grund zu der unbefriedigenden wissenschaftlichen Situation, die wir im vorigen Abschnitte schilderten: ein Weltbild, welches zerfällt in eine mechanistisch zu erklärende Natur als Erscheinung und eine übersinnliche, für uns prinzipiell unerkennbare sinnvolle Wirklichkeit, die aber, weil sie nicht mehr „Natur" ist, auf deren Vorgänge keinen gestaltenden Einfluß hat. Damit ist der naturwissenschaftliche Materialismus erkenntnistheoretisch begründet; was darüber hinausgeht, wird heute als „irrational" bezeichnet, also als etwas, das für immer menschlicher Begriffsbildung entzogen ist — ein bequemer und daher allgemein beliebter Standpunkt!

*) Vgl. auch Urteilskraft § 81.

Auch die Schönheit der organischen Erscheinungen, die doch keinen materiellen Zweck hat, kann die Situation nicht retten; denn das ästhetische Urteil, durch das wir zum Begriffe der Schönheit gelangen, ist, wie die Kritik der Urteilskraft darlegt, erst recht ein subjektives, da es sich nicht auf Begriffe gründet und deshalb auch nicht beweisbar ist. Wenn es wie das teleologische auch ein synthetisches Urteil a priori ist, so kann es deshalb wie jenes doch nicht als Erkenntnis vermittelndes Prinzip anerkannt werden. Wir dürfen also die Natur so betrachten, ja die Ergänzungsbedürftigkeit unseres Verstandes zwingt uns dazu, als ob ein vernünftiges Schönheit gebendes Wesen sie geordnet und gestaltet hätte, aber immer mit dem Bewußtsein der lediglich subjektiven (regulativen) Bedeutung dieses Prinzips.

Damit wird unserem Bestreben, die sinnvolle Gestaltung der organischen Erscheinungen naturwissenschaftlich zu begreifen, von der Erkenntnistheorie ein Riegel vorgeschoben; denn da wie gesagt, die wesentliche Frage der organischen Natur: „Wie kommt es, daß die organischen Naturprozesse gerade so, nämlich sinnvoll verlaufen?" durch materiale (mechanische) Kausalität allein nie beantwortet, geschweige denn erklärt werden kann, wie Kant es selbst zugibt, so gäbe es demnach überhaupt keine objektive Wissenschaft der organischen Erscheinungen, sondern nur Verfolgung der materiellen Kausalketten und subjektive Betrachtung und Deutung der organischen Prozesse, als ob ein Zweck, ein Plan dahinter stünde, ohne daß damit etwas Objektives zu deren Erkenntnis gesagt wäre — eine traurige Rückständigkeit unseres philosophischen Denkens, von der wir nicht glauben können, daß sie in der Organisation unseres Verstandes begründet ist.

Hier begegnen sich also transzendentaler Idealismus und naturwissenschaftlicher Materialismus — eine höchst eigenartige Erscheinung, um so mehr, als beide sich sonst in so verschiedenen Richtungen bewegen, daß sie sich oft geradezu den Rücken kehren. Es liegt daher der Verdacht nahe, daß beide sich aus dem gleichen Grunde auf dem gleichen Verlegenheitsstandpunkte befinden, auf den sie von ihrer sonst eingehaltenen Richtung durch Konsequenzen falscher Annahmen abgedrängt sind. Und auf der anderen Seite steht die Flucht des Materialismus in die Subjektivität angesichts der empirisch greifbaren Unterschiede von Ordnung und Unordnung in der Natur sehr wenig im Einklange mit seinem Realismus, dem es doch sonst gar nicht darauf ankommt, die Dinge anders zu sehen, als sie sind. Man stelle sich etwa vor, ein Astronom beobachte die Abweichung eines Gestirns von seiner normalen Bahn und wollte die Erscheinung nur so betrachten, als ob ein noch unsichtbarer fremder Himmelskörper die Bahn störe, statt diesen als reale Ursache anzunehmen*).

Die Lehre Kants vom regulativen Prinzip ist bisher u. W. nicht widerlegt. Man steht daher vor der leider als berechtigt geschilderten Alternative: entweder streng wissenschaftliche kausale Forschung — dann aber materialistischer Mechanismus und Verzicht auf Erkenntnisse der Gesetze des Lebens — oder Befriedigung unseres Bedürfnisses nach Erklärung des Sinnvollen, Schönen und Zweckmäßigen in der Natur durch Teleologie — dann aber Verzicht auf exakte wissenschaftliche Forschung und Stehenbleiben in nebelhaften Vorstellungen. So durchforscht man nun weiter die Kausalreihen, kommt aber weder zu einem Ende noch zu einem befriedigenden Ergebnis. Die Ratlosigkeit führender Biologen in Erkenntnis dieser Situation kommt recht deutlich zum Ausdruck in der Arbeit von Bertalanffy: „Kritische Theorie der Formbildung“**), wo es S. 12 heißt:

„Mechanistisch kann die Entwicklung nicht erklärt werden, da Selektion und direkte Bewirkung nicht ausreichen, da sie selbst schon übermechanistische Faktoren sind — und vitalistisch darf sie nicht erklärt werden, wenn wir den Boden exakter Wissenschaft nicht überschreiten wollen.“

Das ist der tragische Konflikt, in dem sich Wissenschaft und Weltanschauung noch im 20. Jahrhundert befinden, ein Zustand, der eben alle Kennzeichen eines Irrweges, einer Sackgasse trägt und, wie wir sehen werden, keineswegs im Wesen wahrer Wissenschaft, sondern nur im Wesen des Materialismus begründet ist. Diese Lage kann nicht dadurch geklärt werden, daß in der theoretischen Physik, wie Planck in einem Vortrage dieses Jahres über Religion und Naturwissenschaft***) berichtet, auch im Anorganischen Finalität angenommen wird. Denn wenn es sich hier wirklich um Finalität handeln sollte, so ist das nur eine der kleinsten Teilchen, durch die sich höchstens einige anorganische Erscheinungen, nicht aber organische begreifen lassen, da aus Tendenzen kleinster Teile niemals ein organi-

---

*) Dies Beispiel ist dann zutreffend, wenn, wie später nachgewiesen wird, die gestalteten Prozesse auch Abweichungen von der Norm ihrer Eigengesetzlichkeit darstellen.

**) Berlin 1928.

***) Leipzig 1938.

sches Ganzheitsprinzip hergeleitet werden kann. Künftige Facharbeiten müssen dies noch genauer aufklären.

Ebensowenig halten wir von dem Begriff des Irrationalen innerhalb des Gebietes naturwissenschaftlich zu erklärender Vorgänge; wir werden darauf noch zurückkommen.

Der deutsche Geist konnte sich mit dem ihm wesensfremden Standpunkte des naturwissenschaftlichen Materialismus und einer auf ihn eingestellten Erkenntnistheorie nie zufrieden geben; er sieht in der erforschbaren Natur mehr als einen bloßen Mechanismus und traut eine echte Metaphysik ahnend seinem Denkvermögen mehr zu, als ihm von Kant zuerkannt wird. So hat die nachkantische Philosophie immer wieder versucht, das Geistige, Wesenhafte der Welt durch die Naturerscheinungen zu erfassen, allerdings in naturwissenschaftlich unbrauchbarer Form, so daß sie den naturwissenschaftlichen Materialismus nicht erschüttern konnte. Selbst E. von Hartmann, der in seiner „Philosophie des Unbewußten" die Probleme des Organischen so meisterhaft mit einer bedeutenden naturwissenschaftlichen Kenntnis fast organologisch behandelt hat, und dem wir viel Anregung verdanken, ist auch bei dem undifferenzierten Begriffe des Unbewußten stehen geblieben. So steht der naturwissenschaftliche Materialismus mit seinem mechanistischen Forschungsprinzip heute noch unerschüttert da, gesichert und legitimiert durch Argumente der Physik und Erkenntnistheorie, gegen die ein Auflehnen aussichtslos erscheint. Trotzdem kann er nicht zu Recht bestehen; denn er befindet sich, wie wir sehen werden, in unvereinbarem Widerspruche mit unzähligen biologischen, auch experimentell gesicherten Tatsachen — wir nennen nur Namen wie Driesch, Uexküll, Morgan —, zu deren Erklärung er wegen der Unfähigkeit der Materie zur organischen Selbstgestaltung immer wieder sinnvolle materielle Konstellationen oder Gebilde benötigt, die er, wo sie nicht nachweisbar sind, erdichten muß (im Kleinen sind es Gene, Organisatoren, Engramme, im Großen die Annahme einer sinnvollen Anfangskonstellation der Welt oder die Auffassung des Universums als einer Präzisionsmaschine*), wobei unerklärt bleibt, wie diese Gebilde zustandegekommen sind**). — Jene biologischen Tatsachen bestätigen indessen, wie wir sehen werden, unseren unmittelbaren Eindruck und die natürliche Auffassung, daß das Verhalten der organischen Materie einschließlich des Nervensystems der Tiere und Menschen

*) J. Schultz, Die Maschinentheorie des Lebens. Leipzig 1929.

**) Vgl. Sonderschrift.

entelechial bzw. seelisch bedingt ist und dementsprechend auch naturwissenschaftlich begriffen und erklärt werden muß. Ein Weg zur Lösung des Problems kann aber nur gefunden werden durch Verfolgung des Problems der sinnvollen Gestaltung und Einbeziehung der Entelechie in die naturwissenschaftliche Forschung und Erklärung, wie wir sie im folgenden unternehmen; denn sinnvolles organisches Geschehen fordert Erklärung durch sinnvolle Natururursachen, und dabei kann es nur eine Entscheidung geben, d. h. entweder bringen wir es fertig, sinnvolle Gestaltung auch naturwissenschaftlich zu rechtfertigen und den organologischen Standpunkt als den allein richtigen zu erweisen, oder wir müssen auf eine objektiv-gültige Erkenntnis der organischen Natur verzichten und uns mit einem schattenhaften „als ob" über unsere geistige Hilflosigkeit hinwegtrösten.

## B. DER ORGANOLOGISCHE STANDPUNKT

### 1. zum Problem der Gestalt

Die Frage, ob es objektiv in der Natur Gestalten gibt, bedeutet im Grunde, ob es außer unserer Auffassung Beziehungen gibt; denn eine Gestalt besteht aus Beziehungen. Wenn wir Beziehungen nur im psychologischen Sinne begreifen, so gibt es sie nur in unserer Auffassung. Aber diese Auffassung entsteht doch erst durch Wahrnehmung von objektiven Verhältnissen und zwar nicht dadurch, daß wir in eine Gestaltlosigkeit Gestalten hineindichten, sondern sehr wohl zwischen objektiver Ordnung und Unordnung unterscheiden. Also werden wir durch die Außenwelt so affiziert, daß in uns einmal der Eindruck einer sinnvollen Gestalt, ein andermal der einer Gestaltlosigkeit entsteht. Es muß also in der Außenwelt etwas geben, was unserer Gestaltauffassung entspricht; denn sonst wären wir nicht imstande, aus dem Bilde, das uns der Zustand eines Menschen bietet, zu schließen, ob er gesund oder krank ist, aus dem Bilde äußerer Situation, ob Gefahr besteht oder die Lage günstig ist usw. Wir könnten nicht behaupten, daß dort eine Symphonie gespielt oder nur Lärm gemacht wird, m. a. W. wir hätten keine objektive Erkenntnis der Außenwelt. Daß wir scheinbaren von echtem Sinne in der äußeren Gegebenheit unterscheiden müssen, versteht sich von selbst. Dies ist im Zweifelsfalle bekanntlich möglich durch Messungen, Beobachtungen, Experimente, durch die unsere subjektive Auffassung objektiv bestätigt oder korrigiert wird. Beim Problem der Gestalt müssen wir also unterscheiden zwischen „Gestalt" als Einheit von Beziehungen in unserer Vorstellung und dem, was dieser in der Außenwelt als Kombination in Raum, Zeit und Intensität entspricht. In unserer Auffassung haben wir also ein Organ für die Wahrnehmung objektiver Ordnung oder Unordnung in der Materie oder, wenn wir den Begriff „Gestalt" dafür übertragen wollen, die Fähigkeit der Gestaltwahrnehmung. Vermittelst deren können wir also unmittelbar erkennen, ob und was für eine Gestalt wir vor uns haben. — Wir reden nun außer von der „äußeren" auch von der „inneren Gestalt" einer Erscheinung und verstehen darunter ihre Struktur.

Diese Begriffe der Gestalt gelten nicht nur für räumliche, sondern auch für zeitliche Erscheinungen: Naturprozesse, Handlungen, Ereignisse; bei diesen wird unter äußerer Gestalt die ihres Verlaufs verstanden, hinsichtlich Quantität, Intensität (Temperatur), Schnelligkeit, Periodizität usw.; im Organischen wäre eine solche Gestalt z. B. der Verlauf der Lebenskurve eines Organismus von der Geburt bis zum Tode mit seinen größeren und kleineren Teilverläufen, wie es die Lebensprozesse der Pflanzen und Tiere in den verschiedenen Jahreszeiten darstellen, der periodische Wechsel von Schlafen und Wachen, schließlich auch der charakteristische Verlauf eines Krankheitsprozesses. Die „innere Gestalt" oder „Struktur" eines Prozesses erblicken wir in der Kombination und Struktur der gleichzeitigen Teilprozesse, deren Summe etwa mit einem aus vielen Leitungen bestehenden Kabel zu vergleichen wäre; ihr Querschnitt ergäbe das Strukturbild eines der sich folgenden Zustände, einer jeweiligen Phase des Prozesses.

Diese Abweichung von dem psychologischen Gestaltbegriffe als einer Einheit ist nötig, damit wir überhaupt von Gestalten im Sinne von Ganzheiten in der Außenwelt reden können. Die Lehre von der Idealität der Gestalt wird damit für uns gegenstandslos. Wir halten sie für eine unhaltbare materialistische Zweckkonstruktion.

Ehe wir zur Frage der Realität sinnvoller Gestaltung Stellung nehmen, ist eine Erläuterung unserer Begriffe „sinnvoll" und „sinnlos" notwendig.

Unter „Sinn" verstehen wir etwas Geistiges, nämlich eine differenzierte Einheit von Beziehungen und zwar nach innen und nach außen. „Nach innen" bedeutet die Richtung der Differenzierung in Teil- und Untereinheiten, wie wir sie in jedem organisierten und schönen Gebilde haben; „nach außen" bedeutet die Richtung der Beziehungen zur Umgebung, wie es bei zweckmäßigen und schön wirkenden Gebilden der Fall ist. Nur im Wasser sind die Flossen, nur in der Luft die Flügel sinnvoll. Nun ist uns dieser „Sinn“ niemals unmittelbar gegeben, sondern nur dargestellt durch Kombinationen von Teilen, die wir in unserer Auffassung als sinnvolle Gestalten erkennen. Entsprechen Kombinationen jenen Bedingungen nicht, so erscheinen sie uns „sinnlos“. Mit den Bezeichnungen „sinnvoll“ und „sinnlos“ soll also zunächst gar nichts metaphysisches gesagt sein, sondern nur, daß es in der Natur Kombinationen gibt, die in unserer Auffassung den Charakter des Sinnvollen oder Sinnlosen tragen, womit aber keine Wertung ausgedrückt sein soll; denn „sinnlos“ bedeutet hier nicht unzweckmäßig oder falsch, so wenig wie „sinnvoll“ richtig bedeutet — das wären absolute Urteile, die uns nicht zustehen. Es ist uns vielmehr um Charakterisierung von Naturerscheinungen nur im biologisch-realistischen Sinne zu tun — allerdings zunächst vermittelst unserer subjektiven Auffassung, die aber, wenn sie durch Messungen, Beobachtungen, Experimente bestätigt wird, objektiven Wert im Sinne naturwissenschaftlicher Forschung erhält, da sie dann der Wirklichkeit entspricht. Was hier an Subjektivität konzediert wird, ist also nicht persönliche Subjektivität, sondern die auf der generellen Organisation unseres Auffassungsvermögens beruhende. Der Begriff „objektiv“ bezieht sich demnach auf die Natur als Erscheinung und kennzeichnet das, was wir z. B. bei der Untersuchung der Handlungsweise eines Menschen oder des Verhaltens eines Tieres erstreben, nämlich die von unserer Subjektivität möglichst unabhängige Erkenntnis der tatsächlichen kausalen und evtl. finalen Beziehungen. In diesem Sinne versuchen wir ein objektives allgemeingültiges Weltbild zu gewinnen, so wie es die Physik auf ihrem Gebiete z. B. in der Astronomie erreicht hat, in der man die Erkenntnis der Bewegungen der Planeten um die Sonne objektiv im Gegensatze zum subjektiven Eindruck nennen kann. Wir beabsichtigen — vgl. die erkenntnistheoretische Rechtfertigung im letzten Kapitel — also nicht, über die Grenzen der Naturwissenschaft hinauszugehen, sondern ihre u. E. zu eng gezogenen Grenzen zu erweitern. Wenn im Einzelfalle unser Urteil dabei einmal irrt, so wird sich dieser Irrtum durch weitere Forschungen herausstellen und berichtigen lassen, wie es z. B. bei der „Wahrheitsfindung“ der Gerichte der Fall ist. Um derartige Irrtümer zu vermeiden, bedarf es eingehender Berücksichtigung der bisher sichergestellten naturwissenschaftlichen Erkenntnisse.

Der Begriff „sinnwidrig“ bezeichnet eine Einheit von Beziehungen, die in eine höhere Einheit nicht harmonisch eingeordnet ist, sondern dem Sinne derselben entgegenwirkt, wie wir es überall in der Natur beobachten: Krankheit, Verbrechen, Naturkatastrophen. Auch diese Vorgänge können in einem höheren Sinne sinnvoll sein. Ähnlich verhält es sich mit dem Begriffe „zweckmäßig" (im Sinne von „zweckdienlich", nicht im Sinne von „richtig"!). Für die Spinne z. B. ist ihr Netz zweckmäßig, nicht aber für die Fliege, dagegen wohl für die Begrenzung der Vermehrung der Fliegen. Ob aber ein Vorgang oder ein Gebilde im höchsten und letzten Sinne zweckmäßig ist, steht hier wie überhaupt in der Biologie gar nicht zur Diskussion, sondern zunächst nur, ob es uns infolge seiner inneren oder äußeren Beziehungen als final bedingt erscheint, und dann, ob es auch als objektiv final bedingt anzusehen ist. „Zweckmäßig" kann also hier nicht ohne weiteres mit „nützlich" gleichgesetzt werden.

Der Begriff, der dem des Sinnvollen am nächsten steht, ist der Begriff „planmäßig"; denn sein Gegenteil „nicht planmäßig" bedeutet das, was wir „sinnlos" nennen. Indessen enthält der Begriff „planmäßig" doch weniger als der Begriff „sinnvoll", denn Sinn ist mehr als Plan. Letzterer ist vielmehr das Mittel zur Verkörperung oder Manifestation des Sinnes, der noch vieles (ästhetisches, moralisches) enthalten kann, was nicht direkt im Plane liegt. Wenn wir nun eine Naturerscheinung als sinnvoll bezeichnen, so meinen wir zunächst nur, daß sie Beziehungen darstellt, die uns als sinnvoll und implizite planmäßig erscheinen. Ob sie als Naturprodukt oder -vorgang wirklich oder „objektiv" planmäßig-sinnvoll ist, müssen erst weitere Untersuchungen ergeben, die den Inhalt der vorliegenden Arbeit ausmachen. Erscheint uns dagegen ein Gebilde oder Vorgang „sinnlos" und damit „nichtplanmäßig", so haben wir keine Veranlassung und Möglichkeit, ein gestaltendes Geistige in oder hinter seiner Erscheinung anzunehmen und zu suchen. Nach dieser Klarstellung, die für spätere Erörterungen wichtig ist, können wir unser Problem wieder aufnehmen.

## 2. Das Problem der sinnvollen Gestaltung

### *a. Eine apriorische Forderung*

Um hier klar zu sehen, müssen wir zunächst die Begriffe „Vielheit" und „Einheit" erläutern. Den Begriff der Vielheit setzen wir gleich dem einer Summe, also einer teilbaren Menge von Teilen; demgegenüber bedeutet „Einheit" ein unteilbares, nicht aus Teilen zusammengesetztes Ganzes, also keine Summe. Vielheiten haben wir überall in der materiellen Natur, objektive Einheiten erleben wir nur im Geiste in Form von Begriffen, Vorstellungen, überhaupt allen Bewußtseinseinheiten z. B. auch einem Plane. Diese Einheiten sind bekanntlich nicht homogen, enthalten vielmehr in sich Teilvorstellungen, Unterbegriffe usw.; aber sie sind nicht aus diesen Teilen zusammengesetzt, wie es die zu Recht bekämpfte Assoziationspsychologie sich vorstellte, sondern sie sind in diese Untereinheiten „differenziert". Differenziertheit (oder schlechter „Differenzierung") ist also eine Grundeigenschaft geistiger Einheiten, für die es in der atomistischen Vielheit der Materie keine Analogie gibt, es sei denn, daß man nach W. Köhler*) elektromagnetische und elektrostatische Kraftfelder als objektive Einheiten definiert und damit die Kraftlinien als Differenzierungen betrachtet.

Während also eine Vielheit, eine Summe oder nach Köhler eine „Undverbindung" aus Teilen a + b + c usw. zusammengesetzt und in diese teilbar ist, enthält eine Einheit diese a, b, c usw. als Differenzierungen in sich und zwar als Untereinheiten z. B. Unterbegriffe, Untervorstellungen, die wiederum in weitere Untereinheiten differenziert sein können. Die Einheit ist also nicht aus ihren Untereinheiten zusammengesetzt. Um dies an einem Beispiele klar zu machen, denke man an einen Plan, etwa den, ein Haus zu bauen. Dieser Plan ist eine Einheit und ist differenziert in Ort und Zeit des Baues und Art und Größe des Hauses. Die Vorstellung der Art und Größe als Untereinheiten enthält wieder die Vorstellung der Art des Materials, die Zahl und Größe der Räume usw. Der ganze Plan ist also nicht aus diesen Unterteilen zusammengesetzt, denn er war vor diesen da, während bei Zusammengesetztheit ja die Teile vor dem Ganzen da sind. Ebenso ist es z. B. mit einer Melodie in der Vorstellung: Sie ist auch eine in melodische Teile differenzierte Einheit, keine Summe, sie schwebt uns immer als Ganzes vor und das Ganze ist vor den Teilen da. Wird jener Plan des Hauses nun in die materielle Wirklichkeit umgesetzt, so besteht das Haus dort objektiv, außerhalb unserer Auffassung, nicht als Einheit, sondern als Summe von Teilen, als eine Vielheit von Steinen usw.

Eine solche Vielheit ist aber keine ungeordnete Summe, sondern eine geordnete, gestaltete Summe. Denn wir können sie wohl unterscheiden von einem ungeordneten Durcheinander und zwar dadurch, daß wir ein einheitliches Prinzip in den Verhältnissen der Teile zu-

---

*) a. a. O.

einander erkennen, das wir in einem sinnlos erscheinenden Durcheinander eben nicht finden.

Eine solche sinnvolle Vielheit von Teilen nennen wir „Einheitlichkeit", die wir wohl unterscheiden von der „Einheit" des geistigen Planes oder der Vorstellung. Fehlt in einer Vielheit die Einheitlichkeit, so haben wir eine „Uneinheitlickeit" oder ein Chaos. Wir bitten diese Begriffe festzuhalten, da wir immer wieder auf sie zurückkommen werden.

Eine differenzierte Einheit repräsentiert das Sinnvolle oder den Sinn schlechthin, während eine ungeordnete Vielheit hinsichtlich ihrer Gestalt sinnlos ist, und zwar um so mehr, je kleiner und darum weniger organisiert die Teile und je größer ihre Zahl ist. Wo dies im höchsten Grade der Fall ist, haben wir also die Sinnlosigkeit schlechthin. Da nun Intelligenz auf geistiger Einheit beruht, so kann eine ungeordnete Vielheit als solche keine Intelligenz haben; da ferner praktische Intelligenz ohne sinnvolle Organisation nicht denkbar ist, so wird sie dort auf nahezu Null sinken, wo wegen der Kleinheit der Elementarteile die sinnvolle Organisation die geringste ist. Daher prägen wir den Begriff der „relativen Unintelligenz der Teile" für die Fälle, in denen die Eigenschaften und Fähigkeiten der Teile keine Grundlage und Erklärungsmöglichkeit abgeben können für die sinnvolle Einheitlichkeit des Ganzen. Diese muß vielmehr auf einer sinnvollen Einheit beruhen. Denn es ist ein sozusagen apriorisches Postulat unseres Denkens, das objektive Gültigkeit für unser Weltbild hat, daß sinnvolle Einheitlichkeit einer Vielheit relativ unintelligenter Teile letzten Endes nur Wirkung und Ausdruck einer sinnvollen geistigen Einheit ist, und nur so begriffen und erklärt werden kann. Denn weshalb können wir uns mit der Eigengesetzlichkeit der Materie nicht begnügen zur Erklärung ihrer lebendigen Gestalten? Weshalb erscheint das teleologisch-ästhetische Problem des Organischen immer wieder hinzudeuten auf eine übermaterielle gestaltende Realität, die nicht Funktion der Materie sein kann? Weil eine Grundeigenschaft der ungeordneten Materie das Entstehen sinnvoller Gestalten durch materielle Gesetzlichkeit denkunmöglich macht; und diese Grundeigenschaft der Materie ist ihre atomistische Struktur; denn die aus kleinsten Teilchen bestehende ungeordnete („sinnlose") Vielheit ist das gerade Gegenteil von geistiger Einheit, nämlich die denkbar größte Geistlosigkeit, aus der, wie wir behaupten und wie es die Wahrscheinlichkeitsrechnung bestätigt, niemals sinnvolle Gestaltung entstehen kann. Diese muß vielmehr im Geistigen ihre Ursache haben.

Die atomistische Beschaffenheit der Materie, die sie einerseits unfähig macht, aus sich sinnvolle Gestalten zu bilden, die sie vielmehr als sinnlose Vielheit erscheinen läßt, bedingt andererseits ihre Gestaltbarkeit, d. h. die Möglichkeit, aus ihr alle Arten von Gestalten zu bilden. Das wäre nicht möglich, wenn ihr auch nur primitivste Intelligenz innewohnte; sie würde nicht absolut gehorsam und zuverlässig sein. Die Brauchbarkeit eines Reitpferdes beruht ja auf seiner Lenksamkeit und diese auf seiner relativen Intelligenzlosigkeit. Würde das Pferd denken und danach gehen, so würde es bald für den Reiter unbrauchbar werden, wie Soldaten, die nach ihren eigenen Gedanken Krieg führen wollten, unbrauchbar für den Feldherrn wären. Wenn also die Materie das wäre, wozu sie der Materialismus machen möchte, eine zur Selbstgestaltung befähigte Substanz, so wäre sie eben nicht das, was sie ist: eine höchst gestaltbare, weil intelligenzlose Masse.

### *b. Unsere Stellung zum Äquivalenz- und Konstanzprinzip*

Einem Nichtphysiker, wie es der Verfasser ist, steht eine Kritik an den Ergebnissen der theoretischen Physik nicht zu, wohl aber an ihren Konsequenzen, die sich auf sein Gebiet, das organische erstrecken: die Leugnung einer sinnvollen Gestaltung der Materie durch Entelechie, Seele und Geist. Die Physik mag auf ihrem Gebiete, dem Anorganischen unanfechtbar sein, im Organischen haben wir jedenfalls ebenso triftige Gründe, ihren Standpunkt bezüglich sinnvoller Gestaltung abzulehnen.

Was das Äquivalenzprinzip betrifft, so kommt es für uns auf die Frage an, ob die Natur, die imstande war, Lebewesen in der Luft, im Wasser und in sauerstoffloser Umgebung zu bilden, es nicht fertig bringen sollte, materielle Prozesse ohne Wärmevermehrung, also nicht auf physikalische, sondern auf organische Weise zu steuern. In dem Falle wäre das Äquivalenzprinzip nur für anorganische Verhältnisse gültig und kein Argument gegen unsere Annahme mehr. Wir stellen nun folgende Hypothese auf:

Das Verhalten eines chemisch-physikalischen Körpers ist bekanntlich durch seine innere Beschaffenheit bestimmt: seine Elektronenstruktur, die Lagerung seiner Molekel, seine Kristallisationstendenz dgl. Im Anorganischen sind solche „inneren" Bedingungen, da unbeeinflußt, konstant, würden sich also auf beiden Seiten der Kausalgleichung gegenseitig wegheben und spielen daher in der Physik keine Rolle; im Organischen dagegen denken wir sie uns durch irgendwelche überphysikalische Einflüsse sinnvoll verändert, so daß das Verhalten des Körpers sinnvoll wird. Physikalische Einwirkung auf die Körper würde ein Wärmeäquivalent erzeugen; müßte das aber auch der Fall sein bei Einwirkung auf die innere Beschaffenheit z. B. durch ein Kraftfeld, wenn es die Moleküle in seinem Bereiche veranlaßt, sich anders (nämlich sinnvoll) zu verbinden, als sie sich selbst überlassen sich verbinden würden? Wir haben die Vermutung, daß Wirkung auf das „Äußere" der Materie, also physikalische Wirkung, durch die die Moleküle sozusagen gewaltsam aus ihrer eigenen in eine andere Bahn gedrängt werden, Wärme erzeugt, da Wärme im physikalischen Sinne doch Molekularbewegung ist, Wirkung auf das „Innere" der Materie aber kein Wärmeäquivalent ergibt. Denn wenn ein Physiker einwenden würde, daß Beeinflussung des „Inneren" der Materie die Energie dieses Inneren vermehren würde, so würden wir entgegnen, daß er die Gesetzlichkeit des „Äußeren" der Materie, die wir allein kennen, vielleicht unberechtigt auf das „Innere" übertrüge, und daß, wenn tatsächlich doch diese Energie des Inneren vermehrt würde, damit noch keine Vermehrung der äußeren Energie, die wir allein als Wärme messen können, gegeben wäre. Wenn er aber die Realität von inneren Bedingungen der Materie bestreiten würde, so entgegneten wir, daß er dazu keinen Grund hat, da wir erstens das Wesen der Materie, auf das wir im letzten Kapitel zu sprechen kommen, noch nicht kennen, und zweitens mit den uns bekannten äußeren Eigenschaften zur Erklärung ihres Verhaltens nicht auskommen, also zur Annahme „innerer" Bedingungen gezwungen sind. — Eine Beeinflußbarkeit der „inneren Bedingungen" eines Körpers würde nun seine Steuerbarkeit bedeuten. Bei einem Organismus, der auf die Umgebung reagiert, geschieht die Beeinflussung seines Verhaltens auch durch Wirkung auf das Innere ohne Wärmeentwicklung.

Auf ähnliche Weise müßte es denkbar sein, daß durch überphysikalischen Einfluß latente in aktive chemische Energie umgewandelt wird, und so organische Bewegungen entstehen, indem also physikalische Kräfte durch überphysikalische, z. B. psychischen Impuls mobilisiert werden, so wie auf der Bank in Form von Kapital ruhende latente wirtschaftliche Energie durch einen Unternehmer in prozessuale umgewandelt wird, da ja leider mit Geist allein keine Wirtschaft betrieben werden kann. Eine organologisch eingestellte Physik müßte sich mit diesen Problemen befassen; denn es fehlt uns noch der organologische Begriff der Materie.

Unter „überphysisch" oder „überphysikalisch" soll übrigens nichts Mystisches, Übernatürliches oder Irrationales verstanden werden, sondern eine Kategorie von Naturkräften, die sich von den physikalischen dadurch unterscheiden, daß sie nicht atomistisch wie die Materie sind, sondern entsprechend unseren späteren Ausführungen zum Gestaltproblem Einheitscharakter haben. Dadurch können sie die Materie sinnvoll gestalten und rangieren „über" ihr.

Für unsere Theorie der organischen Steuerung spricht auch das Verhältnis der Lebensvorgänge zum Gesetz von der Konstanz der physischen Energie. Denn überphysische Beeinflussung der Bewegung der Materie nach physikalischer Art würde allerdings die Summe der physischen Energie vermehren, nicht aber organische Steuerung in unserem Sinne. Und nur durch diese sind bei Anerkennung des Konstanzprinzips die Lebenserscheinungen zu begreifen. Denn wie wollte man sonst Vorgänge erklären wie etwa das Wachsen eines Birnbaumes aus einem kleinen Keime, der nach einigen Jahren eine Last von mehreren Zentnern Früchte, abgesehen von dem Astwerk hoch über dem Erdboden trägt, womit doch eine erhebliche Arbeit geleistet und Energie der Lage geschaffen worden ist. Dasselbe geschieht, wenn durch Tier- oder Menschenkraft Steinlasten auf einen Berg zum Bau eines Hauses getragen werden. Hier wird chemische Energie in mechanische umgesetzt und zwar in der kontraktilen Substanz der Muskelfibrillen. Auf welche Weise dies aber geschieht, d. h. wie die Moleküle kolloider Protoplasma-Materie dazu kommen, auf einen Reiz hin so zusammenzurücken, daß eine Arbeit leistende Verkürzung des Muskels entsteht, das ist u. W. noch ungeklärt. Wie dies alles im einzelnen auch vor sich gehen mag, sagt der als Physiker oder Physiologe auftretende Materialist, — auf alle Fälle können hier nur chemische und physikalische Kräfte am Werke sein, denn andere kommen nicht in Frage. Und damit ist für ihn das Problem erledigt. Nicht so für uns. Denn mit dem Konstanzprinzip steht in engem Zusammenhange das Entropiegesetz. Dieses besagt bekanntlich, daß bei jeder Energieumsetzung Wärme verloren geht und dies Quantum an irreversibler Energie sich dabei stetig vermehrt, bis das Maximum der Entropie erreicht ist, bei dem keine Veränderungen mehr stattfinden: der sog. Wärmetod. Dieses Gesetz steht nun, wie Boltzmann nachgewiesen hat, wieder in Zusammenhang mit dem Ergebnisse der Wahrscheinlichkeitsrechnung, daß die sich selbst überlassene Materie in ihren Veränderungen dem homogenen Zustande zustrebt, also der Auflösung ihrer Struktur, der Entdifferenzierung. Dieses beobachten wir ja überall beim Verwittern von Gesteinen, beim Zerfall menschlicher Erzeugnisse, beim Verwesen der Leichen. In der organischen Entwicklung haben wir das genaue Gegenteil: aus dem relativ homogenen Primitiven, dem Ei, entsteht das Differenzierte, der Organismus. Erst wenn die Lebensenergie nicht mehr in ihm wirkt, treten die anorganischen Gesetze in Kraft und damit die Entdifferenzierung. Die Tatsachen der organischen Entwicklung wie die tierische und menschliche Arbeit stehen also in krassem Gegensatze zu dem Gesetze der anorganischen Entdifferenzierung und damit indirekt auch zum Entropiegesetz. Denn wenn lediglich anorganische Kräfte in der Physik wirkten, so wäre nicht nur jede differenzierte Gestalt längst verfallen, sondern es wäre überhaupt niemals eine entstanden; die Welt wäre formlos, tot, kalt und finster.

Das Konstanzprinzip gilt für ein „geschlossenes System", d. i. ein System, in das keine fremden Energien hineinwirken. Der naturwissenschaftliche Materialismus betrachtet in Anlehnung an die Physik die Natur als ein solches geschlossenes System. Da er in diesem nur anorganische Kräfte gelten lassen will, stehen die organischen Erscheinungen, überhaupt die Tatsache, daß wir in einer sich immer erneuernden hellen, warmen, lebendigen Natur leben, in unvereinbarem Gegensatze zu seiner Theorie. Es müßte also angesichts dessen dem Physiker eigentlich der Verstand stille stehen; er ist aber nicht stehen geblieben, sondern darüber hinweggegangen. — Offenbar kann die Lösung des Problems nur in einer Theorie wie der unsrigen, nämlich der Steuerung, gefunden werden. Durch diese Steuerung werden nach unserer Auffassung die Ernährungs- und Aufbauvorgänge erzeugt, die es im Anorganischen nicht gibt, und die die durch Entropie verlorene Energie immer wieder als eine neue latente Energie den Organismen zuführen und so einen Kreislauf der physischen Energie bilden, wobei deren Konstanz erhalten bleibt. Überall, wo ein scheinbarer Widerspruch in der Naturgesetzlichkeit, ein Dennoch erscheint, gilt es eine Theorie zu revidieren und ein neues Gesetz zu finden, wie wir das noch des öfteren sehen werden.

### *c. Die materiale und formale Komponente der organischen Gestaltung*

Wenn es, wie bereits hundertfach bewiesen ist, sinnvolle Gestaltung in der Natur gibt, so besteht diese in der Vermählung von Materie und „Form“, wobei wir unter letzterer ein gestaltendes Prinzip im Sinne der Entelechie verstehen. Daraus folgt, daß die organische Gestaltung eine materiale und eine formale Komponente hat. Die materiale ist der Begriff für die Summe der materiellen Bedingungen, die auf den Eigenschaften und der Konstellation der Materie beruhen; die formale Komponente bezeichnet das durch die organische Steuerung zum Ausdruck gebrachte Sinnvolle des betreffenden Vorgangs.

Die Naturwissenschaft, für die „Entelechie“ noch ein unbrauchbarer Begriff ist, muß sinnvolle organische Erscheinungen allein durch die materiale Bedingtheit ohne Steuerung und rein mechanistisch (materialistisch) zu erklären suchen. In ein mechanistisches Beispiel übersetzt nimmt sich das etwa folgendermaßen aus. Wir fragen: Wodurch geschieht es, daß ein Automobil mit einem unsichtbaren Fahrer, wenn es keine sinnvolle Steuerung gibt, seinen Weg von Berlin nach München findet? Antwort: Durch die Drehung und Wendung der Räder. — Wodurch diese? — Durch die Arbeit des Motors und einen Mechanismus, der die Räder wendet. — Wodurch die immer sinnvolle Wendung? — Durch die strukturelle und molekulare Beschaffenheit dieses Mechanismus, die auf Krümmungen und Gabelungen der Straße so reagiert, daß der Wagen schließlich in München ankommt. — Welcher Art ist diese Beschaffenheit? — Sie ist so kompliziert, daß wir sie noch nicht genauer kennen; sie wird aber durch immer detailliertere Forschung aufgeklärt werden, einen anderen Weg der Erklärung gibt es nicht. — So redet der naturwissenschaftliche Materialismus an der Frage nach der formalen Komponente im Organischen vorbei und führt uns irre durch Scheinerklärungen und unerfüllbare Versprechungen. Wir dagegen erklären die Tatsache, daß z. B. bei der organischen Entwicklung sich überhaupt chemische Verbindungen und dadurch organische Substanzen bilden, durch die chemischen Kräfte der Materie, d. h. durch die Fähigkeit der Atome, überhaupt chemische Verbindungen zu bilden; aber daß sie sich gerade so verbinden, daß sinnvolle Einheitlichkeit resultiert, erklären wir eben durch sinnvolle Gestaltung. Bei der Verwesung dagegen, die ja ein Zerfall der sinnvollen Gestalt ist, haben wir keine Veranlassung, einen gestaltenden Einfluß anzunehmen, sondern lediglich chemische Kräfte. — Analog verhält es sich bei den sinnvollen Handlungen des Menschen, auf die wir später zu sprechen kommen. Daß Perzeptionen und darauf Bewegungen entstehen, ist Funktion des Nervensystems; daß aber gerade so sinnvolle Bewegungen, nämlich Handlungen entstehen, kann, wie wir sehen werden, nur durch seelische Entelechie erklärt werden. Die materiale und die formale Seite eines sinnvollen Gebildes bzw. Prozesses sind also bei wirklich wissenschaftlicher Analyse streng zu trennen, und die formale darf nicht auf die materiale zurückgeführt werden, wie es der Materialismus will. Dann behalten beide Erklärungsprinzipien ihre Berechtigung, aber auch ihre Grenzen. Für die organologische Fragestellung nach der Ursache sinnvoller Gestalten kommt demnach nur die formale Erklärungsweise durch Entelechie in Frage. Damit haben wir sozusagen zwei Arten von Kausalität: die der Materie oder die materiale und die von der Entelechie ausgehende, die formative Kausalität.

Bildlich stellen wir uns die materiale Kausalität horizontal zwischen den Teilen wirkend vor, die formative Kausalität dagegen vertikal

von oben her auf die Steuerbarkeit der materiellen Teile wirkend wie der Einfluß des Lenkers eines Kraftfahrzeuges auf dessen Bewegung, oder wie in Schillers Gedicht „Der Tanz“ „des Wohllauts mächtige Gottheit“ auf die tanzenden Paare. U. E. ist nicht einzusehen, weshalb eine derartige Annahme von zweierlei Kausalwirkungen für unseren Verstand unbegreiflich sein sollte, wie es Kant behauptet. Wir beobachten ja überall im Organischen das Zusammenwirken exogener und endogener Faktoren. Dieses Problem wird uns noch ausführlicher beschäftigen.

Auf der Grundlage des Begriffs der formativen Kausalität läßt sich nun der naturwissenschaftliche Begriff einer causa finalis, eines kausal wirkenden Zwecks konstruieren. Wir brauchen uns nämlich nur vorzustellen, daß jene vertikal dargestellten Wirkungen von einer Art Kraftfeld ausgehen, in dem ein Plan in Form einer differenzierten Einheit enthalten ist. Dann wirkt dieser Plan fortwährend auf das materielle Geschehen ein, bis die ihm entsprechende materielle Gestalt vollendet ist. Die Frage der Absichtlichkeit, Bewußtheit oder Unbewußtheit spielt hier keine Rolle, es kommt lediglich darauf an, daß das Resultat, nämlich die sinnvolle materielle Gestalt, schon vor Formierung der materiellen Teile in einer geistigen Form als causa finalis bestanden hat. Nur so ist u. E. der Begriff der causa finalis oder

der Entelechie naturwissenschaftlich zu fassen, und mit der materialen Kausalität zu vereinigen.

Über die Theorie des Feldes hat in der Biologie A. Gurwitsch, Professor an der Universität Leningrad, gearbeitet*), aber den Begriff des Feldes nur im geometrischen, nicht im physikalischen Sinne gefaßt, was vom organologischen Standpunkte aus nicht befriedigt, weil damit keine Realitäten im Sinne von Wirkungsfaktoren erschlossen werden, auf die es uns gerade ankommt. An jedem Beispiel zahlenmäßigen (finalen) Geschehens, z. B. dem einer Handlung oder einer Regeneration, kann man einsehen, daß die organologische Auffassung die einzige ist, die die sinnvollen Erscheinungen begreiflich macht. —

Wenn irgendwo finale Bedingtheit wirklich besteht, so muß sie sich auch rückwärts nachweisen lassen; d. h. wir müssen dann auf eine Absicht oder einen Plan als erste Ursache kommen. Um ein Beispiel von menschlichen Handlungen zu nehmen, so sind beim Bauen eines Hauses nicht die Muskelkontraktionen der Maurer die Ursache dafür, daß das sinnvolle Gebilde Haus entsteht, (wie es der Materialismus auffaßt), sondern nur dafür, daß Steine usw. bewegt werden. Daß sie aber gerade so sinnvoll bewegt werden, ist durch die Anweisungen des Bauführers bedingt, die auf die Absicht des Bauherrn zurückgehen wie die Wendungen des Autos auf die Absicht des Fahrers. Analog denken wir uns die Sachlage bezgl. Bedingtheit durch Entelechie bei sinnvoller Gestaltung in der Natur. Korrekte Kausalwissenschaft kann also den Entelechiebegriff als den einer causa finalis nicht nur nicht entbehren, sondern führt gerade zu ihm hin, ohne daß das Kausalprinzip, die Grundbedingung aller Naturwissenschaft, aufgegeben zu werden braucht. Der Begriff des Irrationalen ist hier nicht am Platze, wo es sich um Erklärung letzten Endes von Bewegungen materieller Elemente handelt. Aufgabe der Forschung ist es daher, den Entelechiebegriff möglichst rational zu fassen und das noch Irrationale immer mehr auf einen prinzipiell nicht rationalisierbaren Rest einzuengen. Nach N. Hartmann sind die verschiedenen Typen des Irrationalen: 1. das alogisch Irrationale, 2. das transintelligibel Irrationale und 3. das alogisch und transintelligibel Irrationale**). U. E. kann man Entelechie keineswegs von vornherein

---

*) „Die histologischen Grundlagen der Biologie“, Jena, 1930. Die kleine Arbeit von Dr. Rudy, „Die biologische Feldtheorie“ in den Abhandlungen zur theoretischen Biologie (bei Bornträger, Berlin) ist ein Auszug hieraus.

**) Metaphysik der Erkenntnis. Bei W. de Gruyter & Co. 1925.

als alogisch noch als transintelligibel schlechthin bezeichnen. Das letzte Kapitel unserer Arbeit beweist vielmehr das Gegenteil. Schlechthin irrational ist die Ursache des Schönen und Zweckmäßigen in der Natur als übernatürlich nur für den Materialismus. Den Standpunkt Kants zum Lebensproblem müssen wir also bestreiten. — Im folgenden wird sich die Notwendigkeit unseres Standpunktes weiter erweisen.

### *d. Abgrenzung echter von unechter Zweckmäßigkeit*

Die Frage, ob ein Gebilde objektiv sinnvoll oder sinnlos ist, läßt sich oft nur entscheiden, wenn wir seine Entstehung kennen. Es können z. B. eine Wolke unter Einwirkung chaotischer Luftströmungen und cin Marmorblock unter der Hand eines Bildhauers die wenn auch unfertige Gestalt eines menschlichen Kopfes annehmen. Dann würden wir mit Hinblick auf die Entstehung das Wolkengebilde als objektiv sinnlos, den behauenen Marmor aber als sinnvolles Gebilde bezeichnen. Diese genetische Unterscheidung sinnvoller und sinnloser Gebilde ist eigentlich das wesentliche, denn im Grunde wollen wir ja mit der Bezeichnung „sinnvoll" sagen, daß das betreffende materielle Gebilde einen Sinn, einen Gedanken, also etwas Geistiges verkörpert, d. h. aus ihm heraus oder durch ihn entstanden ist. Um diese Unterscheidung aber durchführen zu können, ist es nötig, die wirklich finale Bedingtheit organischer Vorgänge scharf abzugrenzen gegen die Erscheinungen scheinbarer Zweckmäßigkeit, worauf ja schon Kant ausführliche Erörterungen verwandt hat, und dazu müssen wir eben objektive Zweckmäßigkeit gegenüber falscher oder bloß subjektiver prinzipiell charakterisieren. Denn nichts kann die Teleologie mehr diskreditieren, als wenn sie sich sagen lassen muß, daß sie Vorgänge oder Gebilde durch Entelechie habe erklären wollen, die sich aber bei genauer Untersuchung als rein mechanisch-kausal bedingt erwiesen hätten. In dem Falle könnte uns vorgeworfen werden, wir übertrügen das Subjektive ins Objektive, verwechselten Denken und Sein, suchten Illusionen zu erforschen. — Zunächst handelt es sich darum, den Gegenbegriff von Zweck- oder Planmäßigkeit genauer zu bestimmen.

#### *α. Der Begriff des Zufalls*

Wenn man wie der Materialismus annimmt, daß die Welt aus dem ursprünglichen Chaos durch rein materielle Gesetze entstanden sei, so bleibt zur Erklärung der uns sinnvoll erscheinenden Ordnung der

Natur angesichts der Unintelligenz der Materie nur die Zufälligkeit, nämlich die zufällige Konstellation der Materie bei Entstehung der Welt. Hieran ändert auch die Entgegnung der Mechanisten nichts, daß es nach dem Kausalgesetze keinen Zufall gäbe, sondern nur eindeutig kausal bestimmte Notwendigkeit. Wenn wir diese Antwort näher betrachten, so zeigt sich, daß sie an unserer Frage vorbeigeht; denn wir bestritten gar nicht die kausale Notwendigkeit; im Gegenteil, wir legten sie unserer Überlegung zugrunde und schlossen aus dem eindeutig bestimmten Verlauf der Kausalketten rückwärts auf eine Anfangskonstellation, die gerade so, nämlich zufällig so gewesen sein mußte, daß jetzt durch materiale Kausalität Gebilde wie die organischen zustande kommen konnten. Unsere Frage betrifft also die Anordnung der Teile, nicht ihr Kausalverhältnis, während der Mechanist, der wie oben antwortet, glaubt, wir wollten mit dem Begriff der Zufälligkeit Lücken im Kausalzusammenhange annehmen, woran wir garnicht denken. Auch wer auf dem Boden der mechanistischen Weltauffassung steht, muß sich sagen: trotz aller Kausalität gibt es irgendwie Zufälligkeit. Überall aber, wo ein solches „trotzdem" erscheint, liegt ein neues Naturgesetz verborgen, und das ist hier das der formativen Kausalität. In Ermangelung dieses Begriffes entstand z. B. in der Entwicklungslehre zur Erklärung der Entstehung der mannigfaltigen Formen der Pflanzen- und Tierwelt die von O. Hertwig so benannte Zufallstheorie Darwins, der sich Haeckel und Weismann anschlossen, und die besagt, daß die verschiedenen Arten durch richtungs- und regellose Variationen entstanden und dann die im Kampf ums Dasein erfolgreichsten sich erhalten hätten (Selektionstheorie). So spielt auf fast allen Gebieten, wo neue sinnvolle Kombinationen entstehen, der Begriff des Zufalls seine eigenartige Rolle. Daher haben sich auch die meisten Philosophen mit dem Begriffe des Zufalls auseinandergesetzt, ohne aber eine klare und brauchbare Definition gefunden zu haben. Im „Wörterbuch der philosophischen Begriffe"*) von Eisler finden wir eine Unzahl verschiedener Definitionen, von denen hier die wichtigsten wiedergegeben seien. Am nächsten kommt dem Wesen des Zufalls noch Aristoteles. Nach ihm „ist τύχη die Ursache von allem, was aus einer beabsichtigten Handlung unbeabsichtigt entsteht". Kant bestimmt: „Zufällig im reinen Sinne der Kathegorie ist das, dessen kontradiktorisches Gegenteil möglich ist". (Krit. d. r. V., S. 380) Schopenhauer erklärt: „Das

*) Berlin 1930.

kontradiktorische Gegenteil, d. h. die Verneinung der Notwendigkeit ist die Zufälligkeit". Nach Windelband ist Zufall (subj.) „das durch keine Notwendigkeit bedingte Wirklichwerden einer Möglichkeit". Den objektiven absoluten Zufall leugnen H. Lorm und E. Dühring. Nach Wundt sind zufällig „die Wirkungen derjenigen Ursachen, durch welche die Erscheinungen im einzelnen in unregelmäßiger Weise abgeändert werden ...." u. a. m.

Wir sehen, viel ist mit diesen Definitionen nicht anzufangen, und zwar deshalb, weil der Begriff der Notwendigkeit als Gegenbegriff von Zufälligkeit noch nicht völlig geklärt ist. Denn wenn man sich auf den Kant'schen Standpunkt des regulativen Prinzips stellt, so kann man u. E. nicht mehr von Notwendigkeit einer Ordnung, einer sinnvollen Kombination reden. Wir wollen nun selbst versuchen, zu einer für unser Problem brauchbaren Definition des Begriffes „zufällig" zu gelangen, und zwar mit alltäglichen Beispielen.

Nehmen wir an, es fiele beim Würfelspiel mit drei Würfeln dreimal dieselbe Zahl, so sagen wir, es sei Zufall, wenn es keine falschen Würfel sind, also keine Absicht des Spielers, d. h. wenn die Kausalreihen der einzelnen Würfel unabhängig voneinander ohne einheitliche Beeinflussung zu dem Ergebnisse führten, das wie beabsichtigt aussah.

Wenn jemand, der in Geldverlegenheit ist, einen Wechsel einzulösen hat und am selben Tage eine unerwartete Geldsendung bekommt, so sagen wir, es sei Zufall, wenn der Sender des Geldes von dem Wechsel und der Geldverlegenheit des Betreffenden nichts gewußt hat, wenn also die einzelnen Kausalreihen unabhängig voneinander zu dem scheinbar absichtlichen Zusammentreffen führten.

Von einem „zufälligen" Zusammentreffen von Menschen reden wir dann, wenn die Kausalreihen des Handelns der betreffenden Personen unabhängig voneinander, also ohne Verabredung oder gemeinsame Ursache gerade zu der Zeit und gerade an dem Orte — scheinbar planmäßig — sich kreuzten.

Beim Begriffe des Zufalls handelt es sich also stets um eine Kombination, die absichtlich oder planmäßig aussieht, aber in Wirklichkeit ohne Absicht oder Zweck, also allein durch die unbeeinflußte materiale Gesetzlichkeit der Teile zustande kam.

Wenn dieses letztere der Fall ist, die entstandene Kombination der Teile aber nicht absichtlich aussieht wie z. B. die Anordnung verstreuter Erbsen oder verschütteter Flüssigkeit auf dem Fußboden, so haben wir keine Veranlassung, von Zufall zu reden. Würden aber die Umrisse der Flüssigkeit etwa die Form eines Buchstabens oder dergleichen annehmen, so würde man staunen über den „Zufall". Man darf also nicht Regellosigkeit mit Zufälligkeit bezeichnen, wie das in der Biologie im Falle der Variationen und Mutationen vielfach geschehen ist. In der kleinen Schrift von Just „Begriff und Bedeutung des Zufalls im organischen Geschehen"*) finden wir dafür mehrere Beispiele. Wenn ein Seestern zwischen zwei entgegengesetzten Lichtquellen einmal nach der einen, das andere Mal nach der anderen hinkriecht, so ist es kein Zufall, welche er wählt, sondern Planlosigkeit; wenn bei Messung der Körpergröße einer größeren Zahl von Menschen eine Häufigkeitskurve entsteht, so ist das keine Zufallskurve, weil die Häufigkeit besonderen Gesetzen unterliegt; wenn die Drosophila-Fliege Morgans die Augenfarbe von dunkelrot über hellrot bis sepiafarben mutiert, so ist dabei wohl Regellosigkeit, aber keine Zufälligkeit festzustellen. Übrigens bestreitet O. Hertwig in seinem bekannten Werke „Das Werden der Organismen"**), die „Zufallstheorie" des Darwinismus, nämlich die Auffassung der Regel- und Gesetzlosigkeit der Variationen. Auch das „Prinzip der Schrotflinte" (Zur Straßen) erklärt nicht den Begriff des Zufalls. Welcher Sperling aus einer Herde, in die hineingeschossen wird, von welcher Kugel getroffen wird, ist durch die äußeren Bedingungen eindeutig bestimmt und nicht zufällig zu nennen. Wenn aber die einzelnen Sperlinge und die einzelnen Schrotkugeln numeriert wären und die Kugel Nr. 5 träfe den Sperling Nr. 5, so wäre das als Zufall zu bezeichnen; denn dann entstünde die Frage, weshalb gerade dieser Sperling von gerade dieser Kugel getroffen würde, die Frage also nach der Ursache einer nur scheinbar planmäßigen Kombination. Läßt man diese Begrenzung des Begriffes „zufällig" außer acht, so kommt man zu Definitionen wie „unberechenbare Notwendigkeit" (Mauthner), „Varietät der Kombination" (Jodl), „Lückenbüßer der Bequemlichkeit", „Bemäntelung des Geständnisses der Unkenntnis".***)

Man kann nun unsere Definition an selbstgebildeten Beispielen nachprüfen und sich von ihrer Richtigkeit überzeugen etwa am Bei-

---

*) Berlin 1925.

**) Jena 1916.

***) Aus H. Schmidt, Philos. Wörterbuch, Stuttgart 1920.

spiel des Bleigießens in der Sylvesternacht oder der Tiergestalt einer Wolke oder dem des vergessenen Hausschlüssels, wenn der des Freundes „zufällig" paßt.

### β. *Der Begriff der Systembedingtheit*

Wir erinnern uns an das Beispiel Kants von den abkühlenden Luftströmungen über der heißen Insel Jamaika und fragen uns, ob dies Zusammentreffen der zu- und abnehmenden Winde mit der zu- und abnehmenden Hitze „Zufall" genannt werden kann, wo es doch zweckmäßig aussieht, in Wirklichkeit aber durch rein materiale Kausalität verursacht und nicht durch die Vorsehung arrangiert war. Wir können es nicht zufällig nennen, weil es sich dabei um die Wirkung einer materiellen Konstellation handelt, da beide Kausalreihen also schon von vornherein festgelegt, nicht mehr unabhängig voneinander waren. Es handelt sich hier also um eine Kategorie von Kombinationen, für die wir eine besondere Bezeichnung gebrauchen, um sie einerseits gegen Zufälligkeit, andererseits gegen Zweckmäßigkeit abgrenzen zu können: die Bezeichnung: „Systembedingtheit". Diese betrifft also sinnvolle oder scheinbar sinnvolle Kombinationen, die die Wirkung einer Anordnung, eines Systems sind, wobei es noch dahingestellt ist, ob diese Anordnung ihrerseits zufällig oder anderswie entstanden ist. Die Wirkung einer solchen Anordnung bzw. eines Systems ist dabei eine rein physisch-kausale und beruht eben nur auf der dadurch festgelegten Anordnung der Kausalreihen im Sinne des mechanischen Prinzips. In diesem Gedanken hat Leibniz bekanntlich ein ganzes Weltbild aufgebaut, indem er als Ausgang des gesamten physischen Geschehens die prästablierte Harmonie, also ein vollkommenes harmonisches System von Ursachen setzte.

Das alltägliche Beispiel für Systembedingtheit sind die Funktionen der Mechanismen z. B. eines Grammophons oder einer Druckerpresse. Auch hier entstehen sinnvolle Kombinationen (Melodien, Zeitungen), aber nicht durch sinnvolles Handeln der Maschine, sondern blinden, mechanischen Ablauf eines Systems. Abgesehen davon, wie ein System zustande kam, ist also systembedingtes wie zufälliges Naturgeschehen hinsichtlich des Funktionierens der Teile rein physikalisch zu erklären und kommt Teleologie hierfür nicht in Frage.

Es kann nun der Fall eintreten, daß „zufällig", d. h. durch die bloße Summe der Bedingungen oder Gesetzlichkeiten ungeordneter Teile ein wenn auch primitives und unvollkommenes System entsteht, d. h. eine an sich zwar sinnlose aber stabile Kombination der Teile, aus der nun gesetzmäßig sich eine Form des weiteren Verlaufs der Kausalreihen ergibt, die nicht mehr zufällig, sondern systembedingt ist. In diesem Falle müssen wir das Geschehen zwar als direkt systembedingt, aber als indirekt zufällig bezeichnen, denn nach Voraussetzung war es doch letzten Endes Zufall, daß gerade dieses System entstand. Das Schulbeispiel hierfür ist das materialistische oder physikalische Weltbild mit seinen Differenzierungen; denn nach der Auffassung des Materialismus ist die gesamte so sinnvoll gegliederte physische Welt aus dem Chaos der atomistischen Urmaterie durch die bloße Summe der Gesetzlichkeiten der Teile ohne ein sinnvoll ordnendes Prinzip, also rein zufällig entstanden, und war die weitere Entwicklung der Dinge bis zu den höchsten Organismen von da ab nur systembedingt, also indirekt auch zufällig. Wie unendlich fein und geistvoll müßte eine solche Anlage unserer Welt kombiniert gewesen sein! Hier widerlegt sich der Materialismus selbst. Und nur in Unkenntnis des Begriffes „zufällig" konnte die materialistische Naturwissenschaft ihr Weltbild auf Atomismus, also auf Sinnlosigkeit des Formalen aufbauen. Dadurch wurde der Materialismus die Weltanschauung der sinnlosen Zufälligkeit und damit zur Bildung einer Theorie organischen Geschehens unfähig. Denn da die Organismen aus Systemen in Systemen bestehen, und die organischen Systeme in Konsequenz der materialistischen Auffassung als indirekt zufällig anzusehen sind, so hätten wir den logischen Widersinn von Systemen, die aus zufälligen Kombinationen bestünden, und beim organischen Prozesse eine sinnvolle Organisation zufälliger Vorgänge — ebenfalls eine contradictio in adjekto, endlich in der ganzen Welt einen Kosmos von Zufälligkeiten. Man muß diese Absurditäten, zu denen der Materialismus führt, erst einmal bemerkt haben, um die Ungeheuerlichkeit einer solchen Weltansicht zu erkennen und zu sehen, wo wir naturwissenschaftlich stehen. —

Um ganz klar zu sein, müssen wir auch die Fälle streifen, in denen systembedingte Kombinationen aus psychisch, also absichtlich bedingten Kausalreihen (Handlungen) entstanden sind, in denen jeder einzelne seinen eigenen Interessen entsprechend handelt. Wenn also z. B. viele Menschen zu einer Sehenswürdigkeit oder dergl. zusammenströmen, dann ist die Tatsache, daß sie alle gerade dort zusammenkommen, weder zufällig noch beabsichtigt, sondern durch die Konstellation, also systembedingt. Die einzelnen Kausalreihen (die Reisen der einzelnen Menschen) aber sind nicht physikalisch, sondern psychisch und somit final bedingt. Es könnte also jemand einwenden, daß es nach unserer Begriffsbestimmung systembedingte Kombinationen gäbe, die final entstanden seien. Das wäre aber ein Irrtum; denn nur die Kausalität der Teile, nämlich der Reisen ist final, die Kausalität des Ganzen aber, als einer unbeabsichtigten Summe, ist systembedingt. — Wir betrachten nun die Teile einer Kombination als das Material derselben, und nennen die Kausalität dieser Teile mit Hinblick auf das Ganze materiale Kausalität ohne Rücksicht darauf, ob sie psychisch oder physikalisch oder sonstwie beschaffen ist. Dann ergibt sich: zufällige und systembedingte Kombinationen entstehen nur durch materiale Kausalität. (Die materielle Kausalität ist nur ein Spezialfall der materialen.) — Im folgenden wollen wir, da der Begriff des Psychischen noch nicht geklärt ist, von psychisch bedingten Kombinationen absehen und nur Naturgebilde ins Auge fassen.

### *γ. Der Begriff der organischen Heteronomie*

Wenn wir uns jetzt fragen, wie denn differenziert-sinnvolle Systeme entstehen, so kommen wir damit auf ein Gebiet, wo die physikalische Gesetzlichkeit wegen ihres Atomismus und der „relativen Unintelligenz" der Materie nicht mehr zur Erklärung ausreicht. Zwar zeigte uns Kant, daß in der Natur scheinbare Zweckmäßigkeit häufig auftritt, die doch rein physikalisch, also zwecklos bedingt ist; indessen handelt es sich dabei um physikalisch ganz primitive Verhältnisse, zu deren Zustandekommen keine besondere Planmäßigkeit notwendig war. Anders wird es aber, wenn ein System kompliziert und sinnvoll ist. Denn da wird die Wahrscheinlichkeit, daß es durch die bloße Summe der Gesetzlichkeiten der Teile, also durch sinnlose atomistische Kausalität entstanden sei, wie mathematisch erwiesen ist, so gering, daß sie zur Erklärung nicht mehr in Frage kommt. Damit entfällt die zufällige Entstehung sinnvoller Systeme von vornherein. Es bleibt also für den Materialismus nur noch die Systembedingtheit, und diese wurde und wird denn auch mit allen Mitteln zu begründen und zu stützen versucht, wobei einerseits die Ungeklärtheit des Teleologieproblems, andererseits die noch nicht völlig erforschte Kompliziertheit des organischen Chemismus mehr oder weniger zweifelhafte Theorienbildung ermöglichte. Aus denselben Gründen ist auch eine direkte Widerlegung des Materialismus auf diesem Gebiete und direkter Nachweis sinnvoller Gestaltung in unserem Sinne in concreto unmöglich, wohl aber auf indirekte Weise, nämlich durch das Experiment und die daraus zu ziehenden Schlüsse.

Wenn wir nämlich eine Geschehnisreihe a—b—c — —z haben, so muß ein zweckmäßiges Geschehen im objektiven Sinne angenommen werden, wenn z als Zweck (causa finalis) gesetzt wird; andernfalls ist z nur das Produkt einer objektiv zwecklosen, also systembedingten Kausalreihe. Ob z nun dieses oder jenes sei, kann allerdings, wie Kant betonte, durch bloße Naturbetrachtung nicht ermittelt werden, wohl aber, wie gesagt, durch das Experiment, was Kant noch nicht auf diesem Problemgebiete kannte. Wenn nämlich z nur das Produkt einer systembedingten, also idionomen Kausalreihe ist, so muß bei Änderung oder Störung der materiellen Systembedingungen notwendig ein anderes Produkt als z, etwa $z^1$ entstehen, da ungleiche Ursachen ungleiche Wirkungen haben. Entsteht aber trotz verschiedener Störungen der materiellen Konstellation immer wieder z, so beweist das, daß z nicht materiell, sondern durch einen übermateriellen Einfluß bedingt war und damit auch die ihm voraufgehenden Stufen des Geschehens. Und wenn z, der Endzustand ein sinnvoller ist, so muß jener besondere Einfluß auch ein sinnvoller sein, letzten Endes also ein geistiger.

Diesen Beweis für die Bildung der Organismen erbracht zu haben, ist das grundlegende Verdienst Driesch's und seiner Nachfolger in der experimentellen Entwicklungslehre mit den Regenerationserscheinungen. Bekanntlich haben wir im Organischen ein Phänomen, das in der anorganischen Welt (außer u.U. bei den Kristallen) nirgends zu finden ist: die Heilung verletzter Gewebe oder gestörter Funktionen, sowie die Regeneration der normalen Gestalt nach künstlicher Zerstörung derselben. Dies zeigt eigentlich schon, daß die Natur den Normalzustand sozusagen „gewollt" hat, denn sie stellt ihn wieder her, wie die Spinne ihr zerrissenes Netz. Dadurch ist einerseits die Unmöglichkeit der immer noch festgehaltenen Annahme darzutun, daß chemisch-physikalische Systembedingtheit maßgebend für die organische Gestaltung sei. Wenn nämlich, wie der Materialismus meint, die organischen Gestalten, wie die Kristalle Resultate der materiellen Gesetzlichkeit wären, so könnte eben von einem System A mit der Materie a nur die Gestalt $\alpha$, $\alpha_1$ $\alpha_2$ je nach der Einwirkung der veränderten Umgebung

*) Philosophie des Organischen, Leipzig 1921.

entstehen, aber nicht Gestalten β oder δ, die sonst in anderen Systemen B oder D aus der Materie b oder d gebildet wurden, wie es bei organischen Regenerationen der Fall ist, z. B. bei der Regeneration der exstirpierten Linse des Tritonauges aus Irismaterial. Es wäre nicht möglich, daß das gleiche Stück Ektoderm je nach der Umgebung, in die es verpflanzt wird, zu Auge, Gehirn und Rückenmark oder Epidermis würde. Es ist nachgewiesen, daß sich Ektodermzellen, die in normaler Entwicklung Gehirn oder Epidermis liefern, durch entsprechende Verlagerung zu Chorda, Urwirbel und Urnierenkanälchen entfalten können.

Selbst wenn man also Kristallsysteme hätte, deren Teile aus verschiedener Materie bestünden, so wäre es nie und nimmer denkbar, daß ein Teil von einem anderen heterogenen regeneriert würde. Das zeigt die innere Grundverschiedenheit zwischen Kristallisation und Entwicklung.

Nach dem, was wir früher S. 18 über die Denknotwendigkeit bei sinnvoller Gestaltung der atomistischen Materie ausgeführt haben, müssen wir nun mit Gewißheit annehmen, daß zwar nicht übernatürliche, aber übermaterielle Gesetze sich dabei in der Materie manifestieren, daß also im Organischen eine Fremdgesetzlichkeit, eine Heteronomie in der Materie besteht, die das Wesen der materiellen Lebenserscheinungen ausmacht. Dieser Begriff der „organischen Heteronomie" unterscheidet sich von dem bisherigen anorganischen dadurch, daß organische Heteronomie durch formative (bildlich von oben wirkende) Kausalität, anorganische Heteronomie durch materielle (bildliche horizontal wirkende) Kausalität zustande kommt.

Die Gestalten von Wolken oder die des Wassers in einem Gefäße sind von äußeren physikalischen Bedingungen abhängig, also physikalisch oder anorganisch heteronom; die Gestalten von Organismen dagegen sind durch innere, übermaterielle Bedingungen bestimmt, also organisch heteronom. Die sog. Autonomie des Lebens beruht also auf organischer Heteronomie in der Materie. Wenn hier eingewandt würde, der neue Begriff der organischen Heteronomie sei überflüssig, da wir ja den der Autonomie für die organischen Erscheinungen hätten, so wäre zu entgegnen, daß mit dem Begriffe der Autonomie (Selbstgesetzlichkeit) nichts über sein Wesen gesagt ist, daß er also wissenschaftlich unfruchtbar ist, während der Begriff der organischen Heteronomie eben das ausdrückt, worauf es uns ankommt, nämlich die Gestaltung der Materie durch Fremdgesetzlichkeit. Der Begriff der organischen Heteronomie ist also bewußt antimaterialistisch, während der Begriff der Autonomie leicht im materialistischen Sinne aufgefaßt werden kann, als wenn nämlich die organische Materie Selbstgesetzlichkeit hätte. Aus dem Grunde möchten wir den Begriff der Autonomie für die organischen Erscheinungen vorerst zurückstellen; denn um es schon vorwegzunehmen: Autonom im wahren Sinne ist eigentlich nur der reine Geist, der nicht durch höhere Kraft gestaltet, sich selbst das Gesetz gibt.

Was die *Finalität* angeht, so geht aus den Darlegungen S. 24 hervor, wie wir sie jetzt im Sinne der organischen Heteronomie naturwissenschaftlich zu verstehen haben, nämlich als Ausdruck und Wirkung der vor der materiellen Gestalt bestehenden übermateriellen „Form“, die wir nun nach Analogie eines Kraftfeldes deuten. —

Da nun Mechanismen wie Organismen sinnvolle, also durch organische Heteronomie und somit durch Finalität entstandene Gebilde sind, nennen wir sie *planmäßig* und damit auch ihre Produkte, die maschinellen und die organischen. Die maschinellen sind also als indirekt, die organischen als direkt planmäßig zu begreifen.

Das aber, was *Eigengesetzlichkeit* im Gegensatz zur Fremdgesetzlichkeit ist, also bei der molekularen Materie die chemisch-physikalische, bei der Elektrizität die elektrische Gesetzlichkeit usw., das nennen wir im Gegensatze zur Heteronomie: „*Idionomie*“. Idionome Kombinationen sind also solche, die aus der Eigengesetzlichkeit der betreffenden Materie, also deren Teilen ohne formativen Einfluß entstehen, also zufällige und systembedingte. Mit Hinblick auf die atomistische Beschaffenheit materieller Gestalten ist jetzt auch klar, was wir unter *anorganischen* und *organischen Summen* verstehen, eine Unterscheidung, die wir später benötigen.

Damit haben wir die für unsere Arbeit grundlegende genetische Unterscheidung der *organisch-heteronomen* von den *idionomen* Gebilden, die uns ermöglicht, die Gültigkeit des Begriffs der objektiven Planmäßigkeit abzugrenzen und uns so vor gewissen Irrwegen zu schützen und Mißverständnisse zu vermeiden. Nur bei organisch-heteronomen Vorgängen handelt es sich also um echte Zweckmäßigkeit.

Im Lichte des organologischen Gesichtspunktes werden nun auch jene echt materialistischen Pseudotheorien von kleinsten ultravisiblen Teilchen als den Trägern und Leitern der Lebens- und Gestaltungsvorgänge hinfällig. Wir denken hier an die „Keimchen“ Darwins, die

„Biophoren", „Determinanten", „Iden" und „Idanten" Weißmanns, „Biogene" Verworns, „Plastidüle" Haeckels, „Gene" Johannsens, lauter leere Annahmen, die nur beweisen, wie der Atomismus das heutige naturwissenschaftliche Denken beherrscht, so daß das eigentliche Problem des Organischen, die harmonisch zweckmäßige und schöne Einheitlichkeit der Kombinationen einer sinnlosen materiellen Vielheit gar nicht erfaßt worden ist; denn die Summe jener Teilchen ist doch selbst wieder eine relativ unintelligente Vielheit, aus der, wenn es sie wirklich gäbe, nach Störung bestenfalls nur eine ungeordnete Summe von Organteilchen entstehen könnte — aber kein Organismus! Für eine spätere Geschichte wissenschaftlicher Entwicklung wird jene Erscheinung atomistischen Denkens als Erziehungsprodukt des materialistisch-naturwissenschaftlichen Jahrhunderts bedeutsam sein. — Um nun noch einen Rückblick auf das Gesagte zu werfen, wiederholen wir:

Eine Kombination gilt als „zufällig" bedingt, wenn sie planmäßig zu sein scheint, sich aber — bei der Gesetzlosigkeit ihres Auftretens und Unannehmbarkeit eines formativen Einflusses — auf die ungeordnete Summe der Kausalreihen ihrer Teile zurückführen läßt.

Eine Kombination gilt als „systembedingt", wenn sie planmäßig erscheint und gesetzmäßig auftritt, sich aber rein idionom als Wirkung einer Konstellation von Bedingungen (eines Systems) durch materiale Kausalität ohne formativen Einfluß erklärt, bei Naturerscheinungen also aus einer geordneten Summe physikalischer Kausalreihen.

Eine Erscheinung gilt als „organisch heteronom", wenn ihre sinnvolle Einheitlichkeit sich prinzipiell nicht mechanistisch aus der Gesetzlichkeit der Teile oder materieller Systembedingtheit erklärt, sondern prinzipiell nur aus Wirkung eines formativen Einflusses, also nicht nur als Ergebnis einer geordneten Summe materieller Kausalreihen, sondern einer geordneten Summe formativ beeinflußter Kausalreihen aufgefaßt werden kann.

Die „zufälligen" Erscheinungen beruhen also auf Idionomie der Teile, die „systembedingten" direkt auf Idionomie, indirekt, nämlich hinsichtlich der Entstehung des „Systems" entweder auf Idionomie oder organischer Heteronomie. Der Begriff der Planmäßigkeit bezieht sich auf die direkt und indirekt heteronomen Vorgänge und Gebilde.

Für die idionomen Naturprodukte gilt das anorganische, mechanistische, für die organisch-heteronomen das organologische Erklärungsprinzip. Damit wäre also auch der Geltungstbereich des anorganischen, idionomen Forschungsprinzips festgelegt: er ist das ganze große Gebiet der rein materiell-idionomen Gesetzlichkeiten, also das der Physik und Chemie. Überschreitet dies im Anorganischen berechtigte Prinizip aber seine Grenzen ins organische Gebiet, so entsteht Materialismus. Ein korrekter Physiker oder Chemiker ist daher noch lange kein Materialist.

Wir sehen, wie weit wir vorläufig durch die genetische Unterscheidung der verschiedenen Arten von Gestalten gekommen sind, und wollen festhalten, daß zur Begriffsbestimmung einer Erscheinung die Berücksichtigung ihrer Genese erforderlich, ja maßgebend ist, so wie es z. B. auch die Zoologie macht, die äußerlich ähnliche Organe z. B. die Schuppen der Fische und Reptilien*) auch scharf unterscheidet, äußerlich verschiedene Gebilde dagegen, die genetisch ähnlich oder verwandt sind, wie z. B. die Tunicaten ihrer Larvenorganisation wegen und die Wirbeltiere nebeneinander stellt.

Das gestaltende Agens der organischen Erscheinungen nennen wir nach Aristoteles und neuerdings Driesch „Entelechie" und verstehen darunter nicht ein übernatürliches, naturwissenschaftlich unfaßbares Etwas, mit dem naturwissenschaftliche Schwierigkeiten einfach behoben werden, sondern als eine bestimmbare, noch zu bestimmende Realität innerhalb der Natur, den Ursprung und Träger des Sinnvollen in ihr, wobei, wie bei den physikalischen Naturkräften, es gleichgültig bleibt, ob wir sie direkt erkennen können oder nicht.

Die von Kant beweismäßig offen gelassene Frage, ob lebende Wesen objektive Naturzwecke seien, ist also durch die Konsequenz der experimentellen Entwicklungslehre in bejahendem Sinne entschieden. Die Lehre Kants von der lediglich regulativen Bedeutung der Begriffe „schön" und zweckmäßig" ist für uns unannehmbar. Sie gilt offenbar nur dort, wo nur scheinbare, aber keine objektive Zweckmäßigkeit besteht. Im Organischen aber, wo sinnvolle Gestaltung für uns objektive Tatsache ist, müssen die Begriffe „schön" und „zweckmäßig" auch als k o n s t i t u t i v e Prinzipien, stammend aus der „bestimmenden", nicht der „reflektierenden Urteilskraft" gelten.

Das Wesen der organologischen Weltansicht ist also, die materiellen sinnvollen Gestalten als Ausdruck eines übermateriellen gestaltenden Prinzips anzusehen und so durch „Verstehen" der organischen Erscheinungen das hinter ihm stehende Geistige zu erfassen. Damit

---

*) Jene aus dem Mesoderm, diese aus dem Ectoderm.

wird in gewissem Sinne eine künstlerische Komponente in die Naturforschung eingeführt, die auf anderen Gebieten aber keineswegs neu ist. In der Kunst- und Kulturwissenschaft sind uns auch nur mehr oder weniger sinnvolle Gestalten gegeben, in denen die dahinterstehenden geistigen Strömungen und Impulse mit dem künstlerischen oder sozusagen geistigen Auge erschaut werden. Ähnlich ist es in der Politik und der Kriminalwissenschaft sowie in der Psychologie und Psychiatrie. Dies künstlerisch subjektive Moment entwertet also den wissenschaftlichen Wert der organologischen Einstellung nicht; im Gegenteil, es gibt Fingerzeige, die durch sogenannte exakte Einzelforschung nicht zu ersetzen sind; sie müssen sich eben nur durch letztere bestätigen.

### *e. Der Einwand der Kristallisation*

Da bei der Kristallbildung, die als rein anorganischer Vorgang gilt, auch einheitliche und harmonische Gestalten entstehen — man denke an die Eiskristalle in der Struktur der Schneeflocken, von Haeckel sogar „Arbeiten der Schneeseele" genannt, die dem Wunderbau etwa der Radiolarienskelette kaum etwas nachgeben — so erhebt sich die Frage, wie dies mit unserer Theorie zu vereinbaren ist. Wir müssen als Grundlage oder Ursache harmonischer Einheitlichkeit einer relativ unintelligenten Vielheit eine gestaltende Einheit fordern, und so kommen wir für die Kristallbildung zur Annahme eines Kristallisationsfeldes in Form eines Kraftfeldes, das den sich ansetzenden Molekülen dort, wo eine Fläche oder ein Winkel entstehen muß, gewissermaßen ihren Platz anweist. Ein solches Feld braucht nun nicht gleich Entelechie zu sein, sondern kann durch Zusammenfließen der Kraftfelder der einzelnen Molekel entstanden gedacht werden, so wie sich mehrere magnetische Kraftfelder zu einer Ganzheit vereinigen*). Hierfür spricht z. B. die Tatsache, die schon Haeckel in „Kristallseelen" berichtete: „Wenn man einem in der Bildung begriffenen Oktaeder eine Kante wegschneidet und so durch Verwundung eine künstliche Fläche erzeugt, bildet sich eine ähnliche Fläche von selbst

*) Der Begriff des Kristallisationsfeldes, den Verfasser etwa 1921 rein aus obigen Gründen aufgestellt hat, nachdem ihm auf Befragen nach der Ursache der Kristallisationsbildung ein Mineraloge die Auskunft gegeben hatte, es gäbe dafür keine Erklärung, hat sich inzwischen als im Prinzip richtig erwiesen; denn einige Jahre später erfuhr er von einem anderen Mineralogen, daß man in der Wissenschaft zur Annahme von Kristallisationsfeldern gekommen sei — eine für den organologischen Standpunkt doch erfreuliche Bestätigung.

an den korrespondierenden, genau gegenüberliegenden Kanten, während die übrigen Kanten die normale Form entwickeln". — Ein derartiges „Symmetriegefühl", wie es Haeckel nennt, ist offenbar durch atomistische Gesetzlichkeit unmöglich, beweist also auch die Realität eines gestaltenden Feldes, das aber als „Form" von der Konstellation der Materie abhängig ist, was wir bei lebenden Wesen nicht finden. Die Kristallisationskomponente, die demnach jeder kristallisierbaren Substanz innewohnt und gestaltende Eigenschaften hat, könnte, wie wir vermuten, als zur „inneren Beschaffenheit" der Materie gehörig im Organischen das Wirkungsfeld der Entelechie sein, so daß diese sich also ihrer zur Steuerung der Materie ohne Wärmeentwicklung bediente.

Für die Annahme eines Kristallisationsfeldes scheinen uns auch die sog. „Kristallskelette" zu sprechen, hypothetische Kraftlinien, welche von Haeckel „Molethynen" genannt, die geometrische Gestalt des Monokristalls bedingen sollen. Das Zustandekommen eines solchen Feldes kann man sich vielleicht nach Analogie der Vereinigung von mehreren magnetischen Kraftfeldern zu einer objektiven Einheit denken. Dann würde also jedes Molekül ein Molekularfeld als Kristallisationskomponente besitzen und die Summe dieser Teilfelder zusammenfließen in die Einheit des Kristallisationsfeldes. Die Annahme eines solchen wird weiter gestützt durch die wichtige Tatsache der magnetischen Beeinflussung flüssiger Kristalle.

O. Lehmann schreibt hierüber*): „Bei Herstellung eines Magnetfeldes drehen sich alle Krystalltropfen (d. h. ihre Strukturen) derart, daß ihre Symmetrieachse (der Faden) die Richtung der Kraftlinien annimmt; diese Drehung ist nur eine scheinbare, es handelt sich nicht um eine Bewegung der Masse der Tropfen, sondern um eine Verschiebung ihrer Struktur." — Ferner sind u. E. die symmetrischen Gestalten der Mischkristalle nur durch Gesetze der Kraftfelder zu erklären. Endlich ist die Regeneration der Kristallgestalt nach Verletzung nur denkbar durch ein Kristallisationsfeld. Bertalanffy berichtet hiervon: **) „Wenn wir einem Alaunkristall die Spitzen nehmen und ihn dann in die Nährlösung zurückbringen, so regeneriert er zuerst die Spitzen, bevor er zu wachsen fortfährt" und ferner:

*) „Die Lehre von den flüssigen Krystallen und ihre Beziehung zu den Problemen der Biologie" in Ergebnissen der Physiologie. XVI. Jg., Wiesbaden 1918.

**) Kritische Theorie der Formbildung. Berlin 1928.

„Rauber schliff Alaunkristalle zur Kugel ab; es erfolgte eine Umlagerung oder Morphallaxis, so daß aus ihr wieder ein vollkommener kleiner Oktaeder wurde — genau so, wie nach Driesch das Teilstück der Clavellina sich zu einem kleineren vollständigen Individuum umzudifferenzieren vermag."

Die den Organismen ähnlichen äußeren und inneren Bewegungen, Gestaltbildungen und der Ernährung ähnlichen Vorgänge bei flüssigen Kristallen sind anorganisch zu begreifen. Es handelt sich hier aber nicht um eine niedere Stufe des Lebens, sondern um anorganische Elemente der Gestaltbildung, die allerdings durch die Kraftfelder der Molekel entstanden sein müssen. Die Kristallisation beweist nur, daß die Materie unter Umständen fähig ist, durch Kraftfelder anorganische Gestalten zu bilden, nicht aber organische, nämlich „sinnvolle"; denn zum Begriffe „sinnvoll" gehört eben die Einheit der Beziehungen „nach außen" zu anderen Systemen morphologisch und vor allem funktionell, die wir mit „Zweckmäßigkeit" bezeichnen. Daher sind die Kristalle zwar „schöne", aber keine „sinnvollen" Gebilde und die Organismen keine Kristalle. Zur Entstehung organischer Gestalten bedarf es daher eines neuen, „höheren" Prinzips, das dem Anorganischen völlig fremd ist, der Entelechie des Lebens, die die anorganischen Kraftwirkungen nach ihren Intentionen heteronom modifiziert und so das Reich des Lebendigen bildet.

### *f. Die chemische Beeinflussung der organischen Gestaltung und die Theorie der Ermöglichung*

Immer wieder wird von materialistischer Seite gegen die Annahme eines überphysikalischen gestaltbildenden Prinzips geltend gemacht, daß experimentell durch chemische Körper Gestaltbildung erzeugt werden könne; z. B. Mißgestaltung durch Hormonmangel und Normalgestaltung durch Zufuhr der betreffenden Hormone, Beeinflussung des Heilungsprozesses bei Krankheit durch Medikamente und Änderung der Persönlichkeit durch Alkohol, Analonium u. a. nicht im Sinne der Vergiftung, sondern durch Freiwerden normalerweise gesunder Fähigkeiten, also Strukturänderung. Aus dem experimentellen Gebiete berichtet Driesch von dem Auftreten der radialen statt der bilateralen Symmetrie der Seeigelembryonen, wenn $SO_4$-Jonen im Wasser fehlen, oder von der Entwicklung des Entoderms nach außen aber doch zu harmonischen Gestalten bei Anwesenheit von Lithiumsalzen, Tatsachen, die in neuerer Zeit erheblich vermehrt worden sind. U. a. haben Kraus und Zondek festgestellt, daß das Vorhandensein im umgebenden Wasser der für das sog. vegetative System notwendigen Jonen (Na, K, Mg einerseits, Ca andererseits) auch notwendige Bedingung für die normale Entwicklung von Seeigellarven ist.

Aus alledem kann aber unmöglich geschlossen werden, daß diese oder jene Moleküle bzw. Jonen die maßgebenden Bedingungen der sinnvollen organischen Gestaltung seien; denn es müßte vorher geklärt sein, wie überhaupt eine Neugestaltung durch unorganisierte Materie möglich sein soll. Da dies aber, wie wir sahen, unmöglich ist, so argumentiert der Materialismus mit ungeklärten Tatsachen. Da zur normalen Heteronomie eine bestimmte Materie in einem bestimmten Zustande sein muß, so kann eine organische, also diffuse Veränderung des materiellen Zustandes durch chemischen Einfluß nur destruierend (vergiftend) wirken, auf keinen Fall aber neue Gestalten erzeugen. Wenn dies aber trotzdem geschieht, so muß wie stets in solchen Fällen eine noch unbekannte Naturgesetzlichkeit wirksam sein, die es zu finden gilt.

Neue organische Gestalten können, wie wir darlegten, nur durch Entelechie zustandekommen. Wenn nun bei Anwesenheit gewisser anderer Materie eine anderes Gestaltungsprinzip wirksam wird, so muß es latent schon dagewesen sein. Und in der Tat treten nach chemischer Veränderung der Umgebung nicht etwa ganz neue Gestalten auf, sondern solche, die einer älteren phylogenetischen Entwicklungsstufe entsprechen, bzw. bei seelischen Veränderungen unbewußt veranlagt waren (Originalität nach Alkoholgenuß). Auch verändern nicht beliebige chemische Zusätze die Gestalt oder Funktion beliebig, sondern nur gewisse Substanzen rufen gewisse veranlagte Veränderungen hervor. So ist die radiale Symmetrie eine phylogenetisch ältere Gestalt als die bilaterale, sie muß also in der Organisation der Gestaltungskräfte noch leben, sonst könnte sie sich nicht manifestieren, während die bilaterale Symmetrie offenbar ein auf dem Boden der radialen entstandenes Prinzip verkörpert, das bei Fehlen von $SO_4$-Ionen sich eben nicht manifestieren kann, trotzdem aber als vorhanden gedacht werden muß. Ebenso wird die Entwicklung des Entoderms nach außen verständlich: die Entwicklung des Entoderms durch Einstülpung (Gastrulabildung) ist ein phylogenetisch jüngerer Vorgang; mit ihr beginnt die Tierbildung. Sie kann durch Lithiumsalze ausgeschaltet werden, so daß das phylogenetisch ältere Stadium, das pflanzliche, wieder erscheint — ein Experiment, durch das Gestalten kosmischer Urzeiten gewissermaßen wieder aus dem Dunkel urferner Vergangenheit heraufbeschworen werden.

Wir stellen nun folgende Theorie auf: Die Wirkung eines bestimmten heteronomen Einflusses wird durch eine bestimmte Beschaffenheit der Materie und des sie umgebenden flüssigen Mediums ermöglicht. Dabei kann die Wirkung des Mediums keine chemische sein, da wir chemische Wirkung nur als Veränderung der Materie begreifen. Es können hier also nur Kräfte in Betracht kommen, die mit der Materie verbunden, aber weder chemischer noch physikalischer Natur sind. Von solchen haben wir schon bei Stellungnahme zum Äquivalenzprinzip gesprochen. Es müssen Kräfte sein, die zur „inneren Beschaffenheit" der Materie gehören. Ihre Realität geht außerdem hervor aus dem Phänomen der Kristallisation, ferner aus der erwiesenen Wirksamkeit homöopatischer Verdünnungen, in denen kaum noch ein Molekül enthalten ist, die bekanntlich von Materialisten bestritten wird, weil sie chemisch-physikalisch unbegreiflich ist. Wieso es derartige immaterielle Kräfte der Materie geben kann, ist aus unserer im letzten Kapitel dargelegten Auffassung von der Entstehung der Materie ersichtlich. Durch diese Kräfte wird also nach unserer Theorie der Einfluß einer Entelechie ermöglicht oder begünstigt, der einer anderen verhindert, etwa so wie ein farbiges Glas oder Medium nur bestimmte Strahlen durchläßt, andere zurückhält, oder so, daß die „innere Beschaffenheit" der gestaltbaren Materie auf eine andere Entelechie umgestimmt wird. Diese Theorie der Ermöglichung ist von prinzipieller Bedeutung. Sie tritt überall dort ein, wo nach materialistischer Ansicht Höher- oder Umgestaltung durch materielle Kräfte verursacht sein soll. Nach ihr ist die „Steigerung der Gestalten" (Goethe) in der organischen Entwicklung so zu erklären, daß die Vorstufe durch ihre Beschaffenheit einem höheren Prinzip die Möglichkeit gibt, sich gestaltend zu manifestieren, und nicht so, daß die Eigenschaften der niederen Stufe die höhere erzeugen. Um dies prinzipiell zu veranschaulichen, stellen wir uns das Bild der durch ein magnetisches Kraftfeld geordneten Eisenteilchen vor. Auf dieses das formale Prinzip niederer Ordnung versinnbildlichende Kraftfeld, das die Gestalt A (vgl. Zeichnung) erzeugt, möge ein höheres Prinzip einwirken, sodaß aus der Gestalt A die höhere Gestalt B entsteht, die mit anderen gleichartigen Gestalten eine sinnvolle Einheitlichkeit bildet. Fällt nun der höhere Einfluß einmal fort, so entsteht wieder die frühere niedere Gestalt A. (Aus der harmonischen Einheitlichkeit der Gestalten B wird dann eine mehr oder weniger sinnlose Summe von Gestalten A, wie es bei aller Desorganisation der Fall ist — im Organischen bei Krankheit z. B. Geistesstörungen).—Die Materie ist also an ihrer Ge-

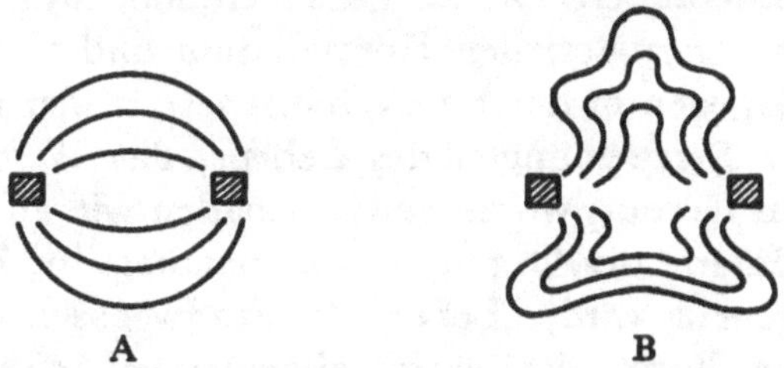

A B

staltung insofern beteiligt, als sie durch ihre („innere“ und „äußere“) Beschaffenheit für gewisse Einflüsse gestaltbar wird, so daß dann ihre Kräfte im Dienste der organischen Heteronomie arbeiten.

### C. DIE ORGANOLOGISCHEN BEGRIFFE „ORGANISMUS“, „LEBEN“ UND „TOD“

Schon die Veden der alten Inder haben den Organismus mit einer Flamme verglichen, um darzutun, daß er nur ein Werdeprozeß, ein Bild der Vergänglichkeit sei. In diesem Sinne ist der Vergleich zweifellos richtig, indessen darf er bei unserem heutigen begrifflich differenzierten Denken seiner Konsequenzen wegen nicht mehr aufrecht erhalten werden; denn sonst wäre ein Organismus ja nichts weiter als ein chemischer Mechanismus, und seine Funktion nur systembedingt, wie es die Lehre des Materialismus entspräche. Demgegenüber stellen wir fest, daß ein Organismus zwar eine Folge chemischer Zustände ist wie die Flamme, aber eine Folge organisch-heteronomer chemischer Zustände, die nicht nur dauernd neu gebildet (sinnvoll gestaltet) sondern auch in ihrer sinnvollen Struktur aufrecht erhalten werden.

Daraus folgt nun der für uns prinzipiell wichtige Satz, daß sich die organische, lebendige Substanz in einem Zustande „*heteronomer*“ oder „*organischer Labilität*“ befindet, weil sie nämlich bei Fortfall des heteronomen Einflusses der Idionomie der Teile überlassen, ihre einheitlich sinnvolle Struktur verlieren, d. h. als organische Substanz zerfallen würde, wie es ja tatsächlich *im Tode* geschieht. Eine Leiche ist daher in diesem Sinne kein organischer Körper mehr. Physiologisches *Leben* wäre danach der doppelsinnige, in Assimilation und Dissimilation bestehende Stoffwechsel, der sich vom anorganischen, also toten Stoffwechsel dadurch unterscheidet, daß er durch organische Heteronomie in seinem sinnvoll-planmäßigen Verlaufe erhalten wird, wogegen der anorganische Stoffwechsel einer Flamme ein idionomer ist. Die Bedingungen für die Struktur und äußere Gestalt dieser Gebilde liegen also im Anorganischen in der materiellen Konstellation und Gesetzlichkeit, im Organischen dagegen in der Entelechie. Diese ist der ruhende Pol in der Flucht der Erscheinungen des Lebens, das Wesentliche, Reale der organischen Gestalt, woran gewissermaßen wie an einem feinsten Gerippe die Materie des Organismus suspendiert ist. Es ist demnach falsch, wenn gelehrt wird, „Leben" sei Stoffwechsel, weil damit nur eine besondere Form des einen allgemeinen idionomen Naturchemismus gemeint ist. Vielmehr muß der lebendige organische Stoffwechsel prinzipiell scharf unterschieden werden von dem anorganischen toten. Der Begriff des Organismus geht durch den Begriff der organischen Heteronomie über den des Mechanismus hinaus: ein Organismus ist ein heteronom in planmäßiger Labilität erhaltener und in allen seinen Teilprozessen organisch gesteuerter Mechanismus, also kein Mechanismus mehr im physikalischen Sinne, d. h. kein System, in dem nach lediglich physikalischen Bedingungen Energie umgeformt wird. Es besteht somit ein fundamentaler Unterschied zwischen dem, was die Chemie „organisch" nennt und dem, was wirklich organisch, d. h. lebendig ist, dagegen kein derartiger Unterschied zwischen den sogenannten „organischen" und „anorganischen" Verbindungen der Chemie. Jene sind vielmehr als idionome Kohlenstoffverbindungen genau so anorganisch wie alle übrigen Verbindungen im Reagenzglase. Aus dem Begriffe der heteronomen Labilität der lebenden Substanz folgt, daß wir in vitro, wo allein die materiale Gesetzlichkeit herrscht, niemals einen organischen Körper im strengen Sinne vor uns haben. Auch Wöhlers Synthese des Harnstoffs beweist in diesem Punkte nichts. Allerdings wurde damit auf anorganischem Wege ein Körper dargestellt, der sonst nur durch organische Prozesse entstand; aber so ist es auch mit der Salzsäure im Magensaft und der Kohlensäure und dem Wasserdampf in der Lunge gewesen. Dies sind eben keine lebendigen, also in unserem Sinne organische Körper mehr, sie sind aus dem Bereiche der organischen Heteronomie ausgeschieden, unterliegen also seitdem nur noch den idionomen, anorganischen Gesetzen. Daraus folgt nun umgekehrt, daß die Molekel des Harnstoffes, solange sie am Lebensprozesse teilnahmen, in heteronom labiler Form, also anders gestaltet und kombiniert waren, als sie nach Ausscheidung erscheinen. Wöhler hat also in seiner Retorte gar keinen organischen, d. h. lebendigen Körper im strengen Sinne mehr gehabt, sondern gewissermaßen nur die Leiche eines solchen, eine anorganisch, tot gewordene Verbindung. —

Wenn nun also die Molekel und Atome unter heteronomem Einflusse sinnvoll, also anders als es ihrer Idionomie entspricht, reagieren, so muß in ihnen eine Zustandsveränderung eingetreten sein, als die Grundlage oder Bedingung ihrer sinnvollen Funktion — und diese heteronome Zustandsveränderung ist es, die aus der anorganischen organische, lebendige Materie macht.

Wie haben wir uns nun zum Problem des Todes zu stellen? — Um es klar zu sehen, müssen wir allerdings den normalen natürlichen Tod von dem gewaltsamen unterscheiden. Der Tod durch äußere Gewalt scheint ja zu beweisen, daß das „Leben" von der Intaktheit der Organe abhängig und somit eine Resultante der Zellfunktionen ist; denn zerstört man diese, so erlischt das Leben wie eine Flamme, der man das Material entzieht oder an der Oxydation hindert. Streng genommen ist das aber kein Beweis; denn der Tod durch äußere Gewalt beweist nur, daß die Intaktheit der Organe eine notwendige Bedingung des Lebens ist, aber nicht, daß sie seine einzige Bedingung ist und somit auch nicht, daß das „Leben" nur Ergebnis oder Summe der Zellfunktionen bedeutet.

Der natürliche Tod wird allgemein als Ergebnis der zunehmenden Altersschwäche angesehen und diese wieder als Folge einer Art Abnutzungsprozeß nach mechanistischem Muster, also nicht als eine organische Erscheinung. Wir kommen damit zum Problem des Alterns. Bekanntlich besteht die Ursache des Altwerdens nach Ansicht der materialistischen Physiologie in der „Erschöpfung der Leistungsfähigkeit der Zellen", obwohl die Natur doch genügend Mittel und Wege hat, um jederzeit unbrauchbar gewordene Molekülgruppen zu regenerieren, wie das ja bei Heilung einer Krankheit und Verletzung auch im Alter geschieht. Gegen die Abnutzungstheorie läßt sich also sagen, daß zwar ein mechanisches System (ein Haus, eine Maschine, ein Werkzeug) sich abnutzt, daß aber ein Organ kein Mechanismus ist, da es labile Struktur besitzt, die vermöge der Heteronomie jederzeit wiederhergestellt werden kann und auch dauernd wiederhergestellt wird. In diesem Sinne ist allerdings ein Organismus nicht einem Hause vergleichbar, das immer aus den gleichen einmal zusammengesetzten Bausteinen besteht, die sich natürlich abnutzen, sondern vielmehr einer menschlichen Organisation, die bei Abgang von Mitgliedern immer wieder erneuert wird, bei der das Beständige eigentlich nur die Form ist, nicht das Material. Es hat also keinen Sinn, im Organischen von Erschöpfung durch Abnutzung im mechanistischen Sinne zu reden, wie es überhaupt stets irreführend ist, Organisches nach anorganischem Prinzip erklären zu wollen.

Wenn ferner das Altern auf Schrumpfung der Organe infolge Degeneration der Zellen und Ersatz durch Bindegewebe zurückgeführt wird, so kann das nicht als Erklärung, sondern nur als detaillierte Beschreibung gelten; denn wir müssen nun weiter fragen, weshalb denn die verbrauchten Zellsubstanzen nicht wieder durch vollwertige ersetzt werden, wo der Organismus doch bei Heilung im hohen Alter beweist, daß er noch regenerieren kann. Hierauf könnte allenfalls geantwortet werden, daß letzten Endes innere Sekretion von schädigenden Stoffen oder die Entstehung solcher als unvermeidlicher Nebenprodukte des Stoffwechsels analog der Milchsäure in den Muskeln und anderer Ermüdungstoxine die Ursache sei. Indessen wären das reine Hypothesen ohne empirische Grundlagen; denn weder ist die Existenz derartiger Alter erzeugender Stoffe festgestellt, noch ein Organ gefunden worden, das für die Entstehung derselben in Frage käme. — Wir stehen also immer noch vor der Frage: Altert der Organismus, weil die Zellen degenerieren, oder degenerieren die Zellen, weil der Organismus altert, d. h. weil es durch seine Entelechie bestimmt ist, daß er altern soll. In diesem Falle gliche das Altern dem planmäßigen Abbau einer Organisation, während das Altern nach materialistischer Ansicht dem Verfall einer Organisation durch innere Zersetzung oder Mißwirtschaft entspräche. Dann wäre das Altern aber eine Krankheit, was der Tatsache widerspricht, daß alte Leute noch sehr gesund sein können; denn der Begriff der Krankheit beginnt erst mit der Funktionsstörung. Daß wir im Altern einen planmäßigen Abbau vor uns haben, ist aber bewiesen durch das Fehlen von Funktionsstörungen, denn bei der ungeheuren Kompliziertheit der Lebensprozesse ist Erhaltung der Harmonie der Funktionen ohne Heteronomie, wie wir früher auseinandersetzten, undenkbar. Wenn also das Altern ein organischer Prozeß in unserem strengen Sinne ist, so können wir ihn als eine planmäßige Umgestaltung des Organismus auffassen, und dazu zwingt uns die resultierende für das Alter charakteristische organische Gestalt, die in allen ihren Teilen bis in die feinsten Einzelheiten — wenn keine Krankheit im Spiele ist — eine Harmonie zeigt, die (auch von Künstlern) als schön empfunden wird, was bei Krankheit bekanntlich niemals der Fall ist. Dieser formale Gesichtspunkt muß von der materialistischen Physiologie ignoriert werden, und doch ist er ein so in die Augen springender Beweis für die organologische Auffassung unserer Frage, daß er für uns genügt. Wir sehen hier wieder, daß bei organischen Erscheinungen durch Analyse der Teilprozesse (die Methode des materialistischen Atomismus), selbst wenn sie uns noch so tiefe Einblicke in die physiologische Chemie ermöglicht, niemals Erkenntnis der Bedingungen für die Gestalt des Ganzen erzielt wird, da formal Bedingtes nicht durch Analyse des Materialen erklärt werden kann, sondern nur, wie anfangs gezeigt, auf formalem organologischem Wege.

Die zunehmende Verhärtung und Schrumpfung der Organe im Alter bei sonstiger Gesundheit ist somit als ein planmäßiger, organischer Prozeß aufzufassen und damit auch die damit verbundene Altersschwäche und der Tod. Dieser ist also nicht die Folge, sondern das Ziel des Alterns. *Der Mensch stirbt nicht, weil er gealtert ist, sondern er altert, weil er sterben soll.* Das Altern ist also eine Vorstufe des Sterbens und die physiologische Auffassung des Alterns hängt ab von der physiologischen Auffassung des Sterbens. Das Aufhören des das Leben erhaltenden organisch-heteronomen Einflusses kann nämlich gedeutet werden als Folge des Erlöschens des Lebensprinzips oder aber als ein sich Herauslösen desselben aus dem Organismus, ein Problem, das äußerst kompliziert ist und hier nur skizziert werden kann. Wenn wir annehmen, daß das Lebensprinzip, die Entelechie selbst stirbt, so würde die Frage entstehen, weshalb es stirbt und wordurch es gelebt hat. Man müßte ein Lebensprinzip im Lebensprinzip annehmen, was nicht falsch zu sein braucht, wodurch die Frage aber nur ins Ungewisse verschoben würde. Es würde die neue Frage entstehen, ob die oberste Instanz des Lebens, das Geistige überhaupt sterben kann. Vorwegnehmend sei gesagt, daß dies unseren Begriffen von Geist widersprechen würde; denn wir denken uns das Geistige weder räumlich noch zeitlich. Ein Raum- und Zeitloses ist aber ewig und un-endlich und somit dem Tode nicht unterworfen. Daher liegt uns die Auffassung des Todes näher, daß das unsterbliche Lebensprinzip sich vom Körper trennt, wie es der Glaube aller Völker und Zeiten gewesen ist. Wenn dies sich als berechtigt erweisen läßt, so ergäbe sich für das Altern als Vorstufe des Sterbens die Auffassung, daß die Zellen deshalb degenerieren und die Organe sich verhärten und schrumpfen, weil das Lebensprinizip sich von ihm zu trennen beginnt und die lebendige Substanz sich dadurch dem anorganischen Zustande nähert.

Wir sehen, wie derartige organologische Auffassungen bis ins Physiologische hinein gehen und welche Möglichkeiten sich für eine organologische Medizin ergeben, wenn wir in der Lage sind, planmäßig den Zusammenhang von Körper und Lebensentelechie zu beeinflussen. Dies zu erörtern bleibt einer späteren Schrift vorbehalten.

## II. ANALYSE DER ORGANISCHEN GESTALT

### A. DIE SECHS HAUPTSÄTZE VOM ORGANISCHEN SYSTEM

Bei der Mannigfaltigkeit der organischen Gestalten ist es notwendig, die allen organischen Gestalten gemeinsamen und sie charakterisierenden Gesetze herauszufinden, an denen wir eine organische Gestalt als solche unter nicht-organischen erkennen, so gut wir z. B. pflanzliche oder tierische Gestalten als solche von anderen unterscheiden. Das geschieht am besten, indem wir die Gestalt des Organismus schlechthin mit der des Mechanismus vergleichen. Denn beide sind sinnvolle Systeme mit sinnvollen Funktionen und doch bestehen grundsätzliche Unterschiede der Gestalt. Betrachten wir zunächst die Teile eines Organismus und die Teile eines Mechanismus, so finden wir bei ersteren eine sinnvolle Differenziertheit bis in die kleinsten Teile, wodurch auch diese den Charakter des Organischen erhalten, was beim Mechanismus nicht der Fall ist. Wir können also sagen: ein Organismus besteht aus organischen Teilen, ein Mechanismus aus mechanischen Teilen. Daraus ergeben sich die Begriffe des organischen und des mechanischen Systems.

Wir können nun den I. Hauptsatz des organischen Systems formulieren: Ein organisches System besteht aus organischen Systemen. Daraus folgt, daß diese organischen Teilsysteme wieder aus organischen Systemen bestehen, von denen dasselbe gilt bis zu den kleinsten Teilen. Hieraus ergibt sich wieder die Gliederung der organischen Teile in Systeme höherer und niederer Ordnung. Derartige organische Teilsysteme einer bestimmten Ordnung werden bekanntlich Organe genannt, und zwar dann, wenn sie morphologisch gegen die anderen Systeme abgegrenzt sind und eine spezifische Funktion haben. Sie sind organische Teile einer höheren Ordnung, nämlich von Organsystemen (z. B. Kreislauf-, Stoffwechsel- und Bewegungssystemen) und dadurch sinnvoll. Einer noch höheren Ordnung entspricht z. B. das vegetative System im Tierorganismus (die Pflanze im Tier).

Bildet nun ein organisches System hinsichtlich seiner Gestalt und seiner Funktion eine geschlossene Einheitlichkeit, so daß es seiner Umgebung gegenüber eine Eigenexistenz führt, so nennen wir es einen Organismus. Ein solcher besteht also aus Organsystemen, diese bestehen aus Organen, diese aus Organteilen usw. Daraus ist eine Klassifizierung organischer Systeme gegeben, die zwar nichts neues ist, in dieser Formulierung sich uns aber als wertvolle Grundlage für spätere Untersuchungen erweisen wird.

Betrachten wir nun dagegen ein mechanisches System! Man kann nicht sagen, daß es durchgehend aus mechanischen Systemen bestünde; denn bei der Zergliederung kommen wir sehr bald an Teile, wie Stangen, Drähte, Schrauben usw., die keine Systeme mehr sind.

Durch ihre harmonische Einordnung in ein höheres Ganzes sind die Teile eines organischen Systems und somit die Strukturen desselben sinnvoll. Aus demselben Grunde wird aber erst dieses Ganze, der Organismus sinnvoll, wenn er organischer Teil einer höheren Ordnung ist. Würde ein Organismus diese Bedingung nicht erfüllen, so würde er in seine Umgebung nicht hineinpassen und lebensunfähig sein. Er wäre trotz innerlich differenzierter Struktur als Ganzes sinnlos wie eine kunstvoll konstruierte Maschine, die zu nichts zu gebrauchen wäre oder ein wohl gebauter Satz ohne Zusammenhang mit anderen. Nun sehen wir die organische Natur aber nicht nur nach diesem Zweckmäßigkeitsgesichtspunkte gestaltet, sondern auch nach einem morphologisch-organischen Prinzip, das die botanische und zoologische Systematik herausgestellt hat in der Gliederung der Organismen in Familien, Ordnungen, Klassen und Stämme, die wir die „organische Gliederung" nennen. Danach gibt es keine Lebewesen, die nicht organische Teile einer höheren Ordnung wären. Wir kommen so zu unserem II. Hauptsatze: ein organisches System ist stets organischer Teil eines höheren organischen Systems.

Dieser Satz muß nun auch für die Gesamtsysteme der Pflanzen und Tiere gelten. Auch diese müssen Teile einer höheren Einheitlichkeit sein. Dem entspricht es, daß Tiere und Pflanzen z. T. aufeinander angewiesen sind. Ohne die Pflanzen würden die Tiere und Menschen aussterben. Auch bestehen nicht nur innerhalb der Pflanzen- und Tierwelt, sondern auch zwischen beiden die mannigfachsten sinnvollen Zusammenhänge, wodurch auch die Gestaltung der Tiere und Pflanzen wechselseitig bestimmt ist, sodaß die Zusammenhänge auch morphologisch sichtbar werden. So erblicken wir in der gesamten biologischen Welt unseres Planeten ein universelles organisches System, das vielleicht wieder organischer Teil mit dem auf anderen Himmelskörpern ist, sodaß die gesamte organische Welt eine universelle organische Einheitlichkeit darstellt.

Ein weiteres Kennzeichen für den Begriff des Organismus dem Mechanismus gegenüber formuliert der III. Satz von der Harmonie des organischen Systems. Wir unterscheiden dabei die technische und die ästhetische Harmonie. Erstere gilt ja auch allgemein für das mechanische System, letztere aber allgemein nur für das organische. Daher ist eigentlich jedes normale*) organische System „schön", was von einem mechanischen System nicht gelten kann, wenn man von dem absieht, was menschlicher Schönheitssinn der rein technischen Struktur hinzugefügt hat. Nach dem I. Satze gilt dies auch von den organischen Teilen, wodurch sich der Begriff der „organischen Teilharmonie" ergibt.

Wir kommen nun zum IV. Satze. Fragen wir nämlich, worauf die ästhetische Harmonie des Organismus beruht, so kommen wir zu einem neuen Begriffe, dem Charakter des organischen Systems. Es scheint nämlich in einer harmonischen Gestalt — in technischer wie in ästhetischer Hinsicht — ein Formgedanke das ganze System zu beherrschen, wodurch die Einheitlichkeit und damit die Harmonie der Gestalt erst möglich wird. Dies können wir bei jeder organischen Gestalt wie bei jedem echten Kunstwerke feststellen. Wie z. B. in den Teilen eines Organismus der Formgedanke des Ganzen zum Ausdruck kommt, so prägt sich auch in Taktgruppen eines Adagios, eines Allegros, in Szenen aus Dramen, Ausschnitten aus Gemälden, Teilen etwa romanischer oder gotischer Bauten derselbe Gestaltcharakter aus, den auch das Ganze verkörpert. Man vertausche in Gedanken analoge Teile verschiedener Organismen miteinander, z. B. den Kopf eines Krokodils mit dem eines Ochsen usw. — die ästhetische Unmöglichkeit der daraus entstehenden Monstra, durch die das zerstört wird, was wir die Logik der Gestalt nennen, beweist uns dann wahrnehmbar die Notwendigkeit des einheitlichen Charakters für die Teile eines ästhetisch-harmonischen Gebildes.

Nun könnte man einwenden, daß der Charakter des Ganzen erst sekundär durch die Art der Kombination der Teile in unserer Auffassung entstünde, wie ein Akkord aus der Summe der Einzeltöne. — Dem wäre zu entgegnen, daß die Akkorde z. B. eines Trauermarsches

*) Anomalien der Gestalt werden erst später berücksichtigt.

4*

und die eines Menuetts sich erheblich hinsichtlich ihres Charakters voneinander unterscheiden, wie die einzelnen Engländer von den einzelnen Italienern, daß aber beide Arten unter sich trotz ihrer tonlichen (bzw. persönlichen) Verschiedenheit den gleichen Charakter tragen. Es besteht hier also jeweils eine harmonische Einheitlichkeit einer Vielheit von Kombinationen. Das ist im organologischen Sinne ein Zeichen für organische Heteronomie, für sinnvolle Gestaltung der Teile durch das Gesamtprinzip. Daher ist es nicht gleichgültig, wie die Teile gestaltet und kombiniert, und wie wiederum die Teile dieser Teile gestaltet und kombiniert sind; alles geschieht im Organischen nach einem das Ganze beherrschenden physiognomischen Prinzip. Wenn sich dagegen der Charakter des Ganzen aus den Teilen ergäbe, so müßte dasselbe von dem Charakter der Teile gelten und der Charakter des Ganzen wäre, wenn er dann überhaupt noch zustande käme, zufällig.

In der organischen Entwicklung wird ja das verschiedenste Material zu einer einheitlichen Gestalt aufgebaut und zwar so, daß der heterogene Charakter der Nahrung zuerst durch Auflösung in seine Bestandteile, die „Bausteine“ zerstört wird, wonach diese nach dem eigenen Plane des Organismus wieder „sinnvoll“ zusammengesetzt werden. Wir haben also allen Grund, auch hier der atomistischen Gestaltauffassung des Materialismus entgegenzutreten, und statt mit diesem zu sagen: das Ganze trägt den Charakter der Teile, diese sind morphologisch das Primäre, das Ganze ist das Sekundäre — gerade das Gegenteil im IV. Satze von der organischen Gestalt zu behaupten: Die Gestalten der Teile eines organischen Systems sind durch den Charakter des Ganzen bestimmt. Womit aber auch gesagt ist, daß die Teile von Teilen, also die Teile II. und III. Ordnung morphologisch durch den Charakter des Teilganzen bestimmt sind, also die Teile von Organen durch den Charakter der Organe.

Auch für die „innere Gestalt“, die Struktur gelten diese Gesetze, wenn sie auch dort nicht ästhetisch erfaßbar sind. Denn die Gewebe der verschiedenen „Arten“ der Tiere und Pflanzen haben ihre eigene charakteristische Struktur (vgl. O. Hertwigs Begriff der „Artzelle“) *). Technisch-funktionell ist dies offenbar nicht bedingt; denn verschiedene Säugetier- und Vogelarten haben doch die gleichen Organfunktionen und doch sind die Gewebe der homologen Organe

*) O. Hertwig, Das Werden der Organismen. Jena 1916.

der Art entsprechend spezifisch struktuiert (vgl. Rind- und Pferdefleisch!). Diese Unterschiede müssen sich hineinerstrecken bis in die Chromatinsubstanz der Zelle, die ja Träger der Vererbung sein soll. Dabei wird es uns klar, daß die Chromosomen wohl nur deshalb diesen unendlich differenzierten Prozessen dienen können, weil sie organische Systeme, harmonische Teileinheiten sind, die den Charakter des ganzen Organismus verkörpern.

Nach dem, was wir oben über die organische Struktur sagten, kann jetzt nicht mehr eingewandt werden, daß ja auch gleiche Elemente in verschiedenen Organismen vorkämen, sie also nicht jedesmal den spezifischen Charakter des betreffenden Organismus verkörpern könnten. Die heteronome, organische Struktur ist eben so differenziert, daß scheinbar gleichen Teilen der Charakter des Ganzen aufgeprägt wird; so sind die Soldaten, also die Materie einer Armee, als Menschen an und für sich gleich organisiert; in verschiedene Truppengattungen eingereiht, werden sie aber je nachdem zu Artilleristen, Kavalleristen, Infanteristen mit ihrer typischen Psyche, entsprechend dem Charakter oder „Geiste“ der höheren Einheit. Aus der militärischen Heteronomie entlassen, verliert der Soldat wieder bis zu einem gewissen Grade jenen spezifischen Charakter, wird wieder „Mensch“, geht wieder in seinen idionomen Zustand über.

Bei einem Mechanismus können wir diese Gesetze nicht feststellen. Da er keine ästhetische Harmonie darzustellen braucht, so ist es möglich, daß aus gleichen Bausteinen die verschiedensten Häuser gebaut und in verschiedenen Maschinen gleiche Teile, Schrauben, Drähte u. a. verwandt werden.

Beim physiognomischen Vergleich der verschiedenen Organe tritt allerdings der einheitliche Charakter des Ganzen nicht deutlich in Erscheinung, z. B. bei menschlichem Kopfe und Rumpfe, bei Blüten und Wurzeln der Pflanzen scheinen verschiedene Charaktere zum Ausdruck zu kommen; es sind aber nur verschiedene Seiten des hochdifferenzierten organischen Charakters, der ja durch viele generelle und individuelle Entwicklungsstufen durchgegangen ist und dessen verschiedene, hierdurch entstandene Komponenten sich eben hier und dort als physiognomische Verschiedenheiten manifestieren. Den Charakter des Ganzen wird man immer durchschimmern sehen. Man darf also nicht Einheitlichkeit mit Einförmigkeit verwechseln. Es ist so, als ob verschiedene Teilsysteme in verschiedenen Werkstätten vorgebildet und von einem Meister zusammengefügt seien.

Wenden wir nun den oben gefundenen Satz, daß die Teile eines organischen Systems den Charakter des Ganzen tragen, auf die organische Einheit der Tier- und Pflanzenwelt an, so folgt scheinbar eine Binsenwahrheit, daß nämlich alle Tiere und Pflanzen der Erde den biologischen Charakter tragen. Indessen enthält dieser Satz doch etwas mehr als eine umschriebene Tautologie; dies wäre der Fall, wenn wir noch auf dem alten Standpunkte der Naturwissenschaften, nämlich der idionomen Bestimmtheit der Naturgebilde stünden. Durch den Begriff der organischen Heteronomie und den Satz von der Bestimmtheit der Teilformen durch den Charakter des Ganzen aber wird jenes analytische Urteil zu einem synthetischen, bekommt also einen neuen Sinn und bedeutet einen Fortschritt unserer Erkenntnis. Denn daß die Pflanzen und Tiere den biologischen Charakter tragen, hätte früher nur bedeutet, daß das prinzipiell Übereinstimmende in ihrer Organisation unter den Begriff „biologischer Charakter" zusammengefaßt wird — im organologischen Sinne bedeutet es aber, daß alle organischen Gebilde Teilprodukte der universellen organischen Heteronomie und in ihrer Gestalt außer durch ihre Eigengesetzlichkeit durch den Charakter der höheren Einheiten der Arten und Stämme, letzten Endes durch den biologischen Charakter heteronom bestimmt sind wie die Organsysteme und Organe eines Organismus durch dessen Gestalt-Charakter.

Wir kommen nun zu einem weiteren, sehr wichtigen Merkmale der organischen Gestalt. Je weiter wir nämlich auf der Stufenleiter der Organismen abwärts gehen, um so geringer werden die Differenzierungen und die physiognomischen Unterschiede der Teile, m. a. W. um so primitiver werden die Gestalten. Je höher wir steigen, um so differenzierter werden sie, und zwar stufenweise. Auf den niederen Stufen sind also die höheren durch fortschreitende organische Differenzierung (Entwicklung) aufgebaut. In dem Sinne reden wir vom organischen Aufbau und in dem Sinne ist auch die organische Entwicklung zu verstehen. Der organische Aufbau bleibt sichtbar dort, wo die niederen Stufen durch Fixierung erhalten blieben. Dann verkörpern die primitiven und differenzierten Teile einer organischen Gestalt deren verschiedene Entwicklungsstufen. Die differenzierten Teile sind zwar als die zuletzt entstandenen die jüngeren; ihre Entelechie ist aber älter, da sie eine längere Entwicklung durchmachen mußte. So entsteht beim Menschen erst der Rumpf, später die Hände und das Gesicht und zuletzt werden darin die feineren Differenzierungen gebildet — durch ältere Entelechie.

In der Kunst finden wir dieses Prinzip wieder: vergleichen wir in der Musik z. B. die verschiedenen Stimmen miteinander, so fällt die viel höhere Differenzierung der Ober- gegen die Unterstimmen auf*). Entsprechend sehen wir bei Gemälden den Vordergrund detailreich, den Hintergrund nur in groben Linien, weniger differenziert ausgeführt. Bei künstlerischen Bauwerken finden wir analoge Verhältnisse: unten massive Grundlagen, dann sich differenzierende Linien, oben feine Details.

Vergleichen wir hiermit die Kunst der Primitiven (Urvölker), so finden wir als ihre Musik die groben Rhythmen, die in unsern Orchestern die Bässe spielen, in ihrer Malerei und Baukunst die einfachen Linien, wie sie heute Kinder produzieren entsprechend dem biogenetischen Grundgesetze Haeckels, daß die Ontogenie die Rekapitulation der Phylogenie ist. Da die Kunst des Menschen eine Funktion seiner psychischen Organisation ist, so haben wir damit schon gewisse Richtlinien für spätere Untersuchungen. — Wir formulieren also den V. Satz: die verschiedenen Stufen der Gestalt eines organischen Systems repräsentieren verschiedene phylogenetische Entwicklungsstufen.

Es folgt nun als VI. Satz der von der Polarität des organischen Systems. Jede organische Gestalt ist symmetrisch, entweder monosymmetrisch oder polysymmetrisch. Schon bei den Kristallen, also nichtorganischen Gebilden haben wir Symmetrie und erklärten diese aus einer Art Kraftfeld mit Polarität. Denn wir glauben, daß jede Symmetrie in der Natur auf der Polarität eines Kraftfeldes beruht. Während also die lediglich beschreibende Morphologie bei der Symmetrie stehen bleibt, spricht die organologische Morphologie von dem symmetriebildenden Prinzip, der symmetrischen Polarität. In der organischen Natur ist der Struktur des organischen Systems entsprechend die Polarität in höchster Mannigfaltigkeit ausgebildet. In der Pflanzenwelt erblicken wir vor allem ein Wachstum nach oben und unten, das wir auf Polarität zurückführen, wobei die Verschiedenheit der Gestalten in Wurzel und oberer Pflanze zeigt, daß man nicht überall, wo Polarität herrscht, von Symmetrie reden kann, daß es also symmetrische und unsymmetrische Polarität gibt. An den Blättern und Blüten finden wir dann wieder die verschiedensten Arten von radialer und bilateraler Symmetrie.

*) Vgl. Schopenhauer: Die Welt als Wille.

Im Tierreiche haben wir in niederen Formen noch die radiale, später nur noch die bilaterale Symmetrie bis hinauf zum Menschen. In der einzelnen Zelle ist die Polarität latent vorhanden; denn sie tritt hervor in der Furchungsspindel bei der Fortpflanzung und Zellteilung. Das gilt auch von den Amöben, deren „Gestaltlosigkeit" zeigt, daß die Polarität sich als Symmetrie nur in fester Struktur manifestiert. Im Psychischen finden wir die Polarität wieder in Form von Gegensatzpaaren der Empfindungen und Begriffe: hell — dunkel, warm — kalt, falsch — richtig, gut — böse usw., was darauf schließen läßt, daß sie ein universelles Naturprinzip darstellt, nicht nur in der Materie, sondern auch in der übermateriellen Welt.

Diese Sätze vom organischen System müssen nun für jedes organische System gelten, also nicht nur für räumliche, sondern auch für zeitliche Systeme, die organischen Prozesse, von denen im folgenden Kapitel die Rede sein wird. Überall, wo wir in der Natur organische Systeme finden, können wir sie an Hand obiger Hauptsätze, denen noch weitere folgen können, analysieren, wie man mathematische Lehrsätze auf mechanische Erscheinungen anwendet.

## B. ÜBER DIE SCHEINBARE UNEINHEITLICHKEIT IM ORGANISCHEN

Der soeben ausgesprochenen harmonischen Naturansicht kann nun leicht widersprochen werden mit dem Hinweise auf die vielen disharmonischen Zustände in der Natur, die stets in der menschlichen Weltanschauung den Glauben an die höhere Weisheit einer Vorsehung erschüttert haben. Man denke an die grausame Lebensfeindlichkeit der Raubtiere, unter denen der Mensch obenan steht, an die Vernichtung Hunderttausender von Lebewesen durch tödliche Krankheiten, Seuchen und Naturkatastrophen, an die Verheerungen durch Insekten, schließlich an das Verbrechertum auf allen Gebieten des Lebens u. a. m.

Aus mechanistischer Einstellung heraus hat man zwar jene disharmonischen Zustände als aus der hohen Kompliziertheit des organischen Lebens erklärliche Unordnung aufgefaßt (da ja bei Mechanismen und Organisationen um so leichter Störungen und Mißstände auftreten, je komplizierter sie sind), und so die Natur nach Art menschlicher Unvollkommenheit entschuldigen wollen. Vom organologischen Standpunkte ergeben sich aber andere Möglichkeiten. Zunächst müssen wir feststellen, ob es sich bei den disharmonischen

Zuständen nur um zufällige Systembedingtheit oder Planmäßigkeit handelt. Nun sind alle die Zustände, die auf der Organisation der „schädlichen“ Lebewesen beruhen, als planmäßige anzusehen, weil diesen Lebewesen ihre Organisation und ihre gefährlichen Instinkte gegeben sind, damit sie sie entsprechend anwenden. Was aber durch menschliche Unvollkommenheit und Bösartigkeit entsteht, ist zum größten Teil auf Veranlagung und Erziehung, die wiederum zum größten Teil auf Veranlagung beruht, zurückzuführen und somit auf die menschliche seelische Organisation, die ebenfalls als teleologisch anzusehen ist. Damit haben wir Planmäßigkeit in der Disharmonie wie in der Harmonie und müssen nach organologischem Prinzip die disharmonischen Zustände als eine besondere Gestaltkategorie auffassen. So wenig aber nun die Tatsache einer Regierung wegen des Vorhandenseins einer staatsfeindlichen Unterwelt geleugnet werden kann, so wenig wird durch die Disharmonie in der Natur die Harmonie in ihr widerlegt. Beide bestehen vielmehr nebeneinander, und es fragt sich nur, ob und wie sie einer höheren Einheit untergeordnet werden können. Das ist aber ein kompliziertes Problem, zu dessen Lösung noch verschiedene Untersuchungen nötig sind, die aber die Annahme eines gemeinsamen höheren Prinzips rechtfertigen werden. Hier kann nur darauf hingewiesen werden, daß die einander feindlichen und schädlichen Organismen letzten Endes doch alle nach demselben organischen Plane geschaffen sind, der auch den friedlichen und nützlichen Tieren zugrundeliegt. Es sind keine Wesen zweier verschiedener Welten, die sich gegenseitig befehden, sondern es haben sich polare Gegensätze herausgebildet zwischen den Teilen einer Welt, eines Volkes, eines Organismus. Diese Uneinheitlichkeit im Organischen ist also als eine Art der Polarität zu begreifen, deren Sinn wir im folgenden Kapitel kennen lernen werden.

Ehe wir weitergehen, seien mit Hinblick auf die bisherigen Erörterungen zwei wichtige Begriffe gegeneinander definiert: „organisch“ bedeutet: gestaltet und erhalten durch die geistig bestimmte Heteronomie des Naturlebens, und in sie sinnvoll eingegliedert, wogegen „organologisch“ bedeutet: den Gesetzen der organischen Gestaltung wissenschaftlich entsprechend.

# III. THEORIE DES ORGANISCHEN PROZESSES

## A. UNTERSCHEIDUNG DES ORGANISCHEN VOM ANORGANISCHEN PROZESS

Der anorganische Prozeß, d. h. der physikalische wie der chemische, ist eine durch materielle Kausalität bedingte Folge materieller Zustände. Seine Gestalt, (d. h. Struktur und Verlauf) ist durch die Eigenschaften der Komponenten bedingt und daher idionom, sofern sie aber von der Konstellation der äußeren Umstände abhängt, ist sie systembedingt. Wenn aus der Idionomie des anorganischen Prozesses ein scheinbar sinnvolles Gebilde oder ein scheinbar sinnvoller Zustand entsteht, so ist dies zufällig; war er durch Konstellation erzeugt, so gilt er als systembedingt.

Der organische Prozeß hingegen ist eine durch Wirkung formativer Kausalität auf die Materie bedingte und daher heteronome Folge materieller Zustände. Seine Gestalt ist materialiter durch die Materie und die Systembedingungen, formaliter aber nicht allein durch die Komponenten, die materiellen Faktoren bedingt, sondern durch Entelechie. Der organische Prozeß verläuft daher immer anders, als er verlaufen würde, wenn seine Materie sich selbst, ihrer Idionomie überlassen wäre.

In nebenstehendem Schema sei ursprünglich a — b — c — d

$$\frac{H}{a—b'—c'—d'}$$

eine rein idionom bedingte Kausalreihe, aus der die heteronome Reihe a—b′—c′—d′ durch den von H ausgehenden heteronomen formativen Einfluß entstand, also eine Folge anderer, nämlich sinnvoller Zustände. Hieraus ist ersichtlich, daß der sinnvolle Verlauf des organischen Prozesses durch materielle Gesetzlichkeit unbegreiflich ist. Daher stehen unsere Naturwissenschaftler auf dem Gebiete des Organischen dauernd vor Rätseln, die sich nicht erklären können. Es liegt also nicht an der Kompliziertheit des Organischen allein, daß es immer anders kommt, als man auf Grund der anorganischen Gesetze erwarten sollte*).

## B. DER HETERONOME KOEFFIZIENT

Der organische Prozeß, der als organisches System aus organischen Teilprozessen besteht, von denen wieder dasselbe gilt, muß demnach bis in seine kleinsten Teile von organischer Heteronomie durchdrungen sein. Wäre das nicht der Fall, wären Teilprozesse im Organischen rein anorganisch bedingt, so bestünde ein organischer Prozeß aus anorganischen Teilen, mithin das Lebendige aus Totem, worauf der Materialismus allerdings hinaus will, obwohl er selbst weiß, daß in einer Leiche die sinnvollen Lebensvorgänge aufgehört haben. Wenn also ein Geist, für den es keine technischen Schwierigkeiten gäbe, den organischen Prozeß analysierte, so fände er überall noch einen durch materielle Kausalität unerklärbaren Rest, der auf das Konto des entelechialen Einflusses zu setzen wäre, den wir hiermit den heteronomen oder formativen Koeffizienten nennen, den fremdgesetzlich gestaltend mitwirkenden Faktor als eine bestimmbare und noch zu bestimmende regulative Einheit.

Der heteronome Koeffizient ist also dafür verantwortlich zu machen, daß es im Organischen, wie im vorigen Abschnitt ausgeführt wurde, „immer anders kommt, als man denkt". Dies Phänomen ist in der Natur wie in der Geschichte, über deren Heteronomie noch zu reden sein wird, allenthalben zu finden: Die Alchemisten haben Gold machen wollen und es ist daraus die Chemie entstanden, Kolumbus wollte Indien finden und entdeckte Amerika, die großen Eroberer des Altertums wollten Land erwerben und es entstanden daraus die Übertragungen von Kulturen, der Gang des Menschen entsteht dadurch, daß er nach vorn fallen will und mit jedem Schritte aufgefangen wird, die Planeten wollen in die Sonne fallen und es entstehen dadurch ihre elliptischen Bahnen, in der Musik drängt die Harmonie zur Tonika, im „Trugschluß" wird sie aber fortgeführt, usw. Die Geschichte der Erfindungen und Entdeckungen ist voll von

---

*) Wir verweisen hier auf die noch immer lehrreiche Broschüre von R. Neumeister, „Betrachtungen über das Wesen der Lebenserscheinungen" (Jena 1903) und die klassische Einleitung des Lehrbuches der physiologischen und pathologischen Chemie von G. von Bunge ((1887), sowie auf M. Benedikt, „Das biomechanische Denken in der Medizin und in der Biologie (Jena 1903).

derartigen Tatsachen, die zeigen, wie die höhere Weisheit als Heteronomie die relative Unintelligenz ihres „Materials" ihren Zwecken dienstbar macht.

Daß der heteronome Koeffizient eine Realität ist, ergibt sich aus der Logik des organologischen Standpunktes, daß er gefunden werden kann, ist nur eine Frage der Methodik. Durch die organologische Analyse wird er herausgearbeitet werden und zwar durch Feststellung der Art und des Grades der Abweichung des sinnvollen Verlaufes von dem Verlaufe, der unter rein anorganischen Bedingungen eingetreten wäre. Daraus ließen sich dann Schlüsse auf die Gesetzlichkeit des entelechialen Einflusses ziehen. Ein großer Erfolg organologischer Forschung wäre es, wenn eine solche Abweichung einmal zahlenmäßig zum Ausdruck käme. Erforderlich wäre hierzu allerdings ein neues Forschungsprinzip, nämlich heteronome physikalische Chemie, die die Beziehungen der Zustandsänderungen der formierten Materie und des betreffenden formativen Agens, z. B. eines Kraftfeldes studieren würde, woraus eine „organische Chemie" im wahren Sinne hervorgehen könnte.

Zum Nachweise des heteronomen Koeffizienten ist natürlich eine genaue Bestimmung der materialen Systembedingungen und Kräfte notwendig; die Heteronomie des reinen organischen Prozesses wird dann um so deutlicher in Erscheinung treten.

## C. DER ORGANISCHE PROZESS ALS TELEOLOGISCHES SYSTEM

Daß der Verlauf, also die äußere Gestalt des organischen Prozesses im allgemeinen ein harmonisches System ist, ergibt sich aus seiner Zweckmäßigkeit, denn diese setzt ein einheitliches Prinzip als causa finalis voraus, nach dem die Folge der Zustände wie die Gestalten der nebeneinander herlaufenden Teilprozesse so gestaltet werden, daß das Ergebnis ihres harmonischen Zusammenwirkens ein „planmäßiges" ist. Man denke an Anfang, Höhepunkt und Schluß eines Dramas! Hier ist besonders klar, daß der Verlauf des Dramas nicht bedingt ist durch die Anlage der ersten Kausalketten, sondern durch die im Geiste des Dichters wirksame Idee. Die Kausalketten sind also ihrer Anordnung nach sozusagen durch den „Verlauf" bedingt, nicht der Verlauf durch die Kausalketten. Daß das umgekehrte falsch ist, erhellt auch daraus, daß bei gleicher Anlage der ersten Kausalketten es sehr viele Verlaufsmöglichkeiten gibt, so daß bei materialer Bedingtheit irgendein Zufall den Dingen eine andere Wendung geben kann.

Genau analog verhält es sich mit einer musikalischen Komposition. Auch hier kann man nicht sagen, daß jede folgende Harmonie und Melodie und jeder folgende Rhythmus bedingt sind durch die vorhergehenden Formen, da es eine Unzahl von Modulationsmöglichkeiten nach jeder Richtung hin gibt und verschiedene Komponisten das gleiche Thema deshalb verschieden bearbeiten. Also auch bei einer Komposition ist in dem Sinne die Folge der Töne bedingt durch die Melodie, und nicht umgekehrt. Betrachten wir nun unter diesem Gesichtspunkte einen normalen organischen Entwicklungsprozeß, z. B. den des menschlichen Oberschenkelknochens mit seiner bekannten sinnvollen Architektur, wo in der Spongiosa die Bälkchen ja so angeordnet sind, daß sie den statischen Anforderungen auf das Zweckmäßigste entsprechen. Über ihre Entstehung finden wir in Stöhrs Lehrbuch der Histologie: Entwicklung der Knochen III: „Die Substantia spongiosa des Knochens Erwachsener ist durch Resorption von der Markhöhle und von der Innenfläche der Haversschen Kanäle aus entstanden, die allmählich zur Reduktion des Knochens auf schmale Streifen, die Bälkchen und Blätter der spongiosen Substanz führten".

Die Resorption geschieht durch die sog. Ostoklasten, Zellen, die die zuerst homogen abgelagerte neugebildete Knochensubstanz so auflösen, daß jene technisch-sinnvolle Struktur zurückbleibt*). Und zwar handelt es sich dabei um eine ungeordnete Vielheit „relativ unintelligenter" Elemente. Die sinnvolle Struktur entsteht also nicht wie der Materialismus uns glauben machen will, dadurch, daß die einzelnen Ostoklasten die Knochensubstanz gerade so auflösen, wie es ihren Eigenschaften entspricht — dann wäre sie zufällig! — sondern die Ostoklasten arbeiten offenbar so, weil die entelechiale „Form" des Endzustandes, der sinnvollen Struktur, schon vor ihrer Realisierung den Gestaltungsprozeß leitet. Diese entelechiale Form spielt hier also dieselbe Rolle wie bei der Gestaltung der Sprache das Wortbild oder das Satzbild, sie ist die gleichzeitige Form des nachzeitigen Prozesses, dieser ist also die nachzeitige Gestalt einer gleichzeitigen Form. Diese entelechiale Form nennen wir den „Plan des Geschehens". — In der Technik ist dieser Sachverhalt nachgebildet z. B. im Grammophon: Die Schallplatte repräsentiert das

*) Daß hier keine mechanischen Druck- oder Zugwirkungen als die „einheitlichen Bedingungen" in Betracht kommen, beweist die von Magnus hervorgehobene Tatsache, daß die Struktur auch in sich nach Operationen neubildenden Gelenken in horizontaler Ruhelage entsteht.

gleichzeitige Bild der Schwingungen, das umgesetzt wird in die zeitliche Wiedergabe. Wir denken hier an eine Stelle in Mozarts Briefen, wo der Meister erzählt, wie er eine Symphonie beim Komponieren als Ganzes auf einmal in sich höre, nicht die Töne nacheinander. Das wäre ein akustisches Bild der „Form" der zeitlichen Gestalt.

## D. DIE FUNKTIONSGRUNDLAGE DES ORGANISCHEN PROZESSES

Wenn wir den organischen Prozeß als Funktion auffassen, so entsteht die Frage nach dem, was da funktioniert, also nach dem Träger oder der Grundlage dieser Funktion. Für den anorganischen Prozeß gilt bekanntlich, daß er Funktion der betreffenden Struktur seiner Systembedingungen einschließlich der materiellen Kräfte ist. So ist Drehung die Funktion des Rades, Oxydation die Funktion des Sauerstoffes, Drucken die Funktion einer Druckerpresse.

Für den organischen Prozeß kann dieser Satz nach unseren obigen Ausführungen, wie alle organischen Gesetze nicht gelten. Denn beim organischen Prozesse kommt zu den materiellen Bedingungen noch der formative Einfluß als ausschlaggebend hinzu. Die Grundlage der organischen Funktion ist also nicht allein die Struktur einschließlich materieller Kräfte, sondern diese plus Entelechie. Dafür prägen wir den Begriff „Organisation". Wir verstehen ja auch unter einer industriellen oder politischen Organisation nicht bloß materielle, sondern auch geistige Struktur, und letztere entspricht ja dem Begriffe der Entelechie im Organischen. Wie also die Funktion einer politischen oder wirtschaftlichen Organisation nicht allein auf ihrer materiellen Struktur beruht, sondern auch auf ihrer geistigen, so ist die Funktionsgrundlage des organischen Prozesses auch nicht allein die Struktur, sondern die „Organisation". Was durch Struktur bedingt ist, ist das Materiale des Prozesses, z. B. das Gehen schlechthin in bezug auf die Struktur der Beine, die Sekretion schlechthin in bezug auf die Struktur der Drüse. Die Gestalt des Gehens und der Sekretion aber, d. h. die Tatsache, daß wir sinnvoll gehen und daß sinnvoll sezerniert wird, was also durch Heteronomie vermittelst des Nervensystems bedingt ist*), ist das Formale des Prozesses. Oder um ein gröberes Beispiel zu nehmen: beim Geigenspiele sind die Geigentöne Funktion des Instrumentes, mithin der Struktur, also das Materiale des Prozesses, aber wie und was gespielt wird, die

*) Im VI. Kapitel wird nachgewiesen werden, daß die Innervation der Organe nicht eine Funktion der „Struktur", sondern der „Organisation" des Zentralnervensystems ist.

Gestaltung der Töne, ist eine Funktion der Seele des Spielers, mithin der Heteronomie; beides zusammen ist also eine Funktion der „Organisation".

Es besteht also, worüber der Materialismus uns stets hinwegzutäuschen sucht, kein entsprechendes Verhältnis zwischen organischem Prozeß und Struktur. Das zeigt sich am deutlichsten bei niederen Lebewesen, besonders den einzelligen, deren vielseitige Funktionen bei der primitiven Struktur keinerlei mechanistische Erklärungsmöglichkeit haben*). Je höher aber ein Organismus entwickelt, d. h. strukturell differenziert ist, desto mehr wird von seinen Funktionen durch Struktur bedingt, desto geringer wird also das Mißverhältnis zwischen organischer Funktion und Struktur sein. Immer aber wird ein durch Struktur mechanistisch unerklärbarer Rest bleiben, den wir auf das Konto der Entelechie oder des heteronomen Koeffizienten zu setzen haben. Denn sonst hätte sich ja der Mensch aus einem entelechiebelebten niederen Organismus zu einer toten Maschine entwickelt. Die aufsteigende Entwicklung der organischen Strukturen dient offenbar dazu, immer höhere organische Prozesse zu ermöglichen, die dann wieder strukturell fixiert werden, um noch höheren als Basis zu dienen.

## E. DIE INTENSITÄT DES ORGANISCHEN PROZESSES

Im Anorganischen ist die Intensität eines Prozesses von den Systembedingungen und der Idionomie der Materie abhängig (Dynamo-, Dampfmaschine). Im Organischen, wo nach unserer Theorie die Umwandlung der latenten in aktive (chemische oder kinetische) Energie durch heteronome Beeinflussung der „inneren" Beschaffenheit der Materie veranlaßt und beherrscht wird, unterliegt auch die Intensität des Prozesses der heteronomen Regulation, und zwar denken wir uns diese so, daß (vgl. Schlaf und Tod) ohne heteronomen Einfluß die Lebensprozesse still stehen und daher um so intensiver werden, je stärker der heteronome Einfluß wird, je mehr also das Molekel oder Atom auf die heteronome Funktionsrichtung eingestellt wird; bei schwacher Heteronomie geschieht dies nur teilweise, beim Fehlen des heteronomen Einflusses gar nicht. Eine Energierzufuhr findet also bei Steigerung der Intensität des organischen Prozesses nicht statt, so wenig wie durch Schenkeldruck des Reiters oder Treten des Gashebels beim Automobil eine Vermehrung der Kraft

*) Vgl. das Beispiel vom Verhalten der Arcellen bei v. Bunge, a. a. O.

des Pferdes bzw. des Motors entsteht. So beruht die Intensität des organischen Prozesses auf ganz anderen Grundlagen als die des anorganischen und kann daher nicht nach anorganischem Prinzip erklärt werden.

## F. DIE POLARITÄT ALS MOTOR DES ORGANISCHEN PROZESSES

Fragen wir, wie es kommt, daß die organischen Prozesse jahrelang in der gleichen Weise weiter verlaufen, viele im Winterschlaf fast ersterben, um dann wieder zu alter Stärke zu erwachen, so wird der lebende Organismus dem brennenden Ofen verglichen, bei dem fortwährend Material eingeführt wird, das den Verbrennungsprozeß unterhält. Nun ist dieser Vergleich wie alle Vergleiche aus dem Anorganischen für den Lebensprozeß aber nicht zutreffend; denn erstens handelt es sich im Organischen nicht nur um einen Verbrennungs- oder Abbauprozeß, sondern um Aufbau und Abbau, Assimilation und Dissimilation, und zweitens sind diese Prozesse nicht idionom-chemische, sondern organisch-heteronome und als solche physische Ausdrucksformen planmäßig aufbauender und abbauender Entelechie. In dieser und nicht in der materiellen Konstellation liegt also der Grund der Dauer der organischen Prozesse. Auf sie müssen wir also vom organologischen Standpunkte aus unser Augenmerk richten.

Im Aufbau und Abbau des physiologischen Lebens offenbart sich eine Gegensätzlichkeit, die nicht nur im Zellstoffwechsel nachweisbar ist, sondern auch in der Einatmung und Ausatmung, in der Systole und Diastole der Herzaktion, in der gegensätzlichen Innervation der inneren Organe durch Vagus und Sympathikus, in Schlaf und Wachen; auch die Knochenbildung geschieht unter der Wirkung von statischem Druck und Gegendruck.

Wenn sich in dieser Gesetzlichkeit ein organisches Prinzip offenbart, so müssen wir es auch im übrigen Naturgeschehen wiederfinden; denn was im Kleinen geschieht, ist nach dem III. Hauptsatze der Lehre von der organischen Gestalt Abbild des Großen. In der Tat sehen wir, wie schon früher angedeutet, in der Natur überall die Gegensätze: Leben und Tod, männlich und weiblich, groß und klein, Licht und Finsternis, Gut und Böse, Geist und Materie, zwischen denen sich das Leben in seiner Mannigfaltigkeit wie zwischen zwei Polen abspielt, und die dem weltanschauenden Menschen von jeher ein verborgenes Weltprinzip zu offenbaren schien, die Polarität.

Die Berechtigung, diese als organisches Prinzip anzusehen, wird erwiesen durch den Nachweis ihrer Planmäßigkeit. Hier kommt in erster Linie in Frage die in fast allen Naturgebilden und Prozessen bis ins einzelne feststellbare Durchführung des polaren Prinzips nach dem Schema eines organischen Systems. Auch in bezug auf das menschliche Seelenleben sprach Plato von den beiden nach oben und unten strebenden Rossen und Goethe von den zwei Seelen in seiner Brust.

Der Sinn dieser Polarität muß nun an seinen Wirkungen erkennbar sein. Was zunächst daraus entsteht, ist eine Spannung, die wiederum Energiequelle ist für die daraus entstehenden zum Ausgleich strebenden Prozesse. Damit hat die Natur ein Problem gelöst, nämlich das der geistigen Anregung physischer Prozesse durch sinnvolle Ausnutzung latenter physischer Energie. Diese aber wird erzeugt durch sinnvolle Gestaltung physischer Konstellationen, die Spannungen enthalten. Dasselbe Prinzip wendet der Mensch an, wenn er automatisch laufende Maschinen baut, und der Intrigant, wenn er Menschen oder Völker gegeneinander aufhetzt, um aus dem Streite Nutzen zu ziehen. Die Folge der Polarität ist also ein fortwährendes Gegeneinander bzw. Zusammenwirken von Gegensätzen, in denen der Weltprozeß fortschreitet, sei es in harmonischer Form in Liebe, sei es in disharmonischer im Kampfe. Philia und Neikos hat schon Empedokles als Weltprinzipien gelehrt. Die Planetenbewegungen entstehen durch Zentripetal- und Zentrifugalkraft, die Fortpflanzung der Organismen durch die Vereinigung der polaren Geschlechter, die Ertüchtigung der Lebewesen im Kampfe mit der feindlichen Umwelt, die menschliche Arbeit im Kampfe gegen Hunger und Not, die Erforschung des Organismus im Kampfe gegen die Krankheit, die dramatische Handlung durch den Konflikt der Gegensätze, die Wirtschaft durch Angebot und Nachfrage, die Organisation der staatlichen Ordnung im Kampfe gegen ihre Feinde, die Reformation wurde geboren aus dem Gegensatze des deutschen Geistes zum damaligen Katholizismus, das organologische Weltbild aus demselben Gegensatze zum Materialismus. Die Geschichte und damit die kulturelle Entwicklung der Menschheit wurde und wird also nur dadurch ermöglicht und in Fluß gehalten, daß immer neue politische und kulturelle Spannungen entstehen, die zum Ausbruch drängen. Dabei zeigt die Geschichte der römischen Kaiserzeit, daß ein Volk degeneriert, das alle Macht in Händen hat und nicht mehr um seine Existenz zu kämpfen braucht. Ebenso entwickelt sich die menschliche Persönlichkeit über das vegetierende Niveau hinaus nur im inneren und äußeren Kampfe und degeneriert in Wohlleben und Sattheit. Gerade die bahnbrechenden revolutionären Persönlichkeiten sind nicht etwa in sich ausgeglichene, harmonische Menschen, selten zyklothyme Typen mit Bäuchlein, Glatze „und die nachts gut schlafen", sondern meist Schizothyme mit inneren Gegensätzen und Spannungen bis zur Psychopathie auf Grund disharmonischer Erbfaktoren, Menschen, in denen sich eine starke Polarität zwischen Wirklichkeit und Ideal ausbildete, die ihnen den Impuls zu ihren Taten gibt. Vgl. hier Kretschmers Schriften, insbesondere sein Buch „Geniale Menschen"*). Danach sind Hochkulturen auch durch Befruchtung zweier zueinander passender Rassen entstanden, wie es überhaupt das Wesen der Befruchtung ist, daß polare Verschiedenheiten zusammenwirken; daher führt Inzucht zur Degeneration und Abgeschlossenheit eines Volkes zur konservativen Pflege der Tradition, nicht aber zur schöpferischen Kulturentwicklung. Πόλεμος πατῆρ πάντων (der Kampf ist der Vater aller Dinge) sagte der alte Heraklit und weist damit hin auf ein Naturgesetz, das durch die organologische Theorie der Gestaltung der Materie erst richtig in seiner entelechialen Bedeutung verstanden wird.

Aus der Zweckmäßigkeit der Folge der Polarität können wir nämlich schließen, daß sie, die Polarität, im Weltplane begründet ist und ein organisches Prinzip darstellt. Das geht auch daraus hervor, daß das Eingreifen des Menschen in diese natürlichen Verhältnisse zugunsten der ihm besser erscheinenden Seite (etwa durch Ausrotten schädlicher Tiere) sofort ein Überwiegen der anderen Seite und damit noch schlimmere Zustände zur Folge hat. So hat sich z. B. wie eine Zeitschrift berichtete, der wohlgemeinte Vernichtungsfeldzug gegen die gefürchteten Giftschlangen in Indien als verkehrt, weil naturwidrig erwiesen; denn die kleinen schädlichen Nager, denen die Schlangen nachstellen, nahmen daraufhin derartig überhand, daß dem menschlichen Eingreifen Einhalt geboten werden mußte. Auch die wohlgemeinte Einführung abendländischer Zivilisation hat sich bei den Naturvölkern durch Verschiebung der naturgegebenen polaren Verhältnisse vielfach ungünstig ausgewirkt, wie in Europa die marxistische naturwidrige Nivellierung der natürlichen Gegensätze zwischen hoch und niedrig aus naturfremder Theorie — ein Beweis, daß die naturgegebenen Verhältnisse sinnvoll waren. Wenn man eine Polarität zwischen weißer und farbiger Rasse annimmt, so ist die Bemerkung von Colin Roß in seinem Buche „Die Welt auf der Waage" interessant, daß die Bekämpfung des Massensterbens der Farbigen

*) Berlin 1929.

infolge Malaria und Schlafkrankheit durch westliche Wissenschaft ein Überwiegen der farbigen Bevölkerung zur Folge hat, die das Rassengleichgewicht zu verschieben droht. Damit soll aber nicht gesagt sein, daß es für den Menschen unstatthaft wäre, in den Gang zerstörender Geschehnisse einzugreifen, im Gegenteil: zwischen diesen und dem menschlichen Geiste hat sich ebenfalls eine naturgewollte Polarität herausgebildet, die die Menschheit vor hohe Aufgaben stellt, ohne die sie degenerieren würde.

Die Polarität ist also der Motor des organischen Prozesses, aber nicht der Regulator! Nach unseren Erfahrungen im Anorganischen wäre nämlich zu erwarten, daß sich allmählich ein Gleichgewichtszustand einstellen würde und dadurch beide Teilprozesse zum Stillstand kämen, so wie wenn etwa zwei Spiralen gegeneinander drücken oder wie wenn sich Säure und Alkali zum Salze einigen. Im Organischen geschieht dies aber nicht, sondern beide Teilprozesse laufen weiter nebeneinander her und arbeiten gegeneinander so, daß sie sich normalerweise die Wage halten.

Diese sinnvolle Fortführung des organischen Prozesses wird dadurch erreicht, daß die Entelechie des Ganzen die heteronome Führung des Kampfes der Gegensätze in der Hand behält, indem sie fortwährend so auf die neuentstehenden Konstellationen einwirkt, daß kein Gleichgewicht oder Stillstand des Prozesses entsteht, sondern immer wieder neue polare Spannung, die den Prozeß weitertreibt wie z. B. beim Schachspiel. So hat es die Natur bzw. der Weltgeist durch die sinnvolle Gestaltung der Materie erreicht, im Großen wie im Kleinen Bewegung und immer neue Entwicklung in die sonst erstarrende physische Welt zu bringen, um sie dann nach höheren Gesichtspunkten zu lenken, m. a. W. zu Philia und Neikos muß noch der Nous des Anaxagoras hinzukommen. Die Begriffe Hegels: Thesis — Antithesis — Synthesis klingen hier an.

Im folgenden Kapitel wird der Gedanke verständlich werden, daß durch organische Heteronomie in den polaren Kräften die Planeten, die in die Sonne, und die Monde, die in die Planeten fallen wollen, um sie herum und von ihr wieder fortgeführt werden, wodurch die Umkreisungen entstehen. Nur durch organische Heteronomie ist es zu denken, daß aus den die Entwicklung bewirkenden polaren Spannungen des befruchteten Eies kein Tumor, sondern ein neuer Organismus entsteht, daß im Kampfe ums Dasein nicht nur die robustesten Formen bestehen bleiben, sondern eine sinnvolle Entwicklung stattgefunden hat, daß aus dem Kampfe gegen Not, Krankheit und Unmoral Kulturen entstanden sind, was eine organologische Geschichtsforschung nachweisen wird. U. E. ist es daher kein Zufall gewesen, daß Kolumbus Amerika entdeckt hat, daß aus den Versuchen Gold zu machen die Chemie entstanden ist, daß durch die großen Eroberer Kulturen befruchtet oder übertragen wurden usw., sondern weise Führung, die die relative Unintelligenz der gegensätzlichen Parteien oder Tendenzen zur Verwirklichung ihrer höheren Zwecke benutzt. Wie dies Prinzip in der Politik anwendbar ist, hat uns England gezeigt. In der Wissenschaft wird bei Lösung eines Problems immer wieder ein neues geboren, aber nur im Geiste des Forschers, der über den scheinbaren Widersprüchen steht; ebenso entwickelt sich in der Kunst die dramatische Handlung in überraschenden Wendungen sinnvoll weiter durch geistvolle (heteronome) Führung der Situationen. Auch zur Entstehung eines Genies genügt nicht die innere Spannung allein, es muß immer ein Drittes, der heteronome Geist, die Inspiration einer Idee hinzukommen, sonst entstehen nur Psychopathen und Unruhestifter. Ein Genie aber rein aus seinen Erbanlagen zu erklären, ist materialistisch und daher falsch. — Es ist interessant und typisch für die heutige Wissenschaft, wie ohne den Begriff der organischen Heteronomie die Entstehung des Genies nur auf dieselben disharmonischen Erbfaktoren zurückgeführt wird, wie die der Psychopathie und sogar in gewissem Sinne der Geisteskrankheit, also allein auf das Materiale. Auf diese Weise kann es ja nur als Zufall (!) aufgefaßt werden, daß sich Erbanlagen unbedeutender Menschen gerade so kombinierten, daß einmal ein Goethe, ein Beethoven, andere Male Psychopathen oder sogar Geisteskranke resultierten. Das ist das Gesicht des Materialismus in der Erblehre. Auch Phänomene wie die in Konnersreuth erklären sich auf Grund einer hysterieartigen Konstitution, aber — und das ist der Unterschied unserer Auffassung von der einer materialistischen Wissenschaft — nicht durch diese. — Die in gewisser Beziehung disharmonische Konstitution ermöglicht also das Ergriffenwerden von einer höheren Idee oder religiösen Eingebung ebenso wie von dämonischen Einflüssen, von Besessenheit. Daher sind Genie und Wahnsinn einander so verwandt (vgl. Nietzsche). Für den Stumpfsinn des Materialismus ist das natürlich Aberglaube, das ist aber für ihn auch der Begriff der Entelechie und der Glaube an das Geistige der Welt. Alle schöpferischen Menschen haben sich von einer Idee besessen gefühlt. „Nicht wir ergreifen eine Idee, sondern die Idee ergreift uns und treibt uns in die Arena, daß wir wie gezwungene Gladiatoren für sie kämpfen".

Wollen wir nun rückblickend ein Schema der hier erörterten anorganischen und organischen Polarität zeichnen, so wäre es für die anorganische, die zum stagnierenden Gleichgewicht oder zu fruchtlosen Reibereien führt, dieses: 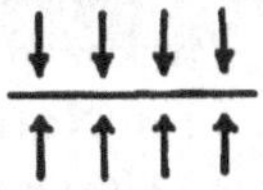 , während die Polarität des organischen Prozesses entsprechend der Heteronomie so modifiziert zu zeichnen wäre, daß ein Fortschreiten entsteht: 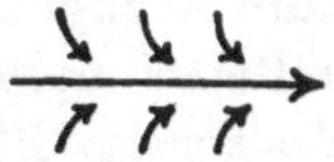

Dem Politiker könnte sich daraus die Idee einer organologischen Staatsführung ergeben.

Halten sich die treibenden polaren Kräfte die Wage, so verläuft der organische Prozeß auf dem goldenen Mittelwege, d. h. normal; gewinnt eine der polaren Kräfte aber das Übergewicht über die andern, so wird eine Verschiebung, ein Abweichen von der Norm eintreten: Krankheit. Daraus ergäbe sich für eine organologische Medizin eine auf Polarität gegründete Therapie, die der Verfasser bereits seit Jahren erfolgreich auf seinem Gebiete ausübt und in einer Sonderarbeit darlegen wird.

Zur Veranschaulichung unserer Theorie diene ein instruktives Beispiel aus der Physiologie.

Bekanntlich wird der Zuckergehalt des Blutes trotz erheblicher Schwankungen der Ernährung auf 0,1 % konstant erhalten; schon eine geringe Vermehrung oder Verminderung bedeutet wie jede kleinste Abnormität des organischen Stoffwechsels eine Erkrankung. Wie wird nun diese Konstanz des Blutzuckers erreicht? Um dies zu erkennen, müssen wir die normalen Verhältnisse künstlich aus dem Gleichgewichte bringen, um zu sehen, wie die Natur das Gleichgewicht wiederherstellt. Es wird also eine Versuchsperson bzw. ein Versuchstier veranlaßt, ein Quantum Traubenzucker zu sich zu nehmen. Darauf steigt die Blutzuckerkurve, fällt dann aber nicht allmählich wieder zur Norm, wie etwa die Temperatur eines künstlich erwärmten und sich wieder abkühlenden Körpers, sondern verläuft in der Form einer sog. „gedämpften Schwingung", geht also unter die Norm herunter, dann wieder darüber usw. 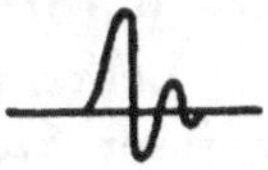 bis der Normalzustand wiederhergestellt ist. In einem mechanischen

System ist ein solcher Prozeß des Pendelns ohne weiteres verständlich, in einem Stoffwechselsystem dagegen keineswegs; denn im Chemismus gibt es weder Gravitation noch Elastizität. Es müssen also besondere Verhältnisse vorliegen, die jene Kurven erzeugen. Sehen wir also den Vorgang genauer an: Der Zucker gelangt von dem Magen in den Darm. Von hier läuft ein seiner Natur nach noch unbekannter Reiz einerseits zur Leber, andererseits zu den Nebennieren. Die Leber wird dadurch veranlaßt, Zucker, die Nebennieren, Adrenalin in die Blutbahn abzugeben. Durch das Adrenalin wird noch mehr Zucker in der Leber mobilisiert und gelangt ins Blut, so daß ein Überschuß von Zucker im Blut, eine Hyperglycämie entsteht (die Blutzuckerkurve steigt). Hierdurch werden vegetative Zentren im Hirnstamm, vor allem das Zuckerzentrum erregt, das seinerseits dem Pankreas einen Befehl zur Insulinsekretion durch den nervus vagus erteilt. Durch das Insulin wird einerseits die Zuckeraufnahmefähigkeit der Gewebe erhöht, andererseits die Zuckerausscheidung der Leber gehemmt, so daß der Zuckergehalt des Blutes bis unter die Norm abnimmt (die Kurve sinkt unter die Norm). Dadurch, sowie durch den übernormalen Gehalt des Blutes an Insulin werden wieder die Zuckerregulationszentren im Hirnstamm veranlaßt, einen Befehl diesmal durch den Sympathicus an die Nebennieren zur Absonderung von Adrenalin zu geben, wodurch wieder die Leber zur Abgabe von Zucker ins Blut veranlaßt wird, so daß wieder eine — wenn auch geringere — Hyperglycämie entsteht (die Kurve steigt wieder über die Norm), die nun wieder den gegenteiligen Prozeß der Insulinsekretion auslöst usw., wodurch nach einigen Schwingungen der Kurve die Norm wiederhergestellt wird.

Die Konstanz des Blutzuckers wird also erhalten durch zwei antagonistisch wirkende, also polare Systeme der Drüsen-, Zirkulations- und Nervenorganisation, genauer gesagt vermittelst derselben, denn es wäre ein Irrtum anzunehmen, daß zwei Antagonisten sich das Gleichgewicht halten würden, wenn sie nicht unter der Kontrolle einer übergeordneten Instanz (des Nous) stünden. In der Tat wäre dann, wenn ein Teil das Übergewicht über den anderen bekäme, wenn also in unserem Falle der Tonus (Spannung) und die Reaktionsdisposition des einen Systems nachließe oder übernormal stark würde, eine Wiederherstellung des Zucker-Gleichgewichtes unmöglich. Nach der Lehre vom organischen System (IV. Hauptsatz) sind die Teile in ihrer Struktur und Funktion durch das Ganze bedingt, mithin auch die antagonistischen Systeme, und dieses Ganze ist es nach unserer Theorie, das auch die Polarität in dem System des Zuckerstoffwechsels reguliert. Überall also, wo im Organischen das Mittelmaß zwischen einem Zuviel und einem Zuwenig erhalten wird, müssen wir eine durch das Ganze regulierte Polarität annehmen, also auch in den feinsten Differenzierungen des organischen Stoffwechsels. Auch das Mittelmaß zwischen dick und mager wird auf diese Weise erhalten. Überwiegt der eine Pol, so wird der Mensch korpulent auch bei knapper Ernährung, überwiegt der andere, bleibt er mager auch bei reichlicher Kost. Derartige Beispiele könnten noch zahlreich angeführt werden. Demnach ist die Normalsichtigkeit das heteronom erhaltene Mittelmaß zwischen den Polen der Kurz- und Weitsichtigkeit. So kann die Theorie des organischen Prozesses bis ins konkret Physiologische und Pathologische durchgeführt werden.

Das Prinzip der Polarität des organischen Prozesses entspricht dem VI. Hauptsatze der Lehre vom organischen System. Verbinden wir diesen in bezug auf den organischen Prozeß mit dem I. Hauptsatze, so ergibt sich, daß die organische Polarität organisch gegliedert und bis in die letzten Teile des organischen Prozesses durchgeführt sein muß, was letzteres wir oben schon aus anderen Gründen angenommen haben. Und in der Tat sind die letzten uns bekannten Teilfaktoren des organischen Prozesses die positiven und negativen Ionen. Eine organologische Physiologie wird diese Verhältnisse weiter aufklären.

## G. DIE ANALYSE DES ORGANISCHEN PROZESSES

Von Vertretern der exakten Forschung hört man: Entelechie — zugegeben; aber wir kommen dadurch zu keinen neuen Erkenntnissen. Die für uns einzig mögliche Methode bleibt die bisherige mechanistische. — Demgegenüber betonen wir, daß es bei Erforschung eines Vorgangs darauf ankommt, die Bedingungen und Ursachen zu ermitteln, infolge deren der Prozeß gerade so verläuft, wie er verläuft; und daß man die Wahrheit verfälscht, wenn man dabei den heteronomen Faktor ignoriert. Was schon im allgemeinen bei Berücksichtigung desselben herauskommt, wird in diesem Buche dargelegt; es handelt sich nun darum, dieses Prinzip auch in der wissenschaftlichen Einzelforschung aufrecht zu erhalten.

Bisher bestand die Erforschung eines Naturvorgangs in der materialen Analyse, die die Idionomie der beteiligten Materie ermittelte, und der mechanistischen oder Systemanalyse, die die

Systembedingungen und ihren Einfluß auf das betreffende Geschehen aufdeckten. Im Anorganischen wird damit die Aufgabe gelöst; im Organischen dagegen noch keineswegs. Hier muß noch die Ermittelung des heteronomen Koeffizienten hinzukommen, der, wie wir ausführten, bestimmend ist für das sinnvolle Gerade-so des Verlaufs. Ihn finden wir durch die formale Analyse, die sich auf die sinnvolle formale Komponente des organischen Prozesses bezieht und ihn in ihre sinnvollen Teilprozesse differenziert, wie es zum Beispiel in der Biologie geschieht, in der Astronomie aber noch als Spielerei (lusus ingenii) gilt, in der Anatomie, Physiologie und Pathologie nur zum Teil, aber gewissermaßen nur als Nebenprodukt der Wissenschaft vermerkt wird. Wir denken hier an die sinnvolle Struktur z. B. des Oberschenkelknochens, des Auges und Ohres, der sinnvollen Vorgänge der Entwicklung und Heilung; wir vermissen aber noch die Beleuchtung der Teilvorgänge einer bösartigen Krankheit wie z. B. des Krebses und der Tuberkulose, der Malaria u. a. in diesem Sinne. Es werden zahlenmäßige Messungen und Beobachtungen vorgenommen werden müssen etwa nach Art von Fließ' Forschungen über den Rhythmus des Lebens*). Wie die Verhältnisse der Cheopspyramide auf tiefgründige Weisheit analysiert wurden, so werden auch die organischen Gestalten künftiger Forschung nicht minder Anlaß geben, der Weisheit in der Natur durch formale Analysen nachzuspüren. Dabei wird die teleologische Betrachtungsweise führend sein und zwar nicht im Sinne des regulativen, sondern des konstitutiven Prinzips nach Kant, wie sich das in der Psychopathologie bei den Psychoneurosen seit langem bewährt. Organische Prozesse sind eben als Handlungen der Natur aufzufassen und entsprechend teleologisch zu analysieren. Aus dem Ganzen des Prozesses und seinem Enderfolge ersehen wir den Zweck als die causa finalis: Der Plan eines Sehorgans war die Ursache der Augenbildung, der Normalzustand Zweck und Ursache des Heilungsprozesses. Die zu analysierenden Teilvorgänge sind also in ihrem sinnvollen Gerade-so durch jene Determination bestimmt und nicht durch den vorhergehenden Zustand, sie sind die einzelnen Schritte der Natur zum Ziele, zeigen also, welcher Mittel und Wege sich die Natur bedient, um ihre Absichten zu erreichen. Die organologische Einzelforschung deckt also in ihnen nicht die letzten Ursachen des Ganzen auf, sondern die Differenzierung des technischen Planes — genau so wie wenn uns ein Techniker die Entstehung eines

*) Der Ablauf des Lebens, Wien, 1923. Das Jahr im Lebendigen, Jena 1924.

komplizierten Apparates erklärt. Zwar behauptet die mechanistische Forschung, durch den Nachweis von Systembedingungen würde von dem Wirkungsfelde der sog. Entelechie immer mehr für die naturwissenschaftliche (mechanistische) Erklärung erobert und so das Reich der Entelechie immer mehr verkleinert, bis schließlich nichts mehr von ihm übrig bliebe. Dem wäre zu entgegnen, daß eine Verkleinerung des Bereichs der Entelechie nur möglich wäre, wenn die organischen Systembedingungen idionom wären. Da es sich aber um planmäßige und heteronom-labile Strukturen handelt, so wird durch deren Nachweis der Bereich der Entelechie nicht verkleinert, sondern nur *in strukturell fixierte und unfixierte Gebiete differenziert.* Verkleinert wird dabei allerdings das unfixierte Gebiet zugunsten des strukturell fixierten. Letzteres bleibt aber insofern immer noch im Wirkungsbereiche der Entelechie, als es durch diese in seiner Gestalt erhalten und im Stoffwechsel fortgesetzt regeneriert werden muß. Das Gebiet der unfixierten Entelechie kann aber durch fortgesetzte Strukturanalyse auch nicht verschwinden; denn bei jedem der dadurch festgestellten Teilprozesse tritt ja der heteronome Koeffizient wieder auf, und zwar um so öfter, je mehr Teilprozesse gefunden werden, so daß die Gesamtentelechie der organischen Prozesse dadurch nicht vermindert, sondern nur integriert wird. Es kann also keine Rede davon sein, daß durch Resultate mechanistischer Analyse die Zweckmäßigkeit der organischen Prozesse in materielle Systembedingtheit aufgelöst würde. Der Nachweis von Systembedingungen ist korrekte Wissenschaft und kein Materialismus, führt auch nicht dazu; die sinnvolle Gestalt eines organischen Prozesses aber lediglich aus Systembedingungen nach anorganischem Prinzip begreifen zu wollen, ist keine korrekte Wissenschaft, sondern Materialismus und daher falsch.

Wir sind also berechtigt zu sagen: die Pflanze wendet sich dem Lichte zu, die Schnecke bildet sich ihr Haus, der Adler strebt der Höhe zu, während der Materialismus in Ignorierung der Planmäßigkeit nur erlauben will zu sagen: Die Pflanze dreht sich, weil die Lichtstrahlen das Wachstum einseitig hemmen, das Gehäuse der Schnecke entsteht, weil das Epithel des Mantels Kalk absondert, der Adler steigt in die Luft, weil seine Muskeln die Flügel bewegen*).

Wenn durch moderne Stoffwechseluntersuchungen (Warburg u. a.) festgestellt wird, daß Bildung von Zucker und Stärke in der Photo-

*) Vgl. F. A. Lange, Geschichte des Materialismus. Zweites Buch, IV. „Darwinismus und Teleologie“ sowie Anmerk. 85.

synthese der Pflanzenzelle sowie die Oxydation von Eiweiß und Kohlehydrat in der Zellatmung durch Oberflächenkatalyse vor sich gehen, also anorganisch zu begreifen sind, so ist das von unserem Standpunkte aus prinzipiell nichts anderes, als die Auflösung der Speisen durch die Verdauungsfermente oder das Steigen des Nährwassers in den Pflanzen durch Kapillarwirkung oder die Haltung und Bewegung der Tiere und Menschen durch die Mechanik des Skelettes oder die sinnvolle Zirkulation des Blutes durch die Ventilwirkung der Herzklappen oder die sinnvolle Brechung der Lichtstrahlen durch die Optik des Auges u. a. m. Die Natur bedient sich ja überall anorganischer Kräfte und Gesetze, wie sie bei der Kristallisation, insbesondere dem Verhalten flüssiger Kristalle, der Vermehrung und Neubildung chemischer Körper*) u. a. in Erscheinung treten, — nur werden sie u. U. heteronom modifiziert und zwar dort, wo es sich um spezifisch organische, d. h. lebendige Prozesse handelt, durch Entelechie, wo es sich um Bildung anorganischer Kohlehydrate oder Oxydation, also Hilfsprozesse des Lebens, handelt, durch Fermente oder Katalysatoren. Die Sachlage ist offenbar ähnlich der, in der sich etwa die Arbeiter einer Industrie befinden: sie wollen ihren Lebensunterhalt verdienen, also arbeiten sie für das Unternehmen, nicht weil sie durch den Geist dafür inspiriert sind. Nun stelle man sich vor, es behauptete einer, das Zustandekommen der Industrie erkläre sich ganz natürlich aus dem Hunger der Arbeiter. In Wahrheit bedient sich doch der Geist des Unternehmers des Arbeitswillens der Arbeiter wie die Entelechie der chemischen Kräfte der Materie.

Wenn auf die Arbeiten von Spemann u. a. hingewiesen wird, wonach Organisationszentren von Keimen auf andere Gewebe verpflanzt auch dort Organbildungen induzieren, und behauptet wird, auch hier würde nicht der Entelechiebegriff, sondern weitere materialkausale Forschung das Problem des Lebens klären, so erwidern wir, daß auch diese Vorgänge nicht ohne Entelechie zu begreifen sind. Im letzten Kap. A. 2 kommen wir darauf zurück.

Die organologische Differenzierung eines organischen Prozesses unterscheidet sich dadurch von einer bloßen Auflösung in Teilprozesse, daß diese letzteren ihre organologische Kennzeichnungen erhalten, die für die Schlüsse auf die Entelechie nötig sind. Wenn ein krimineller Tatbestand von einem Bibliothekar oder Rendanten aufgenommen würde, könnte der Kriminalist daraus die ihn interessierenden Schlüsse nicht ziehen.

---

*) Vgl. Schmalfuß, Stoff und Leben, Leipzig 1937.

Die Zusammenarbeit der materialen, mechanistischen und formalen Analysen unter dem teleologischen Gesichtspunkte ergibt die organologische Analyse oder organologische Forschung. In ihr erblicken wie die naturwissenschaftliche Methodik der Zukunft auf organischem Gebiete, die uns weitgehende Schlüsse auf die Organisation der Entelechie gestatten wird. Wir brauchen uns somit nicht mehr, wie G. v. Bunge sagte, damit zu bescheiden, „mit aller Resignation in der bisherigen mechanistischen Richtung weiterzuarbeiten", sondern dürfen hoffen, endlich zu einer wahrheitsgemäßen Wissenschaft des Lebens zu gelangen.

## H. MORPHOLOGIE DES ORGANISCHEN PROZESSES

### 1. Der schematische Prozeß

Dieser ist dadurch charakterisiert, daß er in festgelegten Bahnen, also gleichartig verläuft. Da er aber als organischer Prozeß sinnvoll heteronom ist, wird er immer den jeweiligen äußeren Bedingungen angepaßt sein, also stets entsprechenden Veränderungen innerhalb seiner festgelegten Begrenzung unterliegen. Diese festgelegten Grenzen sind die Struktur, während die sinnvollen anpassenden Veränderungen auf organischer Heteronomie beruhen. Der schematische Prozeß ist also stets Funktion einer „Organisation" und besteht wie jeder organische Prozeß aus zwei Komponenten, der materialen, die durch Struktur, und der formalen, die durch Entelechie bedingt ist. Da nun organische Struktur Systemcharakter hat, so muß sie ein organisches System darstellen; somit wäre die materiale Komponente des schematischen Prozesses systembedingt. Wo wir also einen schematischen Prozeß haben, können wir annehmen, daß seine materiale Grundlage ein organisches System ist. Solche organische Systeme, die zur Hervorbringung schematischer Prozesse dienen, zugleich aber auch mit Entelechie verbunden sind, nennen wir „Organe". Daher ist der schematische Prozeß Organfunktion. Entsprechend der Struktur seiner Grundlage muß er auch ein organisches System sein, also sowohl aus schemtischen Teilprozessen bestehen, als auch organischer Teil höherer schematischer Funktionen sein.

Hinsichtlich seiner Gestalt unterscheiden wir nun schematische Prozesse mit im wesentlichen (d. h. innerhalb der strukturellen Grenzen) gleichbleibender und solche mit veränderlicher innerer Gestalt (Struktur) sowie solche mit gleichbleibender und veränderlicher äußerer Gestalt (Verlauf), wobei das An- und Abschwellen bei Anfang und Ende nicht in Betracht gezogen wird. Daraus ergibt sich ein Schema:

| | Struktur | Verlauf |
|---|---|---|
| gleichbleibend | 1 | a |
| verändert | 2 | b, |

nach dem vier verschiedene Kombinationen möglich sind: 1 a, 1 b, 2 a, 2 b, die wir nacheinander betrachten wollen.

### *a. Der stetige Prozeß*

Die einfachste Form mit im wesentlichen gleichbleibender innerer und äußerer Gestalt (1 a) ist der „stetige" Prozeß, in seiner Einfachheit der Elementartypus des schematischen Prozesses, gewissermaßen die Art der Bausteine, aus denen sich die höheren, komplizierteren organischen Prozesse zusammensetzen. Erweitert man seinen Begriff, so könnte man evtl. die Drüsensekretion, den Muskelzug, die Reizleitung in den Nervenfasern als stetige Prozesse auffassen, während höhere schematische Prozesse wie das Gehen, Fliegen, Schwimmen, Schreien, Fressen schon innerlich und äußerlich veränderte Gestalt zeigen. Der stetige Prozeß ist also Funktion von Organteilen, während Organfunktionen in ihrer Kompliziertheit schon veränderlich sind.

### *b. Der periodische Prozeß*

Eine andere Form mit gleicher Struktur und ungleichem Verlaufe (1 a) ist der periodische Prozeß. Er ist — man denke an Herzschlag, Atmung und andere physiologische Perioden, ferner an den periodischen Wechsel von Schlaf und Wachen, sowie an die mit den Jahreszeiten zusammenhängenden periodischen Veränderungen im Pflanzen- und Tierreiche — dadurch charakterisiert, daß er in regelmäßigen Intervallen auftritt und äußerlich wieder verschwindet, was man in einer unterbrochenen Kurve zum Ausdruck bringen kann:

In der anorganischen Natur kommen periodische Prozesse in großer Zahl vor, und somit könnte es scheinen, als ob die Periodizität im Organischen demgegenüber nichts besonderes sei und sich auf anorganische Gesetzlichkeit zurückführen lasse, es mithin eine spezifisch-organische Periodizität nicht gäbe. Das veranlaßt uns, das

Wesen periodischer Erscheinungen genauer zu untersuchen, da, wie schon gezeigt wurde, es stets irreführend ist, organische Erscheinungen durch anorganische Gesetzlichkeit zu erklären.

Die gewöhnlichsten Beispiele anorganischer, also idionomer Periodizität sind ein Pendel, eine federnde Spirale (z. B. bei der Uhr-Unruhe), eine schwingende Saite, sowie die Wellenbewegung des Wassers, der Luft, des physikalischen Äthers. Wenn man die Bewegungen eines Pendels sich auf einen dazu senkrecht vorbeigezogenen Papierstreifen abzeichnen läßt, so entsteht bekanntlich die Sinuskurve

mit ihren positiven und negativen Phasen. Nachdem der erste Anstoß und damit dem Pendelkörper potentielle Energie der Lage gegeben worden ist, erzeugen sich ja diese Phasen abwechselnd gegenseitig dadurch, daß die potentielle Energie sich in kinetische umsetzt und vermittelst der Gravitation diese wieder auf der anderen Seite in potentielle u. s. f. Nach diesem Grundtypus idionomer Periodizität wird das regelmäßig wiederholte Auftreten physikalischer Zustände, z. B. die Planetenbewegungen durch dazwischenliegende negative Phasen begriffen. — Kann dies Prinzip nun auch für die organischen Erscheinungen gelten?

Wir werden sehen, daß hier ein fundamentaler Unterschied besteht, auf den u. W. noch nicht aufmerksam gemacht worden ist. Erstens sind nämlich die organischen Prozesse, von denen wir reden, chemische, wenn auch heteronome, und können in ihrer Periodizität nicht durch chemisch-negative Phasen begriffen werden, weil es die mangels chemischer Gravitation nicht gibt. Ferner ist der anorganische Prozeß dadurch charakterisiert, daß der betreffende Körper aus dem labilen in den stabilen Zustand strebt, wodurch beim Über-das-Ziel-Hinausschießen ein neuer labiler Zustand wieder erzeugt werden kann, — wogegen der organische Prozeß, wie wir sahen, durch Heteronomie im labilen Zustande erhalten wird und dadurch niemals in den einer negativen Phase gelangen kann, da er ja dann durch den stabilen Zustand hindurch müßte, der für ihn, wie wir darlegten, der Tod ist. Die organische Periodizität ist also eine durch anorganische Gesetzlichkeit niemals zu erklärende Erscheinung, die uns wieder als Heteronomie auf die verborgenen Gesetze und Zustände der Natur hinweist.

Allerdings führt ja die Physiologie das Zustandekommen von Herzschlag, Atmung und Menstruation auf die periodische Erregbarkeit der Herzmuskelsubstanz bzw. auf kumulative Kohlensäure- und Sauerstoffwirkung im Atemzentrum, die Menstruation auf periodische innere Sekretion zurück; indessen ist damit die Frage der Periodizität nur verschoben, nicht gelöst. Vollends der Wechsel von Schlaf- und Wachzustand sowie die besonders von Fließ angeführten periodischen Erscheinungen im Organismus sind materialistisch-physiologisch niemals zu begreifen; denn empirisch ist uns dafür lediglich ein regelmäßig sich wiederholendes An- und Abschwellen bzw. Steigen und Fallen von Zuständen gegeben. Wir nennen dies zum Unterschiede von den anorganischen Pendelbewegungen die „organische Pulsation". Fällt die Intensität des Prozesses auf 0, so haben wir äußerlich ein Aufhören desselben, indessen belehrt uns sein Wiederauftreten, daß er nur scheinbar zum Stillstand gekommen ist, latent aber zuweilen in Form einer negativen Phase (Schlaf) fortbestanden hat, daß also die äußere Erscheinung der organischen Perioden eigentlich nur eine sekundäre, ein Symptom des eigentlichen Prozesses ist, der selbst hinter den physischen Vorgängen (sinuskurvenmäßig?) verlaufen muß. Das Charakteristische der organischen Pulsation ist, daß in der Struktur des periodisch arbeitenden Organs kein Grund für die Periodizität zu finden ist; im Herzmuskel, im Atemzentrum, in der Generationsdrüse ist z. B. kein Mechanismus vorhanden, der sich dreht oder hin- und hergeht, kein System, dessen positive Phase sich aus einer negativen erklärt. Bei periodisch funktionierenden Organen ist vielmehr lediglich festzustellen, daß ihre Tätigkeit erlischt und ohne einen sichtbaren Anlaß wieder beginnt. Denn daß Sauerstoff-Mangel und Kohlensäure-Überschuß das Atemzentrum reizt, ist noch keine Erklärung für dessen periodische Tätigkeit; ohne eine besondere periodische Organisation würde es sich auf einen Gleichgewichtszustand einstellen. Das Gleiche gilt mutatis mutandis vom periodisch auftretenden Wachzustande. Auch hier würde sich ohne eine periodenbildende Organisation voraussichtlich ein dauernder Mittelzustand zwischen Schlafen und Wachen ausbilden.

Da wir es bei der „organischen Pulsation" mit periodischen Intensitätsveränderungen zu tun haben und diese nach früheren Erörterungen auf stärkerer und schwächerer Einwirkung der Entelechie beruhen, so muß eine Organisation vorhanden sein, die den periodischen Wechsel der entelechialen Einwirkung bedingt. Diese Organisation muß vor allem die Regeneration der über das Mittelmaß verbrauchten Energie in einem Ruhestadium ermöglichen und dann die neugewonnenen Kräfte der Materie wieder zuwenden, also eine Art Umschaltung oder Umstellung bedingen. Wie dies in concreto vor sich geht, bleibt uns mangels empirischer Wahrnehmung unbekannt. Die Natur wird dafür verschiedene Möglichkeiten haben. Um nur eine solche anzudeuten, so waren wir bei der Erörterung der Begriffe „Leben“ und „Tod“ zu der Auffassung gelangt, daß im Tode die Lebensentelechie den materiellen Körper verläßt. Etwas ähnliches geschieht offenbar im Schlafe, den man ja den Bruder des Todes genannt hat; denn im Schlafe sind wir geistig tot, während unser Körper lebt. Es bestünde demnach die Möglichkeit, daß im Schlafe die Seele sich vom Körper — wenigstens teilweise — löst und sich im Erwachen wieder mit ihm verbindet. Diese Auffassung vom Schlafe ist nicht neu, sondern uraltes Menschheitsgut*), das vom Materialismus nur verschüttet wurde. Sie steht auch im Einklang mit dem, was wir über die Intensität des organischen Prozesses sagten; denn auch das Wachsein hat seine Intensität. — Hier drängt sich uns ein Vergleich mit menschlichen Verhältnissen auf, die ja auf organischen Verhältnissen beruhen: wir stellen uns vor, wie etwa eine Fabrik abends ihre Tätigkeit einstellt und morgens wieder zu neuem Leben erwacht, und wie das dadurch geschieht, daß die „Arbeiter der Stirn und der Faust“ sich abends von ihr abwenden und sich der Regeneration ihrer Kräfte widmen, um am andern Morgen diese wieder voll einzusetzen, während die Nachtarbeiter (Reinigungs-, Reparaturpersonal u. a.) die Fabrik wieder in Stand setzen, ohne das sie bald abgenutzt und unbrauchbar würde. Dann haben wir ein Bild, das uns zeigt, wie bei periodischen Vorgängen aufbauende und abbauende Entelechie oder allgemeiner: polar entgegengesetzte Kräfte mit einander abwechseln müssen, und daß die über das Mittelmaß hinausgehende Tätigkeit auf die Dauer eben normalerweise nur durch periodische Regenerationsphasen möglich ist. — Am Schluß des Abschnittes über die Polarität des organischen Prozesses betrachteten wir die Abweichung von dem normalen Mittelwege als Krankheit, während sie hier als normale Periodenbildung dargestellt wird. Das ist nur scheinbar ein Widerspruch; denn wenn sich eine Periodenphase über das normale Maß ausdehnt, also z. B. durch überlanges Wachsein oder überlangen Schlaf, so *ist* das Krankheit. Genau genommen sind wir abends schon müdigkeitskrank, sonst brauchten wir keinen Schlaf. Ebenso ist es mit anderen periodischen Funktionen. Im periodischen Prozeß werden also zwei entgegengesetzte anomale

*) Vgl. Deußen, Das System des Vedanta u. a.

Zustände durch Abwechseln gewissermaßen neutralisiert. Dadurch werden in der aktiven oder positiven Phase Leistungen über das Mittelmaß hinaus ermöglicht, so wie wenn jemand mit einem mittleren Einkommen zeitweise etwas außerordentliches über seine Verhältnisse hinaus unternimmt und dies dann wieder durch abnorme Einschränkung (finanzielle Regeneration) einspart. Auch hier wäre eine längere Dauer einer der beiden Phasen krankhaft.

Um nun wieder auf die Grundlagen der organischen Periodizität zurückzukommen, so vermeiden wir durch Annahme einer Art Umschaltung oder Umstellung der Entelechie den Erklärungsversuch der organischen Pulsation im Physischen durch entelechiale Pulsation, der das Problem nicht lösen, sondern nur verschieben würde. Die Annahme einer periodischen Umstellung bedingt auch die einer entsprechenden entelechialen Organisation. Diese muß als organisches System eben organischer Teil der periodischen Organisation der Entelechie des Kosmos sein, also gewissermaßen ein periodenbildendes entelechiales Organ. Damit gehört der periodische Prozeß als schematischer ebenfalls in die Reihe der Organfunktionen — allerdings im überphysischem Sinne.

### *c. Der Prozeß 2a*

Als dritte Art schematischer Prozesse kommen in Frage die mit gleichbleibendem Verlaufe, aber planmäßig sich verändernder Struktur (2a). Im allgemeinen finden wir bei Veränderungen der Struktur auch eine Veränderung des Verlaufs, so daß man bestreiten könnte, daß es objektiv Prozesse vom Typus 2a gibt. Demgegenüber verweisen wir auf Tatsachen wie die, daß Heilpflanzen anders wirken, wenn sie morgens als wenn sie abends geerntet sind, daß wir Menschen morgens anderer körperlicher und geistiger Nahrung bedürfen als abends, und man die Speisen nicht vertauschen kann, ohne die Gesundheit zu stören, was beweist, daß die Organismen zu verschiedenen Zeiten trotz gleichen äußeren Zustandes sich in ihrem inneren Zustande ändern können, worauf eine organologische Physiologie und Pathologie zu achten hätten.

### *d. Der Prozeß des Lebensverlaufes*

Als vierte und letzte Form schematischer Prozesse haben wir die zu nennen, deren Struktur und Verlauf sich planmäßig verändern (2b). Es ist das in erster Linie der Lebensprozeß eines Organismus von der

Befruchtung bis zum Tode, insbesondere der Prozeß der Metamorphose, den viele niedere Tiere (Insekten und Reptilien) durchmachen.

Der Lebensprozeß kann eingeteilt werden in Entwicklung und Wachstum, den genetischen Prozeß, dann die im wesentlichen gleichbleibende Phase der Lebenshöhe und schließlich den Prozeß des Alterns. Wegen seiner generellen Gleichartigkeit bei den Individuen einer Gattung müssen wir für ihn eine gemeinsame Grundlage annehmen, und zwar wieder eine entelechiale Organisation, die als organischer Teil der gesamten Lebensentelechie ein organisches System sein muß, gegliedert in organische Teilsysteme I., II., III. Ordnung u. s. f. Vielleicht entsprechen solche organischen Teile den Begriffen eines Organs, da sie ja immer nur die ihnen entsprechende Art von Lebensprozessen erzeugen. Dann könnte auch die letzte Gattung der schematischen Prozesse als Organfunktion aufgefaßt werden.

## 2. Der epigenetische Prozeß

Wir könnten ihn auch den „unschematischen" oder den „Neuwerdeprozeß" nennen, denn er verläuft im Gegensatze zum schematischen nicht in vorher festgelegten Bahnen; er ist vielmehr dem Wanderer zu vergleichen, der seinen Weg erst sucht, während der schematische dem Berufsmenschen gleicht, dessen Lebensweg von vornherein vorgeschrieben ist. In diesem und nur in diesem Sinne reden wir von „Epigenesis", einem Entwicklungsbegriffe, den seinerzeit C. F. Wolff als Gegensatz zu der Evolutionstheorie, der Lehre von der Präformation des Organismus im Keime aufstellte, der aber bezüglich der Entwicklungsvorgänge derartig primitive und irrtümliche Vorstellungen enthielt*), daß er heute in der Wissenschaft keine Rolle mehr spielt. Da sein Name somit sozusagen frei geworden ist, übernehmen wir ihn zur Bezeichnung des Gegensatzes zum schematischen Prozesse.

Wir denken bei Epigenese vornehmlich an die phylogenetische Fortentwicklung, sowie an alle die Vorgänge, die, obwohl „planmäßig", doch jedesmal je nach den Umständen verschieden, also nicht gleichförmig verlaufen: psychische Prozesse, Handlungen, auch gewisse Regenerationen. Es entsteht nun die Frage, ob diese Prozesse ungeachtet ihrer Zweckmäßigkeit trotz dieser Ungleichförmigkeit ihres Verlaufes auch als Organfunktionen betrachtet werden können.

*) Vgl. O. Hertwig, Das Werden der Organismen, Jena 1916.

Um sich die in Rede stehende Frage klar zu machen, versuche man sich einen Mechanismus zu denken, z. B. eine Zeitungspresse, die nicht immer dieselbe, sondern fortlaufend verschiedene Ausgaben der Zeitung druckt, also selbsttätig sinnvoll die Lettern wechselt, oder ein automatisches Klavier, das neue Stücke improvisiert. Derartiges hat die Technik noch nicht erreicht und wird es, wie wir sehen werden, auch nie erreichen können. Die Natur aber hat dieses Problem sowohl mit den psychischen Prozessen und den ihnen entsprechenden Handlungen, die ja sinnvolle Folgen neuer noch nie dagewesener Gestalten darstellen, als auch in der phylogenetischen Fortentwicklung der biologischen Welt gelöst. Diese besteht bekanntlich aus einer Folge von Ontogenien, also schematischen Prozessen, die fortschreitend minimale Änderungen erfahren und zwar unschematische, immer neue, und in der Folge dieser Veränderungen manifestiert sich eben der epigenetische Prozeß, so daß wir sagen können: Der epigenetische Prozeß schreitet in schematischen Prozessen fort. Er ist sowohl im Querschnitt wie in seiner zeitlichen Gestalt ein organisches teleologisches System. Man denke an die „planmäßige" phylogenetische Entwicklung der Tierarten und des Menschen, die der Materialismus bekanntlich mit der von O. Hertwig widerlegten Zufallstheorie Darwins hat erklären wollen. Für Planmäßigkeit der phylogenetischen Epigenese sprechen ihre Produkte, die sinnvollen und in sich harmonischen Formen nicht nur der Einzelindividuen, sondern auch ganzer biologischer Gruppen und Stämme. Wir beobachten hier also im Gegensatze zu der bisher betrachteten schematischen, gewissermaßen in „Organisation" (Struktur plus Heteronomie) erstarrten physiologischen eine stetig sich nach neuen Zielen verändernde Planmäßigkeit. Während wir nun beim schematischen Prozesse als Grundlage der Funktion Organe annehmen mußten, ist dies bei der Folge immer neuer Kombinationen nicht möglich. Eine derartige Situation weist uns auf ein neues Naturgesetz hin und fordert uns auf, das Problem mit besonderer Gründlichkeit zu untersuchen.

Stellen wir uns unter Hinblick auf das obige Beispiel von der Zeitungspresse die Frage, ob solche epigenetischen Folgen von Kombinationen Organfunktionen sein können, so stehen wir wieder vor einer ähnlichen Frage wie der, welche im Abschnitte über „Struktur" und „Organisation" erörtert wurde. Dort handelte es sich darum, daß physiologische, also schematische Prozesse nicht allein durch Struktur bedingt sein können; hier fragen wir, ob epigenetische Prozesse allein durch „Organisation“ zu begreifen sind. — Nun ist klar, daß für sie der Begriff der Organe, die schematische Prozesse liefern, logischerweise von vornherein nicht in Betracht kommt. Es fragt sich aber, ob auch Organe denkbar sind, die epigenetische Prozesse liefern.

Um diese schwierige Frage zu beantworten, müssen wir uns zunächst einmal klar machen, was überhaupt bei einem epigenetischen Prozeß vor sich geht. Nehmen wir das Beispiel vom Wanderer, der seinen Weg sucht. Ein Ziel schwebt ihm vor, aber welche Schritte er tun muß, um es zu erreichen, muß er sich etappenweise erst überlegen und zwar auf Grund seines jeweiligen Standortes mit Hinblick auf sein Ziel. Es gehört aber dazu Kenntnis der in Frage kommenden Möglichkeiten, und diese Kenntnis kann er nur haben durch Erfahrung, dann erst kann er die Gestaltung der weiteren Bewegungen, die neue Wegetappe intendieren, die zum eigentlichen epigenetischen Prozesse führt. Es spielt sich hier also ein dreifacher Prozeß hinter den Kulissen des sichtbaren epigenetischen Prozesses ab: der zentripetale Prozeß der Wahrnehmung, der zentrale der Verarbeitung derselben mit der Erfahrung unter dem Gesichtspunkte des Zieles und der zentrifugale Prozeß der Neugestaltung des Folgenden.

Daß wir hiermit das Prinzipielle des epigenetischen Prozesses aufgedeckt haben, kann uns an einem anderen Beispiele einleuchten. Denken wir an den schaffenden Künstler, etwa einen Dramatiker oder Komponisten. Auch ihm schwebt als Ziel die Einheit des werdenwollenden Kunstwerks vor; wie er aber dieses Ziel durch immer neue Gestaltung des Ton- oder Situationsmaterials Schritt für Schritt erreicht, das ergibt sich ihm auch nur aus künstlerischer Erfahrung, in der die Übung und das Können enthalten ist.

Wenn wir nun schließlich die epigenetische Entwicklung der organischen Natur ins Auge fassen, so sehen wir allenthalben als Prinzip von Veränderungen der Gestalt das Bestreben der A n p a s s u n g unter die übergeordnete Tendenz der Lebensentfaltung und Arterhaltung. Die Anpassung der Struktur der Lebewesen aber an Wasser, Erde und Luft ist doch nur möglich durch eine Art Berücksichtigung der Gesetze jener Elemente. Denken wir an die wunderbaren Phänomene der Mimikry, so leuchtet wohl ein, daß hier eine Art von Erfahrung unbedingt angenommen werden muß. So verstehen wir den Gedanken der E n t w i c k l u n g  d u r c h  E r f a h r u n g, und zwar nicht nur der epigenetischen, sondern indirekt auch der ontogenetischen. Denn nach Haeckels biogenetischem Grundgesetze ist die Ontogenie die Rekapitulation der Phylogenie, ihre Wiederholung in verkürzter Form. Also ist die Ontogenie erst möglich, wenn durch die Phylogenie mittelst Erfahrung der Weg gefunden wurde, und die Abkürzung wird wahrscheinlich auch durch Erfahrung entstanden sein. Hier eröffnet sich ein weites noch unerforschtes Gebiet für eine organologische Biologie.

Mit dem Problem der Erfahrung aber haben wir einen Fragekomplex angeschnitten, der in der Philosophie des Abendlandes eine fundamentale Rolle gespielt hat. Er bildet bekanntlich den Gegenstand der Kant'schen Erkenntnistheorie. In ihm sind enthalten die Probleme des Gedächtnisses, der Apriorität und des Denkens. Damit sind wir auf ein Gebiet gelangt, das im V. Kapitel bearbeitet werden wird, das Seelisch-Geistige. Wir sehen, es genügt nicht, wenn nur das Gedächtnis als organisierendes Prinzip im Organischen hingestellt wird; es ist viel mehr, was in der Natur gestaltend wirkt, nämlich das epigenetische Prinzip als ein kosmisch-Seelisch-Geistiges. Daher begreifen wir den epigenetischen Prozeß als Seelen- bzw. Geistfunktion.

### 3. Der reaktive Prozeß
### (Theorie der organischen Reaktion)

Die organische Reaktion ist eine Form des epigenetischen Prozesses zum Unterschiede vom Reflex, der ein schematischer Prozeß ist. Was die Reaktion vom Reflex unterscheidet, ist ihre jeweilig den Umständen angepaßte, also epigenetische Gestalt, die eine Handlung in abgekürzter Form darstellt. Es erübrigt sich zu bemerken, daß der anorganische Begriff der (chemischen) Reaktion etwas wesentlich anderes bezeichnet, nämlich einen idionomen Prozeß, der mit den organischen Reaktionen nicht verglichen werden kann. Die Probleme, die uns Reaktion wie Reflex bieten, weil sie materialistisch nicht erklärt werden können, sind, abgesehen von ihrer sinnvollen Gestalt, die Reizbarkeit der organischen Substanz und die Tatsache, daß Reflexe und Reaktionen auf einen Reiz hin neu angeregt werden.

Die Reizbarkeit der Organismen beruht bekanntlich auf der Perzeptionsfähigkeit*) für Reize, also auf einer niederen Stufe der Empfindung, die bei höheren, (psychischen) Reaktionen zur bewußten Wahrnehmung wird. Da es derartiges im Anorganischen nicht gibt, haben wir also in der Reizbarkeit einen Zustand von

*) Aufnahmefähigkeit.

organischer Heteronomie, woraus folgt, daß das Wesen der Reizbarkeit ohne Entelechie nicht begriffen werden kann. Wie haben wir es nun organologisch zu denken? Wir gehen davon aus, daß der Zustand eines Sinnesorgans durch seine Entelechie bestimmt ist. Wird nun dieser materielle Zustand durch einen Reiz verändert, so entsteht ein Mißverhältnis zwischen dem entelechialen formierenden Kraftfelde und der formierten Materie, und dies Mißverhältnis erzeugt eine Spannung, die als Reiz empfunden wird.

Wenn man nur zwecks Veranschaulichung organische Verhältnisse ins Physikalische übertragen wollte, so könnte man sagen: es ist so, wie wenn die Verschiebung eines Eisenkerns von dem Kraftfelde des Magneten wahrgenommen und mit Strom in der Drahtwicklung beantwortet würde. Nimmt man ein Beispiel aus dem menschlichen Leben, so reagieren die Eltern auf den Ungehorsam der Kinder oder die Regierung auf staatsfeindliche Umtriebe, nicht weil diese Zustände ihre Energie auf sie übertragen, sondern weil sie als den Intentionen der Eltern bzw. der Regierung nicht entsprechend empfunden werden. Eben dasselbe Prinzip liegt auch dem Anreiz zur Heilung einer Wunde oder einer Krankheit zu Grunde. Aber dieser Anreiz ist noch nicht die Anregung des Heilungsprozesses, wie ein Reiz nur die Reaktion veranlaßt, nicht erzeugt.

Wie verhält es sich also mit der Neuanregung von Reflex und Reaktion? Der Vergleich mit einem physikalischen Auslösungsvorgang z. B. dem Abschießen eines Gewehrs paßt nicht auf die organischen Verhältnisse, weil dort normalerweise keine derartigen Spannungen bestehen, durch die Reaktionen als Entladungen erklärt werden könnten, wie es im Krankhaften z. B. bei Anfallsbereitschaft möglich ist. Der Impuls zur Reaktion wie zum Reflex bedeutet den Neubeginn einer Kausalreihe und liegt in der Entelechie. Daher ist er materialistisch unbegreiflich und nur organologisch zu erklären, wie es in der Darlegung unseres Standpunktes zum Äquivalenzprinzip S. 20 angedeutet wurde. Eine Reaktion ist demnach dem Zurückwerfen eines Balles zu vergleichen, nicht dem Abprallen desselben von einer Wand.

Wenden wir uns nun von diesem Standpunkte aus dem auf S. 70 dargestellten Prozeß der Regulation des Zuckerstoffwechsels zu, so haben wir eine Reihe aufeinanderfolgender Teilprozesse, die man bei oberflächlicher Betrachtung als durch materiale Kausalität, also nur einen durch den andern Teilprozeß erzeugt, denken könnte. In Wirklichkeit ist aber ein Teilprozeß die Reaktion auf den vorhergehenden, also jedesmal energetisch ein Neuanfang, so daß es sich um eine Kette von Reaktionen handelt, nicht um eine Kausalkette. Die Art und Weise, also die Gestalt der Reaktionen wird durch die betr. Organentelechie und diese wieder durch die Entelechie des Gesamtorganismus bestimmt. Der Zuckerregulationsprozeß als Ganzes ist also wie auch andere organische Vorgänge der einheitlichen Zusammenarbeit verschiedener Dienststellen zu vergleichen, deren Einzelhandlungen nicht kausale Wirkungen des Papiers der „Eingänge" oder der Schallwellen der Telefonate sind, sondern aus der geistigen Verarbeitung des Formalen auf Grund der Wahrnehmung dieser Eingänge folgen. Daher heißt es auch in der Schilderung der Regulationsvorgänge „die Leber wird dadurch veranlaßt", „das Zuckerzentrum, das dem Pankreas einen Befehl erteilt" usw. Derartige Reaktionen haben wir allenthalben im Organismus, am ausgeprägtesten im Krankheitsprozeß. Auch diesen fassen wir nicht als kausale Folge einer Schädigung, sondern als Reaktion auf. Die Tatsache, daß verschiedene Menschen auf die gleiche Schädigung in verschiedenem Grade oder in verschiedener Art oder evtl. gar nicht erkranken (Bazillenträger), wird auf ihre individuelle „Disposition" zurückgeführt, der von uns als Zustand der Entelechie bzw. ihr Verhältnis zum Körper verstanden wird. Da also eine Schädigung die Krankheit nicht erzeugt, ist es zu begreifen, daß sie wie jede Reaktion nicht reizadäquat ist, d. h. in ihrer Stärke und Art nicht der des Reizes entspricht. So hängt es auch nicht vom Inhalte etwa einer Beleidigung ab, wie ein Mensch darauf reagiert, sondern von seiner Einstellung dazu.

Eine weitere Schwierigkeit würden einem material-kausalen Erklärungsversuche der Reaktion Phänomene wie das Pawlowsche Experiment bilden, bei dem Magensaft nur auf Grund des Anblickes und Geruches von Speisen secerniert wurde und zwar in solcher Beschaffenheit, wie er zur Verdauung gerade dieser Speise nötig gewesen wäre. Hier kann es nur die Entelechie sein, die auf den Reiz der Wahrnehmung hin eine so sinnvolle Reaktion veranlaßt.

Es sei darauf hingewiesen, daß wir organische Vorgänge stets mit psychologischen Beispielen und Analogien besser verstehen können als mit physikalischen, weil eben psychische Vorgänge organische sind und wir sie in ihrer Gestalt unmittelbar durchschauen können. Das bietet die Möglichkeit einer künftigen psychologischen Physiologie.

## 4. Der destruktive Prozeß

Als destruktiv bezeichnen wir solche Prozesse, die Harmonie zerstören und offenbar die Tendenz haben, dem Logos in der Natur sinnwidrig entgegenzuwirken. Daher kommen für diese Kategorie normale Abbauprozesse wie Altern, Sterben, die durch den Zyklus des Lebens bedingt sind, nicht in Betracht, ebensowenig das Pflanzenfressen der Tiere, weil viele Kräuter und Früchte ja zur Ernährung geschaffen sind. Im Kampfe der Tiere und Menschen untereinander sowie im Verhältnisse einiger Tiergattungen zur Pflanzenwelt nehmen indessen die Verhältnisse oft Formen an, die dem Begriffe des Sinnvollen widersprechen; man denke an die Verheerungen gewisser Insekten wie der Heuschrecken u. a., an Epidemien, Kriege und Verbrechen. Das sind offenbar Entartungserscheinungen, die wenn überhaupt, so nur von einem hohen metaphysischen Standpunkte als relativ sinnvoll begriffen werden können.

Unter den destruktiven Prozessen gibt es ebenso wie unter den harmonischen schematische Formen. Das sind diejenigen, deren Gestalt durch die schematisch wirkenden Eigenschaften schädlicher Lebewesen bedingt sind (Krankheit, Verheerungen durch Ungeziefer u. dergl.), während die Zerstörungsprozesse, die nach immer neuem Plane verlaufen (Kriege und Verbrechen) epigenetisch zu nennen sind. In der schematischen Darstellung der Heteronomie des organischen Prozesses wird der destruktive Einfluß durch Pfeile von unten her gezeichnet, also dem von oben wirkenden Prinzip entgegengesetzt.

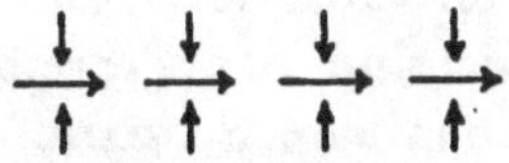

Wenn wir nun nach der Funktionsgrundlage des destruktiven Prozesses fragen, so müssen wir für die schematischen Formen nach früheren Ausführungen Organe annehmen und zwar als solche die Organisationen der Tierwelt; für die epigenetischen Formen sind seelische Zustände die Grundlage. Hinter beiden aber steht für den Organologen das destruktive logoswidrige Prinzip des Bösen, über das wir im letzten Kapitel sprechen werden, als dessen Funktion letzten Endes der destruktive Prozeß zu begreifen ist.

Betrachten wir nun von diesem Standpunkte aus den Materialismus, so erscheint er uns als ein zwar übermenschlicher geistiger Impuls, der aber logoswidrig ist und das menschliche Denken den Naturgesetzen entfremdet, so daß seine menschlichen Verarbeitungen, eine naturwidrige Naturwissenschaft und atheistische Pseudoreligion, destruierend auf unser Geistesleben wirken. Organologische, d. h. nach den Gesetzen organischer Gestaltung orientierte Wissenschaft und Weltanschauung wird das menschliche Denken und Naturerkennen den organischen Naturgesetzen und so den menschlichen Geist dem Logos wieder anpassen, damit er das Instrument werde für neue aufbauende Kulturimpulse.

### 5. Der organoide Prozeß*)

Bei genauer Betrachtung der lebendigen Natur stellen wir fest, daß nicht alle ihre Vorgänge organisch im strengen Sinne genannt werden können. In erster Linie gilt das von den Gestaltungen seitens des Menschen, die keineswegs als organische Teile des Weltprozesses, also als Ausdruck des Weltgeistes, des Logos angesprochen werden können, sondern dem menschlichen Geiste entstammen, der vom wirklichen Logos ja noch himmelweit entfernt ist. Sie sind im wesentlichen mechanistische Gestaltungen: wo die Natur Organismen bildet, konstruiert der Mensch Mechanismen, wo die Natur heilt und regeneriert, muß der Mensch reparieren und flicken, wo die Natur entwickelt, muß der Mensch zusammensetzen, während die Natur Gedächtnis hat, muß der Mensch Registrierapparate bauen usw.

In der Tierwelt finden wir ähnliches. Wenn der Vogel sein Nest, die Biene ihre Waben baut, die Spinne ihr Netz spinnt, so sind das mechanische organoide Gestaltungen, keine organischen; denn jene Gebilde entstehen nicht von selbst durch Entwicklung, sondern durch Zusammensetzung. Ferner sind das Zerreißen und Auffressen der Tiere untereinander mechanische Prozesse, das Verdauen idionomchemische, während die organischen Prozesse erst mit dem Eintritt der Nahrung in die Gefäße des Organismus beginnen. Wir haben hier also Vorgänge, die direkt nicht durch Entelechie entstehen, sondern die außerhalb derselben verlaufen, bewerkstelligt durch Individuen, gewissermaßen im Auftrage der Entelechie. Das weist darauf hin, daß schon die Tiere und erst recht der Mensch nicht mehr ganz im organischen Naturzusammenhange stehen, was bei den Pflanzen noch in hohem Grade der Fall ist. Dies hängt zusammen mit der Entwicklung der individuellen Seele, des Bewußtseins und des freien Willens.

---

*) Die Endung -id stammt vom griechischen eidos = Bild und bedeutet „ähnlich“.

Es bleibt noch zu bemerken, daß die organoiden Prozesse in schematische und epigentische zerfallen, so wie in aufbauende und zerstörende (destruktive).

## J. RÜCKBLICK

Als grundlegend für spätere Untersuchungen fassen wir zusammen, was wir für den organischen Prozeß auf Grund der bisher erarbeiteten Begriffe feststellen konnten:

Der organische Prozeß ist

1. ein organisches System; als solches besteht er aus organischen Systemen, den organischen Teilprozessen, die wiederum organische Systeme sind,
2. er wird in allen seine Teilen durch organische Heteronomie in „heteronomer Labilität" erhalten.
3. Die organische Heteronomie kommt zum Ausdruck in dem „heteronomen Koeffizienten".
4. Er ist als sinnvolle Einheitlichkeit der Ausdruck einer gestaltenden geistigen Einheit und dadurch in allen Teilen final bedingt; er wird dadurch zu einem teleologischem System.
5. Der organische Prozeß hat eine materiale und eine formale Komponente; erstere ist durch „Struktur", letztere durch „Organisation" bedingt.
6. Er hat eine äußere und eine innere organische Gestalt.
7. Die Gestalt des Ganzen ist wieder durch eine höhere Einheit bestimmt, so daß prinzipiell alle Prozesse der organischen Natur eine organische Einheitlichkeit bilden, den organischen Weltprozeß.
8. Es besteht in ihm eine bis ins einzelne gehende Gesetzmäßigkeit der spezifischen Struktur und Gestalt, entsprechend dem jeweiligen Charakter des Ganzen, wonach also analoge Prozesse bei verschiedenen Tier- und Pflanzenarten innerlich verschieden verlaufen müssen.
9. Der schematische organische Prozeß ist Organfunktion, der epigenetische Seelen- bzw. Geistfunktion.
10. Der organische Prozeß wird durch Polarität betrieben und von der Entelechie neu angeregt.
11. Der destruktive Prozeß hat harmoniezerstörende Tendenz und ist Funktion des logosfeindlichen Prinzips.
12. Der mechanistische Gestaltungsprozeß ist ein organoider Prozeß.

Diese Kennzeichen dienen uns später zur Erkennung und Analyse noch unbekannter organischer Prozesse.

# IV. KOSMOLOGIE

## A. MORPHOLOGIE DES PLANETENSYSTEMS

### 1. Das Planetensystem als organisches System

Wenn wir jetzt den Blick von der Welt der Organismen zum Makrokosmos erheben, so mag es zunächst wunderlich erscheinen, daß ein Gebiet, dessen Erforschung die Astronomie als Sonderdisziplin der Physik stets allein für sich in Anspruch genommen hat, in den Kreis unserer organologischen Betrachtung gezogen wird. Indessen muß es nach unserer bisherigen Methodik klar sein, daß wir hier nicht vorhaben, physikalisch erklärbare und erklärte Erscheinungen zu behandeln, sondern Fragen, die sich von jeher, wie aus den Tiefen des Gemütes kommend, dem in die Betrachtung des Sternenhimmels sich versenkenden Menschen aufgedrängt haben, bei der materialistischen Naturwissenschaft aber keine Beantwortung finden konnten. Nicht die astronomischen Gesetze Keplers und alle möglichen physikalischen Theorien und Hypothesen sind es, die uns so tief berühren, sondern zunächst die majestätische Ordnung in den gewaltigen Bewegungen jener anscheinend doch leblosen Himmelskörper. Denn nach dem, was wir durch die Wissenschaft von ihnen erfahren, können wir sie nur als tote Körper bezeichnen, denen jede organische Gesetzlichkeit fehlt. Wenn das die Wahrheit ist, so kann die Frage unseres Innern nach dem Grunde dieser Gestaltung nur auf Illusionen beruhen, denn man mag die Wunder der Sternenwelt mit den erhabensten Worten rühmen und preisen — solange sie lediglich auf bloße Gravitation, also Idionomie der Materie zurückgeführt werden, muß ihnen in einem objektiven Weltbilde jeder höhere Sinn, jeder geistige Gehalt abgesprochen werden. Und doch redet gerade der Materialist immer wieder von „Weltgebäude", „Systemen", „merkwürdiger Ordnung" und weiß nicht, was er damit sagt. Hier hört seine Wissenschaft auf — und eben hier fängt die unsere an.

Der Leser wird bereits bemerkt haben, worum es sich für uns handelt, nämlich um die Frage: ist der Kosmos der physische

Ausdruck einer gestaltenden überphysischen Realität, also ein sinnvoll heteronomes Gebilde, oder nichts weiter als eine sinnlose Menge nur nach den Gesetzen der Gravitation im Raum umhersausender toter Materie? — Daß die Astronomie als Zweig der Physik die letztere Ansicht vertreten muß, ist klar; denn es fehlen ihr ja, wie in der Einleitung dargelegt, die begrifflichen Organe für das Problem der Gestaltung. Unsere Aufgabe ist nun, durch organologische Untersuchung die Frage zu entscheiden, und zwar zunächst durch Feststellung, wie weit die physikalische Erklärungsmöglichkeit der kosmischen Gestalten geht, da ja aus einem eventuell sich ergebenden, durch Idionomie unerklärbaren Rest auf Heteronomie geschlossen werden muß. Wir wollen uns zu dem Zwecke zunächst nur mit unserem Planetensystem beschäftigen.

Nach den kosmogonischen Theorien von Kant — Laplace, auf denen die heutigen noch basieren, sollen durch Anziehung und Verdichtung der im Urzustande diffus verteilten kosmischen Materie rotierende und sich fortbewegende Himmelskörper entstanden sein. In Verbindung mit dem allgemeinen Gravitationsgesetze Newtons und den Kepler'schen Gesetzen für die Planetenbewegung erschien bis heute das so rein physikalisch konstruierte astronomische Weltbild keiner prinzipiellen weiteren Erklärung mehr bedürftig. Die experimentelle Bewährung der physikalisch-mathematischen Astronomie im Sinne von genauesten Vorausbestimmungen scheint noch jetzt die physikalische Gesetzlichkeit als die im Weltraume allein wirksame zu erweisen, womit auch alles durch sie noch nicht Erklärte doch prinzipiell in ihren Erklärungsbereich einbezogen wird.

Danach wäre also der Kosmos, die von uns so bewunderte Ordnung des Weltgebäudes durch rein materiale Kausalität, also formal durch Unordnung aus dem Chaos entstanden! Hier tritt uns der Materialismus triumphierend in seiner ganzen Schärfe und Geschlossenheit Metaphysik-zerstörend entgegen. Charakteristisch für seine Sicherheit auf diesem Gebiete ist, daß Du Bois-Reymond in seiner berühmten Rede über die Grenzen des Naturerkennens die vollkommenste Kenntnis, die wir von einem materiellen System haben können, „astronomische Kenntnis" nannte. Und doch vermag der Materialismus uns, wie wir ihn kennen gelernt haben, bezüglich Erklärung von Gestaltung wenig zu imponieren. Um nämlich seinen schwachen Punkt zu berühren, brauchen wir nur auf folgendes aufmerksam zu machen:

Durch die Kepler'schen Gesetze kann zwar der Lauf der einzelnen Planeten physikalisch begriffen werden, aber nur, wenn jeder allein um die Sonne laufend gedacht wird. Denn nach dem Newton'schen Gravitationsprinzip werden die Planeten nicht nur von der Sonne, sondern auch von sich untereinander angezogen, wodurch die sog. „Störungen" ihrer Bahnen entstehen. Daraus ergibt sich für die Astronomie das Störungsproblem. Bedenkt man, daß die Anziehung des Jupiter auf Saturn $\frac{1}{127}$ bis $\frac{1}{360}$ der Anziehung von seiten der Sonne auf diesen beträgt, so kann man sich vorstellen, daß durch derartige „Störungen" allmählich das Gleichgewicht des Planetensystems aufgehoben werden kann, was eine ungeheure Katastrophe, nämlich Rückverwandlung des Kosmos in das Chaos bedeuten würde. Denn wird ein Planet durch fremden Einfluß von der Sonne entfernt, ohne daß seine Geschwindigkeit genau entsprechend verändert wird, so wird er von selbst nicht wieder in seine alte Bahn zurückkehren, sondern sich zunehmend weiter von der Sonne und endlich aus seinem System überhaupt entfernen und allein im Weltraume in Kälte erstarren. Das Gegenteil gilt, wenn er der Sonne genähert und seine Geschwindigkeit nicht entsprechend vergrößert wird: er wird schließlich in die Sonne stürzen. Das bedeutet für uns aber, daß das Planetensystem labile Struktur hat, und, wenn es bestehen bleibt, dauernd irgendwie in diesem Zustande erhalten werden muß. Die Aufgabe, diesen Sachverhalt aufzuklären, stellt der Astronomie das Stabilitätsproblem*). U. a. entstand bei dessen Bearbeitung die interessante Forderung, daß wenn sich die Störungen nicht durch Wiederholung summieren sollen, das Verhältnis der Umlaufszeiten der Planeten ein inkommensurables**) sein muß. Planeten, deren Umlaufszeiten inkommensurabel sind, treffen sich nie wieder an demselben Orte, was bei Kommensurabilität (2 : 3, 5 : 7, usw.) der Fall ist. Da aber im Planetensystem Kommensurabilität besteht — Jupiter und Saturn haben eine Kreuzungsperiode von fast 900 Jahren, und die Umlaufszeiten ihrer Monde sind sogar vorwiegend kommensurabel — so wiederholen sich also deren störende Konstellationen,

---

*) das für die Physiologie ja in noch viel höherem Maße existiert, nur nicht gesehen wird.

**) „inkommensurabel" nennt man Größen, die in einem Verhältnisse zueinander stehen, das nicht durch rationale Zahlen, sondern nur durch einen unendlichen Dezimalbruch angenähert ausgedrückt werden kann.

und bleibt es aufzuklären, wie trotzdem die Stabilität des Systems erhalten wird.

Die Physik, die ja in der Astronomie den Materialismus vertritt, bestreitet nun einfach die Labilität des Planetensystems. Wie Verfasser s. Zt. von einem Professor der Physik belehrt wurde, könne bei der so langen Dauer des Planetensystems, die praktisch gleich unendlich sei, Labilität nicht angenommen werden, da das System, das ja bewegt sei, seine Gestalt dann längst verloren hätte; das Planetensystem müsse vielmehr als stabiles System gelten. Das ist natürlich sehr praktisch für den Materialismus; denn bei einem stabilen System gibt es keine Frage mehr nach der Erhaltung der Gestalt; ein stabiles System ist, wie wir sahen, der Endzustand rein anorganischer Kraftwirkungen; organische Heteronomie kommt nur bei labilen Systemen in Frage. Verfasser ging also zu einem Astronomen der Universität und stellte die Frage nach der Stabilität. Nach gewissenhafter Prüfung der Frage ward ihm zwei Tage später die interessante, allerdings vorsichtige Auskunft, daß niemand mehr für die Stabilität des Planetensystems garantieren könne — aus dem Munde eines doch physikalisch eingestellten Forschers! Was das Störungsproblem beträfe, so sei es wegen zu großer Kompliziertheit (!) bei einer Mehrzahl bewegter Körper noch nicht zu lösen. — Unserer Ansicht nach wird es physikalisch prinzipiell nie zu lösen sein, weil es sich eben, wie wir annehmen, dabei um ständige Regeneration der Gestalt durch kosmisch-organische Heteronomie handelt.

Der Materialismus wird also auch hier auf einer Domäne, wo er sich bisher absolut sicher fühlte, durch unsere Fragestellung in die Enge getrieben und so benutzen wir die Gelegenheit, ihn mit dem Gestaltungsproblem entscheidend zu treffen. Schon um 1770 hatte Titius in der Anordnung der Planeten eine Gesetzmäßigkeit gefunden, die als das Titius-Bode'sche Gesetz bekannt ist*), und auf ein Wirken von formalen Gesetzen in der Natur hinweist. Des Interesses halber sei es kurz wiedergegeben**):

Setzt man die Entfernung der Erde von der Sonne = 10, so berechnen sich die Abstände der einzelnen Planeten angenähert nach der folgenden Formel:

*) Bonnet, „Betrachtungen über die Natur", übers. von Titius. 2. Auflage. 1772.
**) nach der später zitierten Arbeit „Über Harmonie im Weltraum".

| | | | gemessene mittlere Entfernung |
|---|---|---|---|
| Merkur ......... | $4 + 0 \times 3 =$ | 4 | 3,87 |
| Venus .......... | $4 + 1 \times 3 =$ | 7 | 7,23 |
| Erde ........... | $4 + 2^1 \times 3 =$ | 10 | 10,00 |
| Mars ........... | $4 + 2^2 \times 3 =$ | 16 | 15,24 |
| (Planetoiden) ... | $4 + 2^3 \times 3 =$ | 28 | 26,5 |
| Jupiter ......... | $4 + 2^4 \times 3 =$ | 52 | 52,03 |
| Saturn ......... | $4 + 2^5 \times 3 =$ | 100 | 95,39 |
| Uranus ......... | $4 + 2^6 \times 3 =$ | 196 | 191,82 |
| Neptun ......... | $4 + 2^7 \times 3 =$ | 388 | 300,55 |

Wenn hierbei das Gesetz im Falle des Neptun auch nicht stimmt, so ist doch nicht zu leugnen, daß hier eine formale Komponente in auffälliger Weise zum Ausdruck kommt; denn sonst müßte es ja Zufall sein, daß sich die Planeten gerade so angeordnet hätten. Daß die mechanistisch eingestellte Astronomie damit nichts anfangen konnte, ist klar, und so haben es s. Zt. auch hervorragende Forscher wie A. v. Humboldt, Lalande, Delambre und Gauß (wie mitgeteilt wird) lediglich für ein Zahlenspiel oder einen lusus ingenii erklärt.

In Ostwald's Annalen der Naturphilosophie Bd. V findet sich ferner eine Arbeit „Über Harmonie im Weltraum", auf die der in der Arktis gebliebene Professor Alfred Wegener den Verfasser hingewiesen hatte, in welcher in der Struktur des Planetensystems dieselben harmonischen Verhältnisse zahlenmäßig nachgewiesen werden, wie in einer Sonderarbeit*) in den Spektrallinien, Kristallen, organischen Gebilden wie den Korallen, der menschlichen Hand sowie in unserer ästhetischen Auffassung für Farben, Töne, Größenverhältnisse und im Zahlensystem. Danach stehen nicht nur die mittleren Abstände der Planeten, sondern auch die ihrer Monde und der Planetoiden zu einander in einem „harmonischen" Verhältnisse.

Wir sehen uns also auch hier wieder mitten in organologischen Problemen, wenn wir bedenken, daß „harmonische" Proportionen bei allen „schönen" Gebilden der Natur wie des Menschen (z. B. in der Gotik) das Grundprinzip der Gestaltung sind, ja daß unser eigener

---

*) Über Harmonie und Complication, Berlin 1901.

Körper diese Gesetzmäßigkeit zeigt. Das ist doch offenbar sinnvolle organische Zweckmäßigkeit, Ausdruck eines durch die ganze Natur gestaltend wirkenden Prinzips!

Für den Materialismus bleibt hier nur der für uns unmögliche Ausweg, jene offenbare Planmäßigkeit im Kosmos als scheinbar und als durch Zufall entstanden zu erklären — m. a. W., er darf sich jetzt auch in der Astronomie, wie in der Physiologie und Biologie als schachmatt gesetzt betrachten. Denn genau wie auf anderen Gebieten des Organischen wird auch hier durch ihn nur das erklärt, was auf Idionomie der Materie beruht, also die Bewegung im Kosmos überhaupt und später nach Organisation der Systeme die periodische Bewegung durch Systembedingtheit, also immer nur das Materiale. Daß aber gerade diese sinnvollen Formen der Bewegungen und Systeme in Systemen zustandekamen, kann offenbar nur durch organische Heteronomie begriffen werden.

Um noch einmal auf die Kommensurabilität zurückzukommen, so ist aus einem Aufsatze von Prof. von Brunn „Bemerkungen über Kommensurabilität im Sonnensystem"*) zu ersehen, welches Kopfzerbrechen dieses Problem den Astronomen macht, und wie weit man von einer restlosen, d. h. heteronomiefreien physikalischen Erklärung des Kosmos noch entfernt ist. Zur Illustration seien einige der für Organologen Bände sprechenden Stellen hier wiedergegeben:

(S. 73) „Es ist eine bekannte und sich für die Bewegungstheorie im Sonnensystem sehr unangenehm auswirkende Tatsache**), daß die mittlere Bewegung zweier benachbarter Planeten sich sehr nahe wie zwei niedrige ganze Zahlen verhalten ....."

(S. 73) „Das sieht zunächst etwas bedenklich nach Titius-Bodescher Reihe aus, die bei den Astronomen nicht immer in gutem Ansehen gestanden hat, weil man mit ihr nicht viel anfangen konnte; nicht ganz mit Recht, wie ich glaube, denn daß sich dahinter ein kosmogonisches Auswahlprinzip verbirgt, liegt doch auf der Hand."

(S. 78) „Nachdem ich zu diesem Ergebnis der allgemeinen Instabilität im 3-Körperproblem gelangt war, wird man verstehen, daß mir die unentrinnbare Tatsache schweres Kopfzerbrechen verursachte, warum denn das Sonnensystem ganz offenkundig $10^7$—$10^{10}$ Umläufe seiner Mitglieder ausgehalten hatte, ohne in

*) Heft 4/5 1935 der Zeitschrift „Die Sterne" bei Barth, Leipzig.
**) gesperrt vom Verf.

Verfall zu geraten. Irgend etwas Beweisbares ließ sich in dieser Richtung nicht sagen. Aber die kaum bezweifelbare Tatsache, daß noch heute das Sonnensystem ein quasi periodisches System ist, engte doch die kosmogonischen Möglichkeiten sehr stark ein. Wenn nicht ein göttlicher Schöpferwille angenommen werden sollte, der das alles planmäßig so gemacht hat — diese Hypothese bleibt immer irrefutabel, ist aber stets den exakten Naturforschern zu einfach gewesen — so konnte das quasi-periodische, also recht wohl geordnete heutige Sonnensystem nur durch ein mechanisches Selektionsprinzip zustande gekommen sein."

Diese und andere ergötzliche Ausführungen, wie die von dem Angsttraum, der sich beim sog. Hekuba-Problem den Theoretikern auf die Seele gelegt hat, spiegeln das Erstaunen der Forscher vor der sinnvoll-heteronomen Gestaltung im Kosmos wieder, die mit rein physikalischen Erklärungen hier natürlich nicht zurecht kommen, aber zu ehrlich sind, dies zu verschleiern. Möge ihre Zahl zunehmen, dann wird es bald mit dem materialistischen Weltbilde zu Ende sein!

Jene für den Physiker merkwürdigen Unstimmigkeiten und eigenartigen Gesetzlichkeiten, die bisher vernachlässigt wurden, werden in einer organologischen Astronomie einst ihre wahre Bedeutung erlangen. („Der Stein, den die Bauleute verworfen haben, ist zum Eckstein geworden.") Ähnliches gilt vom periodischen System, den Elementen, also vom Aufbau der Materie.

Da jene Planmäßigkeiten in den astronomischen Verhältnissen nur als organische zu begreifen sind und die Probleme der Störung und Stabilität des Planetensystems auf organische Regeneration hindeuten, so scheint für den Organologen das Lebensprinzip auch im Kosmos zu herrschen und das Planetensystem ein organisches System zu sein! Wir wollen sehen, ob es auch die anderen Kennzeichen desselben trägt. Wie schon bemerkt, hat es abgesehen von der harmonischen dauernd labil erhaltene Struktur, ist also kein mechanisches System; sodann besteht es aus organischen Teilsystemen (den Planeten mit ihren Monden), deren Gestalten den Charakter des Ganzen tragen; ferner ist es selbst Teil einer höheren Einheit, eines Systems von Sonnen mit ihren Planeten, (das, wie wir vermuten, auch harmonische Verhältnisse in den Abständen der einzelnen Sonnen aufweisen wird.)

## 2. Der astronomische als organischer Prozeß

Aus dieser organischen Struktur folgt für die Funktion des Planetensystems, den astronomischen Prozeß, daß er kein mechanischer, sondern ein organisch-heteronomer ist und damit die Eigenschaften haben muß, die wir im vorigen Kapitel für einen organischen Prozeß gefunden haben. Wir stellen nun fest, daß er aus organischen Teilprozessen besteht, die wiederum organische Systeme sind, daß die einzelnen Prozesse formal durch die Gestalt der höheren Einheit bestimmt und somit zusammen eine organische Einheit, den Prozeß des Makrokosmos bilden, daß er in heteronomer Labilität erhalten wird, daß er eine materiale und eine formale Komponente hat, von denen die materiale in den Bewegungen durch Gravitation besteht und die formale in der harmonischen Reguliertheit derselben. Die materiale Komponente ist bedingt durch die Struktur des Planetensystems, d. h. die Anordnung der Planeten um die Sonne, so daß sie von ihr angezogen werden, die formale Komponente muß auf Entelechie beruhen, die wir uns nach Art eines kosmischen Kraftfeldes denken, in dem wohl sogar jeder Planet sein eigenes Teilkraftfeld hat, worin seine Bewegungen ablaufen. Das ergäbe eine ungeheure okkulte kosmische Organisation, von der wir nur gewissermaßen das materielle Skelett sähen, dessen lebendige und unsichtbare Organe aber gerade das Wesentliche, Lebendige ausmachten. Wenn wir von Menschen und Tieren nur die Skelette sehen könnten, so würden sie uns wohl auch als tote Körper erscheinen.

Durch diese organisch-heteronome Kraftfeldorganisation würden also nach unserer Auffassung die gegenseitigen Störungen der Planeten „regeneriert“ und die Gestalt des Ganzen und der Teilbahnen aufrecht erhalten werden. Auf der Basis dieser organologischen Theorie — und wie wir glauben, nur auf einer solchen — wird wohl das Stabilitäts- und Störungsproblem gelöst werden können.

Wir haben im Kosmos also heteronome Beeinflussung der Gravitation, wie wir im Organismus solche des chemischen Verhaltens haben. Letzteres erklärten wir durch organisch-heteronome Veränderung der „inneren“ Bedingungen eines chemischen Körpers, dessen chemisches Verhalten ja das Ergebnis der äußeren und inneren Bedingungen ist. Demnach wäre das mechanische Verhalten eines frei sich im Raume bewegenden Himmelskörpers das Ergebnis der „äußeren“ Gravitation und der „inneren“ heteronomen Beeinflussung durch die kosmischen Kraftfelder.

Diese heteronome Beeinflussung bewirkt u. E. die Fortdauer des astronomischen Prozesses in der Weise, daß die Zentripetalkraft, das Hereinfallenwollen der Planeten in die Sonne benutzt wird, um sie nach Art eines „Trugschlusses“ in der Musik um die Sonne herumzuführen, und die Zentrifugalkraft, um die Planeten wieder an den Ort zu bringen, von wo der Prozeß von neuem beginnen kann. So kann durch heteronome Lenkung des Wechselspieles beider entgegengesetzter Kräfte der astronomische Prozeß solange aufrecht erhalten werden, wie es im Sinne der Leitung des Weltprozesses liegt. Das gleiche wird von der Bewegung des ganzen Planetensystems und anderen Weltsystemen gelten. Abweichungen der Bewegungen der Himmelskörper von der rein physikalischen Gesetzlichkeit toter Körper, die wir auf Grund der empirisch feststellbaren organischen Ordnung und Gliederung unbedingt annehmen müssen, wären also Ausdruck des heteronomen Koeffizienten, der dann allerdings quantitativ meßbar würde. Durch ihn würden die organischen Gravitationsgesetze zu organischen modifiziert — ohne Energievermehrung! — Hiernach muß der astronomische Prozeß als ein organischer aufgefaßt werden und somit die Bewegungen der Himmelskörper als organische Bewegungen. Nun ist durch die physikalischen Untersuchungen festgestellt, daß sie systembedingt sind, andererseits müssen sie einer einheitlichen organischen Heteronomie unterliegen.

Nach der Theorie des organischen Prozesses werden die Bewegungen der einzelnen Planeten als organische Teilprozesse durch die Regulation des ganzen Systems, also dessen Entelechie in ihrer Gestalt bedingt und aufrecht erhalten, sodaß wir ein kosmisch-organisches System von Bewegungen haben, eine harmonische Einheitlichkeit. Die Bewegung des ganzen Systems dem Sternbilde des Herkules zu wäre dann auch keine zufällige sinnlose, sondern eine organische sinnvolle Bewegung.

Die schematischen Bewegungen der Planeten, ihre Umkreisungen wären kosmische Organfunktionen. Die Organe wären die erwähnten Kraftfeldorganisationen. Die epigenetischen Bewegungen aber müßten, wenn sie sinnvoll sind, als Seelenfunktionen angesehen werden — eine Ungeheuerlichkeit für den Materialisten. Aber können wir uns denn angesichts der Wunder des Weltalls anmaßen zu behaupten, dahinter stände nichts Seelisch-Geistiges, bloß weil wir es nicht wahrnehmen? Wir sehen, die Konsequenzen einiger Zahlen im organologischen Sinne sind ungeheuer und bedeuten nicht weniger als ein neues Weltbild. Und diese Konsequenzen sind nicht nur ins Große, sondern auch ins Kleine durchzuführen.

Ferner muß der Prozeß des Planetensystems außer der schon erörterten inneren Gestalt auch eine äußere, nämlich die seines Gesamtverlaufs vom Entstehen bis zum Vergehen haben, die ebenfalls heteronomer Gestaltung unterliegen wird. Schließlich ist der kosmische Prozeß ein periodischer und besteht auch aus periodischen Teilprozessen. Diese Eigenschaft wird immer wieder mit der organischen Periodizität in eine Reihe gestellt, was unzulässig ist; denn obwohl die organische astronomische Periodizität heteronom geregelt ist, so liegt aber bei ihr im Unterschiede von der physiologischen Periodizität die Grundlage im Physischen; denn die periodischen Bewegungen der Himmelskörper sind, abgesehen von ihrer feineren Regulation, wie die Funktionen eines Mechanismus systembedingt, haben dementsprechend positive und negative Phasen und entsprechen somit nicht dem Begriffe der „organischen Pulsation". Vom rein mechanischen Prozesse unterscheiden sie sich aber durch ihre heteronome Reguliertheit; im übrigen, was also die Periodizität überhaupt anlangt, haben sie die technisch einzig mögliche Form fortlaufender Funktionen eines Bewegungssystems.

Wegen ihrer Gleichförmigkeit müssen die einzelnen Perioden als schematische Prozesse gelten; ihre Folge dagegen ist, da sie durch die immer verschiedenen Konstellationen und wechselnden Neigungen der Planetenbahnen jedesmal um ein geringes verändert werden, als ein epigenetischer Prozeß anzusehen, der in schematischen Prozessen fortschreitet. Obwohl nun die Verschiedenheit der periodisch sich wiederholenden Konstellationen systembedingt ist, muß eine fortwährende heteronome Steuerung dieser Epigenese angenommen werden, da trotz der unvermeidlichen „Störungen", die tatsächlich die Struktur des Systems um ein geringes verändern, das Ganze seine Ordnung behält.

### 3. Die Erde als organischer Körper

Wenn das Planetensystem ein organisches System ist, so müssen seine Teile ebenfalls organische Systeme sein. In der Tat kann man von einem Jupiter-, Saturn- und Uranussystem in diesem Sinne wohl reden, weniger indessen von den kleinen Planeten, von denen zwei (Merkur und Venus) überhaupt keinen Mond haben. Es erhebt sich also letzten Endes die Frage, ob die Sonne, die einzelnen Planeten und ihre Trabanten auch lebende organische Systeme oder nur tote Körper sind. Wäre das letztere der Fall, so könnte das ganze Planetensystem nicht als organisches System in unserem Sinne gelten. In der Tat erscheint der Gedanke, die glühende Sonne, die halberkalteten, zum größten Teil aus offenbar toter Materie bestehenden Planeten und Monde, deren runzelige Oberfläche nichts mehr von organischer Gestaltung verrät, seien noch organische, also lebende Gebilde, von vornherein abwegig. Indessen kann das Nichtvorhandensein von Lebensformen höher organisierter Einheiten in einem Körper kein Grund sein, diesen als anorganisch-tot zu erklären, wo die Möglichkeit besteht, daß wir es hier mit einer noch ganz primitiven Stufe des organischen Lebens zu tun haben, auf der die organische Heteronomie noch nicht so zum Ausdrucke gekommen ist, wie auf höheren Stufen der Organisation. Da höhere und feiner differenzierte heteronome Einflüsse, wie leicht einzusehen ist, sich nur bei entsprechend differenzierter Struktur geltend machen können, so werden wir z. B. in unserer Erde, deren Materie als Gesamtheit so wenig von organischer Struktur zeigt, daß man sie als rein idionom bedingt auffaßt, wenn überhaupt, so nur relativ primitive Heteronomie zu erwarten haben. Die Frage, inwiefern organische Heteronomie für die Struktur der Erde angenommen werden muß, ist noch besonders zu bearbeiten, und können hier daher nur einige Andeutungen gegeben werden. Denn da man in der Gestaltung unseres, wie überhaupt eines Himmelskörpers niemals sinnvolle Heteronomie vermutete, so hatte auch die Geologie keine Veranlassung, danach zu fahnden, und wäre es jetzt ihre Aufgabe, die durch Idionomie, also chemisch-physikalisch erklärbaren Erscheinungen von den hierdurch nicht erklärbaren zu sondern. Es handelt sich hier also um die Fragen: 1. Ist die Struktur der Erde organisch-heteronom, also labil, und gilt das auch von ihren Teilen? 2. Sind Funktionen der Erde nachweisbar, die nicht allein durch ihre „Struktur“, sondern nur durch (Heteronomie einschließende) „Organisation“ zu begreifen, also organische Prozesse sind?

Was die erste Frage betrifft, so können wir unter Hinweis auf die Erörterungen über die Materie im I. Kap. schon von vornherein sagen, daß die letzten Teile der Erd-Materie, die Moleküle und Atome als organische Systeme angesehen werden müssen, wenn sie Teile höherer organischer Einheiten sind. Im Tier- und Pflanzenorganismus sind diese Einheiten die lebenden Eiweißkörper; im Erdorganismus wären es die Mineralien. Vergegenwärtigt man sich nun die schöne, d. h. harmonische Struktur der bunten Halbedelsteine mit der Gesetzmäßigkeit ihrer inneren Gestaltung, die ein mineralogisches Klassifizieren ermöglicht, so erscheint es schwer denkbar, daß diese durch nichts anderes entstanden sein sollen, als durch zufälliges Aneinanderlagern von affinen Molekülgruppen. Selbstredend werden hier, wie überall, Systembedingungen ihre Rolle spielen, aber nicht die für die Gestaltung ausschlaggebende. Wenn wir deshalb also Mineralien wie Achat, Saphir, Smaragd, Opal usw. auch nicht als lebende organische Gebilde im biologischen Sinne ansprechen können, so müssen wir doch bedenken, daß es Bestandteile und Produkte der Natur sind, die wir als lebendigen Organismus auffassen. Das kosmische „Leben“ z. B. des Planetensystems ist aber auch ein anderes Leben als das der irdischen Organismen, anscheinend auf viel niederer Stufe, ein Leben, das sich in viel größeren Rhythmen und Perioden abspielt, als das schnelle und kurze der Pflanzen und Tiere. Die materialistische Wissenschaft hat ja nie an so etwas gedacht und daher auch die Begriffe des kosmischen Lebens und seine Merkmale noch nicht näher bestimmt. Die Mineralien, soweit sie nicht aus dem kosmischen bzw. irdischen Zusammenhang herausgefallen sind, könnten nun ein solches kosmisches Leben führen; dann wären sie organisch-heteronome Gebilde niederer Ordnung.

Früher gab man sich noch der Hoffnung hin, den Urschleim, die Probionten, die Vorstufe der ersten einzelligen Lebewesen aus anorganischer Materie einmal künstlich darstellen zu können, schob aber das Mißlingen auf die hohen Druckverhältnisse in der Meerestiefe und andere schwer künstlich herzustellende Umstände, wie die lange Dauer, — alles faule Ausflüchte des Materialismus. Jetzt werden wir ebenso kritisch den Gründen gegenüber sein müssen, die vorgebracht werden, um die Unmöglichkeit künstlicher Herstellung wirklicher Halbedelsteine, nicht Imitationen! — zu entschuldigen. Und dann denken wir an die Elemente, etwa die Metalle. Die mächtigen Kräfte der Physik werden angespannt, um Atome zu zertrümmern. Wer aber wird einmal ein solches kleines Planetensystem aufbauen? Auch hier wird sich auch noch herausstellen, daß die Elektronen aus sich heraus sich nicht zu Atomen formieren können, daß also kosmische Heteronomie hierzu erforderlich ist. Und was für Edelsteine und Metalle gilt, muß den weniger farbigen und glänzenden Mineralien auch im Prinzip zuerkannt werden.

Wie steht es aber nun in bezug auf organische Heteronomie mit dem Wasser, das doch zwei Drittel der Erdoberfläche bedeckt? Kann es als ein flüssiges organisches System ähnlich wie das Protoplasma oder das Blut der biologischen Organismen angesehen werden? Offenbar dürfen wir hier nur das Wasser als Naturteil, nicht als chemischen Körper, aus dem Naturzusammenhange herausgenommen, ins Auge fassen, und da finden wir eine großartige, höchst sinnvolle Wasserorganisation auf der Erde: vor allem den Kreislauf des Wassers vom Gebirge durch die Länder zum Meere, von dort durch Verdunstung in die Luft, von da als Regen und Schnee zur Erde und in die Erde, von wo es mit Salzen und Erdkräften durchdrungen als reines Quellwasser wieder emporsteigt, um als Bach den Kreislauf neu zu beginnen. Dazu kommen noch als Reservoir die ungeheuren Depots von Schnee und Eis im Hochgebirge, ohne die im Sommer Wassermangel eintreten würde.

Vergegenwärtigen wir uns das Bild der Flüsse und Nebenflüsse I., II. und III. Ordnung, so haben wir eine ähnliche Verästelung wie die eines Baumes oder die unseres Blutgefäßsystems. Nach materialistischer Naturansicht ist das natürlich Zufall, daß sich die an verschiedenen Stellen entspringenden Gewässer finden und vereinigen und nicht irgendwo in der Ebene verlaufen und Sümpfe machen. Vom organologischen Standpunkte aus erblicken wir in dem System der Flußläufe ebenso eine sinnvolle, also heteronome Gestaltung wie im Gefäßsystem der Venen, deren Blut sich durch diese auch in immer zentralere Gefäße vereinigt. U. E. hat also ein Flußsystem seine Entelechie und diese entwickelt sich nicht aus den Quellen, sondern aus dem Meere, wie die Bäume mit ihren Verästelungen aus der Erde. Erst nachdem entelechial so die Quellen präformiert sind, entsteht rückwärts der materielle Fluß aus den Quellen und findet seinen entelechial vorgezeichneten Weg.

Dann ist er aber insbesondere durch die Kloaken der Städte und Industrien den mannigfachsten Verunreinigungen ausgesetzt, die teilweise durch Fäulnis von Tierleichen, Nahrungsstoffen, Kot und Chemikalien einen derartigen Grad annehmen, daß kein höheres Lebewesen in ihm gedeihen kann. Trotzdem ist das Wasser nach 50—70 km wieder klar und rein. Das beruht auf der Selbstreinigung der Flüsse, indem zuerst durch Spaltpilze und Infusorien jene fauligen Stoffe „abgebaut" und dann mit Hilfe des Sauerstoffs von Grünalgen mineralisiert werden. Hier vollbringt die Natur eine ihrer staunenswerten Leistungen, zwar nicht direkt durch Heteronomie, aber durch zweckmäßig organisierte Systembedingungen zur Regeneration des normalen Zustandes, ähnlich der Selbstreinigung des Körpers.

Bekanntlich ist das Wasser so beschaffen, daß es bei $+4^0$ seine größte Dichte und Schwere hat, wodurch Flüsse und Seen zunächst an der Oberfläche zufrieren und so das organische Leben in ihnen erhalten bleibt. Schließlich bleibt noch die schützende Schneedecke im Winter zu erwähnen — alles Organisationen der Natur, die für die Naturwissenschaft als unbeabsichtigt, also zufällig angesehen werden.

Betrachten wir nun das Meer, so finden wir in den Gezeiten, dem rhythmischen Steigen und Fallen des Wassers eine Erscheinung, die doch sehr auf kosmisches Leben hinweist, zumal sie mit dem Monde, also dem außerirdischen Kosmos zusammenhängt. Da auch dieses Phänomen bisher u. W. nicht restlos aufgeklärt ist*), so vermuten wir auch hier organische Heteronomie. Ferner fällt uns auch die Gesetzmäßigkeit der Meeresströmungen auf, deren Analogie zu den Strömungen im Protoplasma eines biologischen Organismus sich geradezu aufdrängt. Es erscheint uns doch sehr zweifelhaft, daß z. B. eine Strömung wie der Golfstrom sich bei der ungeheuren Länge über den ganzen Ozean so konstant erhalten könnte, wenn das Meer nur eine tote Wassermasse wäre. Wir glauben also, daß der Ozean lebt und sprechen damit dasselbe aus, was jede naturempfängliche Seele fühlt, wenn sie das Meer auf sich wirken läßt. Genau so ist es mit dem Geist der Berge, wenn wir in der Majestät der Firnwelt stehen, oder den höllenartigen Eindruck am Krater des Vesuvs erleben. Auch Sonnenaufgang und -Untergang erscheinen dem organologischen Beobachter als organische kosmische Phänomene, deren kosmisch-seelischen Gehalt wir fühlen. Wenn dieses von Materialisten als Sentimentalität oder Gefühlsduselei bezeichnet wird, so zeigt das nur, wieviel vom höheren Seelenleben der Materialismus schon verdorben hat. Nach einigen Jahren organologischer Naturwissenschaft wird man mit Verachtung auf die Spötter von heute blicken.

Analoges wie vom Wasser muß auch von der Atmosphäre, ihrem Wärmemantel in 50 km Höhe und ihren gesetzmäßigen Strömungen gesagt werden. Insbesondere ist das Immer-neu-entstehen der atmosphärischen Spannungen und Druckverhältnisse noch ungeklärt. Bei bloßer Idionomie dieser Zustände müßte man doch nach den allgemeinen physikalischen Erfahrungen einen (der wechselnden Sonneneinwirkung entsprechend wechselnden) Gleichgewichtszustand erwarten, nach dem doch jedes labile System

*) Darwin, „Ebbe und Flut", 2. Aufl., Leipzig 1911.

strebt, wogegen in Wirklichkeit die Verhältnisse stets in Labilität erhalten zu werden scheinen — ein Kennzeichen des Organischen!

Ganz rätselhaft und als Naturwunder bestaunt sind ja Phänomene wie Kugelblitze sowie Tornados und Zyklone, die natürlich auch durch elektrische bzw. Temperatur- und Druckdifferenzen entstehen, von denen wir aber ebenfalls nicht glauben können, daß sie nur idionome Zustandsänderungen einer toten Luftmasse bzw. nur anorganischer Elektrizität sind. Wir denken ferner an die verschiedenen Physiognomien der Atmosphäre z. B. beim Herannahen eines Gewitters, wobei die Analogie zu einem sich allmählich vorbereitenden Wutausbruch jedem geläufig ist. Auch die Ursachen dieser Lichteffekte sind physikalische, genau wie die Beleuchtung auf der Bühne; es ist nur merkwürdig, daß sie gerade so sind, wie wenn ein Beleuchtungstechniker sie regulierte! Dies erscheint dem Materialisten lächerlich, aber der sagt ja auch, daß einer lacht, käme daher, daß die Gesichtsmuskeln sich zusammenziehen. Es ist daher vom organologischen Standpunkte aus die Auffassung wohl berechtigt, daß hinter den gewaltigen Erregungen der Natur wie auch hinter dem freudevollen Sonnenschein kosmisches Seelenleben wirkt. —

Betrachten wir jetzt das Ganze der Erdmasse, so ist darauf hinzuweisen, daß diese keineswegs in sich völlig erstarrt ist, sondern vermutlich sich in fortwährender, wenn auch langsamer Bewegung und Umgestaltung befindet. Daß die hierbei wirkenden Kräfte wahrscheinlich nicht rein idionom arbeiten, sondern auch einer zweckmäßigen Gestaltung unterliegen, beweist uns die Überlegung, daß die Erde äquilibriert sein muß*), d. h. die Massen des Festlandes so verteilt sind, daß Gleichgewicht besteht, ohne das die Erde bei ihrer Rotation auseinanderfliegen würde. Denn wenn die Gestalt des Festlandes rein idionom, also zufällig bedingt gewesen wäre, so hätte ein sicher zu erwartendes Übergewicht auf der einen Seite sich nicht etwa wie bei einem ruhenden Körper wieder ausgeglichen, sondern infolge der Zentrifugalkraft noch vermehrt und so unweigerlich die Stabilität unseres Planeten zerstört. Und wenn das Gleichgewicht des Erdkörpers nicht dauernd erhalten würde, so wäre bei der Beweglichkeit der Erdrinde jeden Augenblick die oben angedeutete Katastrophe zu befürchten. Da die Äquilibrierung aber rein physikalisch nicht erklärbar ist, so liegt hier also offenbar ein dauernd

*) was u. W. auch festgestellt ist.

durch zweckmäßige Heteronomie aufrecht erhaltener labiler Zustand vor. —

Die organologische Auffassung der Erde läßt sich noch durch manche andere auf sinnvolle Heteronomie hinweisende Tatsachen stützen; man denke vor allem daran, daß die Erde so organisiert ist, daß die Tier- und Pflanzenwelt sich auf ihr entwickeln konnte! Ferner sind hier die Funktionen des Erdbodens zu beachten, durch die in Verbindung mit der Arbeit nitrifizierender Bakterien alle möglichen toten Stoffe in Bestandteile des Humus verwandelt und so für das Leben wieder brauchbar gemacht werden. Sollte übrigens der Humus nicht auch „Organisation" haben, so gut wie die Gesteine? — Schließlich kommt doch das Wasser, das bei seinem Durchsickern durch allen Unrat hindurch muß, als Quelle in erfrischender Reinheit wieder zutage — von den Heilquellen, die künstlich trotz der feinsten Analysen auch nicht hergestellt werden können, gar nicht zu reden. Alles das soll nach Ansicht der Naturwissenschaft lediglich auf Idionomie der Materie beruhen, und hat sich ja die materiale Komponente auch tatsächlich in diesem Sinne erklären lassen. Gesetzt nun, der bisher so noch nicht völlig erklärte Rest beruhte tatsächlich auf bloßer Idionomie, was u. E. höchst unwahrscheinlich ist, so bliebe immer noch die Frage nach dem Grunde dieser doch anscheinend sinn- und zweckvollen Systembedingungen, die Frage also, ob die Gestaltung der Erdmaterie etwa heteronom bedingt war, und diese dann bezüglich der angedeuteten Funktionen wie ein Mechanismus ihrer Idionomie überlassen wurde, so daß ihre geschilderte sinnvolle Organisation nur noch als indirekt heteronom gelten könnte. In diesem Falle wäre die Erde in ihrem jetzigen Zustande ein mechanisches System, ein toter Körper, wogegen uns aber alles zu sprechen scheint.

Da bisher Idionomie in den hier behandelten Erscheinungen von vorneherein als selbstverständlich angenommen wurde, hat eben niemand unter den Spezialforschern dort nach dem heteronomen Koeffizienten gefahndet und darauf hinweisende Tatsachen hervorgehoben. Wir dürfen daher hoffen, daß eine künftige organologische Naturwissenschaft hier Klarheit bringen und unsere Vermutungen bestätigen wird. Ohne seine Naturphilosophie hätte auch Goethe schwerlich den Zwischenkieferknochen entdeckt!

Um bei dieser Gelegenheit noch einmal auf Kant zurückzukommen, so wäre zu den von ihm in der Kritik der Urteilskraft angeführten Beispielen von anscheinend sinnvollen Systembedingungen auf der

Erde zu sagen, daß es uns hier nicht auf den Nachweis der von Kant sog. „relativen“, sondern der absoluten Zweckmäßigkeit ankommt, die Kant als über Naturerkenntnis hinausgehend ablehnt, wie wir im I. Kap. berichteten. Auch hier muß auf hoffentlich noch folgende Sonderarbeiten verwiesen werden.

Zum Schluß dieses Abschnittes sei noch auf eine scheinbar äußerliche Analogie zwischen einem kosmischen und einem biologischen Organismus hingedeutet: ein Forscher sieht durch ein, optische Linsensysteme enthaltendes Metallrohr ein kugeliges Gebilde in drehender Bewegung, das aus einem festeren inneren Körper und einer dünneren, halb durchsichtigen äußeren Schicht besteht. In letzterer sind gesetzmäßig und ungesetzmäßig verlaufende Strömungen festzustellen, ebenso in dem nicht erstarrten Teile des inneren Körpers. Die Bahn, in der sich dies Gebilde fortbewegt, macht den Eindruck sinnvoller Reguliertheit. Was ist es? Ein Infusor unter dem Mikroskop oder die Erde im Fernrohr eines außerirdischen Beobachters?

Betrachten wir das Planetensystem als einheitlichen kosmischen Organismus, so erhalten Sonne, Planeten und Monde einschließlich ihrer überphysikalischen Organisation als dessen organischen Teile die Bedeutung kosmischer Organe. Andererseits aber wird ein Planetensystem als organisches System wiederum organischer Teil einer höheren Einheit, eines Fixstern- bzw. Milchstraßensystems sein, worüber auch schon Material vorliegt, das nur noch nicht im organologischen Sinne bearbeitet ist. Damit wäre der Kosmos und somit die gesamte Natur als ein universeller Organismus aufzufassen, mit seinen Organsystemen und Organen sinnvoll durch kosmische Entelechie gestaltet und gegliedert von Milchstraßensystemen bis herunter zur Zelle, ja bis zu den letzten Teilen der Materie: das Atom als Planetensystem, der Mensch als Mikrokosmos.

## B. DIE ORGANISCHE ENTSTEHUNG DES PLANETENSYSTEMS

Ein so differenziertes Gebilde wie ein Planetensystem ist offenbar nicht plötzlich in seiner jetzigen Gestalt geschaffen worden, sondern muß aus einem kosmischen Urzustande langsam entstanden sein, und so nehmen die rein physikalischen Kosmogonien von Kant und Laplace als Urzustand homogene Nebelmassen aus kosmischer Materie an, die durch Anziehungskraft und Gravitation verdichtet und erwärmt in Bewegung geraten seien, wodurch dann schließlich Sonne und Planeten entstanden wären. Erinnern wir uns nun an das im I. Kap. über das Entropiegesetz Gesagte, daß nämlich sich selbst überlassene Materie dem homogenen Zustande, also der Entdifferenzierung und dem Wärmetode zustrebt, einem Zustande absoluten Todes, so fällt uns auf, daß genau wie bei der Entstehung der Organismen auch bei der Entstehung des Planetensystems das gerade Gegenteil zu jenem physikalischen Prinzip geschehen ist. Wir erkennen also, daß aus rein physikalischen Bedingungen niemals aus einem homogenen Urzustande ein Gebilde wie ein Planetensystem sich herausdifferenziert haben würde — ganz abgesehen von den oben dargelegten sinnvollen Gestalten. In unserer nun entstehenden Skepsis gegenüber der physikalischen Kosmogonie empfinden wir es als eine Zumutung, glauben zu sollen, daß die ungeheure, trotz des ständigen enormen Wärmeverlustes immer noch bestehende Wärme der Sonne durch Reibung der Teilchen der absolut kalten kosmischen Nebelmasse bei ihrer Verdichtung entstanden sei. Man halte uns nicht zu Narren! Allerhöchstens wäre derartige Wärmeentwicklung denkbar, wenn jener kosmische Urnebel mit gewaltiger (fremder!) Kraft komprimiert worden wäre und bliebe. Bisher ist aber im Weltall noch kein Kompressor entdeckt worden; also muß jene Erwärmung wohl einen anderen Ursprung haben. — Dasselbe Rätsel geben, wie wir sehen werden, die Bewegungen der Planeten und Monde auf. Wenn von Physikern den Schulkindern an einem in rotierende Bewegung versetzten Öltropfen die Entstehung der Planeten und ihre Bewegungen klar gemacht wird, so bedeutet die künstliche Bewegung doch Zufuhr fremder Energie, der im physikalischen Kosmos aber nichts entspricht. Woher also die Bewegung? Nach dem Entropiegesetze müßte sie, wenn überhaupt einmal entstanden, längst zum Stillstand gekommen sein. Sie wäre aber bei einem rein anorganischen Weltall überhaupt nicht entstanden. Daß wir also in einer warmen, bewegten und lichtdurchfluteten Welt leben, haben wir sicher nicht der toten Materie zu verdanken, sondern offenbar Gesetzen und Kräften, die die materielle Welt gestalteten und sie noch dauernd in organisch-sinnvollem Zustande erhalten; denn sonst hätte sich unser Planetensystem wohl längst wieder in tote Nebelmassen aufgelöst. Wir werden im VII. Kap. Abschn. F. und G. auf diese Probleme zurückkommen. — Einen physikalischen Ursprung der Bewegung setzt auch die Theorie der Spiralnebel von Sw. Arrhenius voraus, nach der Planetensysteme durch Zusammenstoß zweier Himmelskörper, die durch die Hitze bis zur Gasförmigkeit und in heftige Rotation geraten, Materie in langen Streifen, den sog. „Armen" der Spirale abgeschleudert hätten, woraus dann Ringe und hieraus wieder die Planeten entstanden seien: das Bild einer ungeheueren kosmischen Unordnung. Und aus dieser Unordnung soll nun die differenzierte harmonische Ordnung des Planetensystems von selbst entstanden sein. — Inzwischen hat sich nun herausgestellt, daß aus Spiralnebeln nicht Planetensysteme, sondern Milchstraßensysteme entstehen. Dadurch entfällt jene Spiralnebeltheorie für die Erklärung der Entstehung des Planetensystems. Wie J. Jeans berichtet, liegt die Hauptschwierigkeit bei der Annahme der Entstehung des Planetensystems durch Verdichtung von Nebelmassen darin, daß diesc nicht groß genug sind, um sich zu verdichten. Dies sei wohl möglich bei kosmischen Nebeln, aus denen Millionen von Sonnen entstehen; kleinere Nebel verdichten sich indessen nicht, sondern verteilen sich im Raume. — Bezüglich der Abschleuderungstheorie läßt sich physikalisch feststellen, daß durch eine zu schnelle Rotation ein Himmelskörper in zwei Teile auseinanderfällt, nicht aber kleinere Teile von sich abschleudert. Die Abschleuderung erklärt Jeans mit der sog. Gezeitentheorie, nach der durch Annäherung zweier Himmelskörper mächtige Flutbewegungen entstanden seien, die zur Bildung von „Armen" (wie bei den Spiralnebeln) führten, aus denen durch Verdichtung die Planeten entstanden. Wir sehen: auch hier wird das Problem der Entstehung harmonischer Gestalten übersehen; eine rein physikalische Theorie kann immer nur versuchen, Ordnung aus Unordnung zu erklären, was unmöglich ist. Wir sehen uns also berechtigt, nur physikalische Kosmogonien abzulehnen und uns kosmische organische Systeme auf organische Weise entstanden zu denken, nämlich durch Entwicklung, also organische Differenzierung aus dem undifferenzierten Urzustande. Die physikalischen Theorien nehmen diesen Weg der Entstehung ja auch an; indessen nur in Analogie zur organischen Entwicklung und durch Idionomie. Die Ähnlichkeit mit der organologischen Auffassung ist also nur eine äußerliche. Was sie bezüglich der harmonischen Gestaltung als Erklärungsprinzipien leisten, steht genau auf derselben Stufe wie alle materialistischen Erklärungen sinnvoller Gestaltung: es können, wie wir noch sehen werden, durch ihn nur gewisse Zustandsänderungen und Bewegungen überhaupt, niemals aber das sinnvolle „Gerade-so" derselben, das Formale begriffen werden. Dies ist vielmehr nur möglich durch den Begriff der organischen Entwicklung, d. h. planmäßige Differenzierung der Gestalt. Das hierin liegende Postulat hat Verfasser 1914 im ersten Manuskript niedergelegt und konnte einige Jahre später zu seiner Genugtuung als Ergebnis der auf exakten Berechnungen begründeten, also von ganz anderer Seite her kommenden Theorie der harmonischen Komplikation*) die Forderung finden, daß die Entstehung des Planetensystems auf dem Wege harmonischer Differenzierung vor sich gegangen sein muß. Das Wesentliche dieser Theorie ist im Anhange dieses Kapitels dargestellt. Es besteht, wie gesagt, darin, daß zuerst „harmonische" Verhältnisse in unserem Planetensysteme, den drei Mondsystemen und auch im Reiche der Planetoiden nachgewiesen wurden, und dann auf Grund dieser Tatsachen, insbesondere aus Überlagerung harmonischer Reihen, sowie physikalischer Beschaffenheit von Planetengruppen auf drei Epochen oder Akte harmonischer Differenzierung — wir würden sagen: „organischen Aufbaues" — des Planetensystems geschlossen wird.

Während sich die physikalische Astronomie nur auf Feststellung dieser Gesetzmäßigkeit und Verfolgung ihrer Konsequenzen beschränkt, gibt erst unsere organologische Deutung der Tatsachen dem Ganzen Sinn und Verständlichkeit, indem wir uns auf Grund jener Ergebnisse gezwungen sehen, sinnvolle, also organische Heteronomie im Planetensystem anzunehmen und dieses somit als einen kosmischen Organismus zu betrachten, der wie alle Organismen durch organische Entwicklung und nicht auf bloß physikalische Weise entstanden ist. Die Astronomie wird dadurch zu einer organologischen Wissenschaft. Eine solche wird ihr Augenmerk auf die sinnvolle organische Gestalt des Systems und seiner Funktionen, insbesondere die Bewegung der Planeten zu richten haben, also z. B. auf die vom Materialismus nur durch sinnlosen Zufall zu erklärende Tatsache, daß Himmelskörper von bestimmter Größe und bestimmtem Gewichte in gerade dem Abstande voneinander, gerade der Geschwindigkeit, und gerade der Richtung sich bewegen, daß das Ganze erhalten bleibt und in periodischer Bewegung „lebt".

Diese differenzierte Gestalt des Planetensystems muß sich als organische aber entwickelt haben und zwar wie jedes organische Gebilde aus einer primitiven Gestalt durch fortgesetzte Höhergestaltung oder nach Goethe „Steigerung" der Gestalten, also so, daß immer ein höheres Prinzip erst nach einem relativ niederen in Wirksamkeit tritt, weil es eben erst dann gestalten kann, wenn ihm die Grundlage bereitet ist. — Diese Grundbedingung aller organischen Entwicklung erfüllt offenbar die Theorie der harmonischen Komplikation besser als die anderen, obwohl sie nur auf physikalischer Grundlage stehend, sich nicht auf Erklärung in unserem Sinne einläßt.

*) Ostwalds Annalen d. Naturphilos, Bd. V.

Wie ist nun im einzelnen eine solche kosmische Entwicklung zu denken? Wie können vom organologischen Standpunkte aus die Planeten und Monde entstanden sein? Ist die Theorie der Abschleuderung durch Zentrifugalkraft wirklich so ganz von der Hand zu weisen? Da müssen wir uns klarmachen, daß jene physikalischen Theorien, die wir oben abgelehnt haben, streng genommen gar nicht physikalisch sind, da sie ja den Grundgesetzen der Physik nicht entsprechen, geschweige denn aus ihnen abgeleitet sind, sondern in ihrem Bestreben, die Entstehung des Differenzierten aus dem Undifferenzierten zu veranschaulichen, organische oder organoide Theorien im physikalischen Gewande darstellen. Wogegen wir uns oben gewandt haben, ist wieder der Materialismus, der organische Erscheinungen anorganisch erklären will. Gegen die Entstehung eines kosmischen Systems aus Nebelmassen soll nichts gesagt sein, so wenig wie gegen die Entstehung eines Organismus aus dem strukturlosen Protoplasma; nur dagegen wenden wir uns, daß man uns glauben machen will, diese Wunder seien aus den Eigenschaften der Materie zu begreifen. Die Theorie der allmählichen Verdichtung und Erhitzung des in immer schnellere Rotation geratenen Urkörpers bis zur Abschleuderung der Planeten und Monde ist im Prinzip von uns mit Vorbehalt annehmbar — allerdings nicht im physikalischen, sondern im organologischen Sinne. Denn wie wir in früheren Kapiteln gesehen haben, arbeitet die Natur im Physischen mit physischen Mitteln und bedient sich auch im Kosmos der Zentrifugal- und Zentripetalkraft, indem sie sie unter dem gestaltenden Einfluß der Heteronomie wirken läßt. So behält also obige pseudophysikalische Theorie für die Entstehung des Planetensystems ihre Bedeutung; denn dadurch wird die Kardinaleigenschaft des Planetensystems, nämlich die ungefähre Gleichheit der Äquatorialebene der Sonne mit den Bahnebenen der Planeten, der Äquatorialebenen der Planeten mit den Bahnen ihrer Monde sowie die Gleichsinnigkeit der Drehung und Fortbewegung von Sonne, Planeten und Monden am natürlichsten erklärt. Daß diese Erklärung ohne Annahme organischer Heteronomie aber nicht ausreicht, beweisen die Abweichungen von der eben erwähnten Gesetzmäßigkeit, nämlich die Rückläufigkeit des Neptunmondes, des neunten Saturn- und achten Jupitermondes, dann die Geschwindigkeit des inneren Marsmondes, die größer ist als die der Rotation des Planeten, endlich die Bewegung der Uranusmonde, deren Ebene senkrecht zur Äquatorialebene des Planeten steht. Man hat derartige Unregelmäßigkeiten zur Zeit dadurch zu erklären gesucht, daß man die betreffenden Körper als Fremdkörper, also als von außen in das System gelangt, auffaßte, wobei das „Gerade-so" der dazu erforderlichen Bewegung im Verhältnis zu ihrem Abstande von der Sonne natürlich wieder unbegreiflich bleibt. Auf alle Fälle kommen in diesen Ausnahmen von dem Grundgesetze des Systems Sondergesetzlichkeiten zum Ausdruck, die von der Gesetzlichkeit des Ganzen offenbar assimiliert, d. h. organisch eingegliedert worden sind, was sich außer in der Tatsache, daß die betreffenden Körper organische Glieder des Systems blieben, darin zeigt, daß die Uranusmonde auch der Harmonie des ganzen Systems entsprechend angeordnet sind. Über die anderen unter den Ausnahmen erwähnten Monde steht infolge ihrer späteren Entdeckung noch nichts in der genannten Arbeit. Mit um so mehr Spannung darf man der Analyse ihrer Anordnung entgegensehen.

Wenn wir nun annehmen, daß ein Milchstraßensystem auch ein organisches System ist, so gewinnt die Theorie der Spiralnebel ein anderes Aussehen: Der als Ursprung der Spiralnebel neuerdings angenommene sich verdichtende und in steigende Rotation geratene Nebelkern, aus dem durch Abschleuderung die Spiralarme entstehen, wäre gewissermaßen als Keimzentrum einer kosmischen Embryonalanlage (des Spiralnebels) aufzufassen. Eigenartig ist dabei und scheint wieder ein organisches Gesetz zu verkörpern, daß in der überwiegenden Mehrzahl immer nur zwei Spiralarme entstehen. Dies wird nach Lambrecht angeblich zwanglos durch sog. „kosmische Gezeitenkräfte" erklärt, denen wir etwas skeptisch gegenüberstehen.

„Betrachtet man nun noch das Problem der Fluchtbewegung der extragalaktischen Nebel, so wird man sehr bald feststellen, daß eine Interpretation dieser Erscheinung auf Grund der klassischen Physik auf ebensolche Schwierigkeiten stößt wie die Deutung der Spiralstruktur, und man ist geneigt, einfach einmal ein dem Newtonschen Gravitationsgesetz gegenüber verändertes Kraftgesetz anzunehmen und zu versuchen, ob man hiermit nicht weiter kommt." — So Lambrecht in seinem Aufsatze „Zur theoretischen Deutung der Spiralstruktur der extragalaktischen Nebel"*). Diese Schwierigkeit scheint vor allem darauf zu beruhen, daß u. W. die Richtung der Spiralarme entgegengesetzt der Rotationsrichtung des Kernes ist (!). Eine unangenehmere Überraschung konnte dem Physiker durch eine

*) In „Die Sterne" Heft 4/5, 1935, S. 90.

solche Entdeckung wohl kaum werden; denn dadurch wird die so plausible Abschleuderungstheorie von Arrhenius hinfällig. Um trotzdem aus der Spiralbewegung die Entstehung kosmischer Systeme physikalisch erklären zu können, nimmt man nach Vogt außer der Newtonschen Gravitationskraft noch eine physikalische „Abstoßungskraft“ an, ein Verfahren, das eine bedenkliche Ähnlichkeit hat mit den biologischen Pseudotheorien zur Erklärung der Entstehung der Organismen. Vielleicht wird das Problem der Spiralnebel durch organologische Astronomen eine neue Lösung erfahren und zwar dadurch, daß auch kosmischem Geschehen organische Prinzipien der Entwicklung zugrunde gelegt werden.

Wie jeder andere Organismus wird auch ein kosmischer seine Lebenskurve vollenden, d. h. altern und sterben müssen, nicht etwa, wie es der Materialismus lehrt, infolge des dauernden Wärmeverlustes, sondern weil — nach unserer Theorie des Alterns! — die belebende Entelechie sich planmäßig von ihm löst. Dadurch wird die Sonne erkalten — sie ist ja jetzt bereits gelb-, nicht mehr weißglühend — und ihre organische Struktur und innere Gesetzlichkeit einbüßen. Sie und mit ihr das ganze System wird also eine „Leiche“ werden und die einzelnen Körper, nun den physikalischen Kräften der Teile allein überlassen, werden ihren organischen Zusammenhang in sich und untereinander verlieren, wodurch die Auflösung des Systems begänne; die Teile würden ineinander stürzen oder auseinander fliegen. Damit würde auch der organische Zusammenhang mit der höheren Einheit (Milchstraßensystem u. dgl.) verloren gehen und der Rest des erstorbenen Systems seinen Platz im Weltenraume verlassen, um vielleicht nach Zerfall und Auflösung in homogene Nebelmassen einem neuen Systeme wieder zum organischen Aufbau zu dienen. —

Diese Darstellung des Werdens und Vergehens im Kosmos unterscheidet sich äußerlich nicht wesentlich von einer physikalischen Theorie und ist doch prinzipiell verschieden von ihr. Den großen kosmogonischen Theoretikern haben eben wohl organische Entwicklungsprozesse vorgeschwebt, denen sie ihr physikalisches Bild vom Weltgeschehen nachbildeten ohne sich die Frage der Gestaltung zu stellen. Die Oberflächlichkeit der stillschweigenden Annahme, sinnvolle Gestalten könnten ohne weiteres aus sinnloser Vielheit entstehen, ist eine charakteristische Schwäche des Materialismus, der doch im Quantitativen so hohe Ansprüche an Exaktheit stellt. Dazu kommt, daß die Erscheinungen, die nicht in sein System hineinpassen, also die Kennzeichen des Organischen, nicht etwa als noch aufzuklärende Posten der Rechnung hervorgehoben, sondern im Gegenteil vielfach mit Stillschweigen übergangen oder als Probleme der Metaphysik abgeschoben werden, was man im Finanzwesen Bilanzverschleierung nennen würde. So liegt es nicht im Wesen der Wissenschaft, sondern des Materialismus begründet, daß die wahre Auffassung des Sternenhimmels in uns erstorben ist und wir ihn und unsere Erde lediglich mit den kalten Augen des Physikers betrachten. Eine organologische Astronomie würde hingegen ungeahnte Perspektiven der Welterkenntnis eröffnen.

## ANHANG

### DIE GRUNDGEDANKEN DER KOSMOGONIE DURCH HARMONISCHE KOMPLIKATION

Durch Analyse der Kristallformen ergibt sich der Grundtypus der sog. Normalreihen:

| | |
|---|---|
| | $0 \;.\;.\;.\; 1 \;.\;.\;.\; \infty$, durch dessen „Komplikation“ |
| entsteht | $0 \;.\; \frac{1}{2} \;.\; 1 \;.\; 2 \;.\; \infty$, hieraus |
| wieder | $0 \;\frac{1}{3}\; \frac{1}{2}\; \frac{2}{3}\; 1\; \frac{3}{2}\; 2\; 3\; \infty$. |

Die rechte Hälfte der Reihe ist immer der linken reciprok. Eins gilt als Dominante (entspricht der Quint). Da sich in harmonisch empfundenen Ton- und Farbenkombinationen dieselben Verhältnisse zeigen, werden diese Reihen harmonische genannt. Um diese Harmonie in empirisch gefundenen Reihen nachzuweisen, müssen diese zunächst so transformiert werden, daß eine Dominante = 1 festgelegt wird, was durch Division der Reihe mit der Größe der mutmaßlichen Dominante geschieht. Hat man nun die mittleren Entfernungen der Planeten von der Sonne, so muß Jupiter als der ungefähr in der Mitte stehende und größte als Dominante angenommen und demnach die Reihe durch seine mittlere Entfernung dividiert werden. Man erhält dann, wenn die Dezimalzahlen in rationale Zahlen verwandelt sind, eine abgerundete Reihe der Abstände von der Sonne:

| So | Me | Ve | Er | Ma | Ju | Sa | Ur | Ne | Weltraum |
|---|---|---|---|---|---|---|---|---|---|
| 0 | $\frac{1}{13}$ | $\frac{1}{7}$ | $\frac{1}{5}$ | $\frac{1}{3}$ | 1 | 2 | 4 | 6 | $\infty$ |

Diese Reihe ist offenbar keine harmonische, besteht aber aus zwei harmonischen Reihen, nämlich der der großen äußeren Planeten A und der kleinen inneren Planeten B:

A) So Ju Sa Ur Ne We

$0 \; . \; 1 \; 2 \; 4 \; 6 \; \infty$, die eine Normalreihe wird durch Division mit 2, wobei Saturn als Dominante angenommen wird:

$0 \; . \; \frac{1}{2} \; 1 \; 2 \; 3 \; \infty$ Es fehlt darin 1/3 zwischen 0 und $\frac{1}{2}$. (Hierüber später.)

B) So Me Ve Er Ma Ju

$0 \; \frac{1}{13} \; \frac{1}{7} \; \frac{1}{5} \; \frac{1}{3} \; 1$ Diese Reihe muß so transformiert werden, daß ihre Endpunkte 0 und $\infty$ sind, was dadurch geschieht, daß man statt jeder Zahl z der Reihe $p = \frac{z}{1-z}$ setzt:

So Me Er Ve Ma Ju

$0 \; \frac{1}{12} \; \frac{1}{6} \; \frac{1}{4} \; \frac{1}{2} \; \infty$

Nimmt man hierin die Erde als Dominante an und multipliziert mit 4, so ergibt sich

So Me Ve Er Ma Ju

$0 \; \frac{1}{3} \; \frac{2}{3} \; 1 \; 2 \; \infty$ Nimmt man Venus als Dominante an und multipliziert mit 6, so folgt:

$0 \; \frac{1}{2} \; 1 \; \frac{3}{2} \; 3 \; \infty$ Da diese beiden Reihen sich zu der Normalreihe

$0 \; \frac{1}{3} \, \frac{1}{2} \, \frac{2}{3} \; 1 \; \frac{3}{2} \; 2 \; 3 \; \infty$ ergänzen, so muß man Erde und Venus als Doppeldominanten betrachten. Dafür spricht auch, daß sie die beiden größeren, Merkur und Mars die beiden kleineren der inneren Planeten sind. Hieraus wird auf drei Hauptphasen der Entstehung des Planetensystems geschlossen:

In dem von kosmischer Materie homogen erfüllten Raume entstand nach dem Zentralkörper der Sonne durch Abkühlung und Verdichtung um diese zuerst eine Kugelschale, darin wieder durch Verdichtung ein Ring: die künftigen Planetenbahnen, darin ein Punkt: der Planet (Jupiter oder Saturn). Durch diesen Prozeß wurden weitere Verdichtungen in konzentrischen Schalen analog der Knotenbildung bei tönenden Luftsäulen in harmonischen Abständen ausgelöst*). So entstanden als erste Phase die Sonne und die großen Planeten, also dort, wo in der harmonischen Reihe $\frac{1}{3}$ fehlt, zunächst — vielleicht

*) Was rein physikalisch aber nicht erklärbar ist, da es sich um ein offenes System handelt u. die Abstände „harmonisch" sind (d. Verf.).

infolge der noch zu großen Hitze — noch nichts. Später bildeten sich dann in analoger Weise zwischen Sonne und Jupiter als zweite Phase die kleinen Planeten. Dieses wären demnach Kinder, die großen Planeten Geschwister der Sonne. Ebenso wie oben dargestellt gab die Planetenbildung wieder Anstoß zur Bildung der Monde (dritte Phase). Die Transformation ihrer mittleren Abstände derselben vom Planeten ergibt bei

| | | |
|---|---|---|
| Jupiter | 0 | |
| Jo | $\frac{1}{2}$ | |
| Europa | $\frac{2}{3}$ | |
| Ganymed | 1 | *(der größte!)* |
| Kallisto | 2 | |
| Weltraum | $\infty$ | |

| | | |
|---|---|---|
| Uranus | 0 | |
| Ariel | $\frac{1}{2}$ | |
| Umbriel | $\frac{2}{3}$ | |
| Titania | 1 | *(Titania ist der lichtstärkste!)* |
| Oberon | $\frac{3}{2}$ | |
| Weltraum | $\infty$ | |

| | | | |
|---|---|---|---|
| Saturn | 0 | | 0 |
| Mimas | $\frac{1}{7}$ | Die vollkommene Harmonie der | $\frac{1}{2}$ |
| Enzeladus | $\frac{2}{11}$ | Anordnung der inneren Trabanten ergibt sich durch | $\frac{2}{3}$ |
| Tetis | $\frac{1}{4}$ | Transformation $p = \frac{z}{1 - z}$ | 1 |
| Dione | $\frac{1}{3}$ | und nachfolgende Multiplikation | $\frac{3}{2}$ |
| Rhea | $\frac{2}{5}$ | mit 3 oder durch $p = \frac{3z}{1 - z}$ | 2 |
| Titan *(der größte!)* | 1 | *(äußere Trabanten, wobei $\frac{6}{5}$ ungeklärt)* | $\infty$ |
| Hyperion | $\frac{6}{5}$ | | |
| Japetus | 3 | | |
| Weltraum | $\infty$ | | |

Die Stellung des Titan entspricht also der des Jupiter im Planetensystem, wie überhaupt eine Analogie zwischen Saturn- und Sonnensystem besteht! Als derartige merkwürdige Regelmäßigkeiten sind zu beachten: im Planetensystem gibt es unter den äußeren Planeten

8*

zwei größere und zwei kleinere mit je ungefähr gleichem Durchmesser: bei den inneren ist dasselbe der Fall. Das Verhältnis der mittleren Durchmesser der großen und der kleinen Planeten ist bei den äußeren 2,3 bei den inneren 2,1 : also fast gleich. Das Verhältnis der Durchmesser der inneren Körper beider Gruppen ist 9,3, das deren Entfernungen von der Sonne 9,5. In der harmonischen Reihe: Sonne — große Planeten fehlt $\frac{1}{3}$, ebenso in den Reihen der Trabanten der Planeten! Für die genetische Trennung der inneren von den äußeren Planeten sprechen die spezifischen Gewichte:

| So | Ju | Sa | Ur | Ne | Me | Ve | Er | Ma |
|---|---|---|---|---|---|---|---|---|
| 1,4 | 1,3 | 0,7 | 0,8 | 1,2 | 5,7 | 5,4 | 5,6 | 4,0 |

In einer weiteren Abhandlung über Harmonie im Reich der Planetoiden*) werden drei übereinandergelagerte harmonische Reihen nachgewiesen:

| | | | | | | | | | | | | | |
|---|---|---|---|---|---|---|---|---|---|---|---|---|---|
| I | Mars—Jupiter | 0 | . | $\frac{1}{2}$ | $\frac{2}{3}$ | 1 | . | 2 | . | . | . | . | ∞ |
| II | Erde—Jupiter | 0 | $\frac{1}{3}$ | . | $\frac{2}{3}$ | 1 | . | . | . | . | . | . | ∞ |
| III | Sonne—Jupiter | 0 | $\frac{1}{3}$ | . | $\frac{2}{3}$ | 1 | . | 2 | 3 | 4 | 5 | 6 | ∞ |

Übereinanderlagerung kommt auch sonst vor, wo Wellen entstehen. Die Entstehung des Planetensystems vollzog sich also in drei Epochen oder Akten „harmonischer" Differenzierung:

I Bildung der Sonne und der großen Planeten

II Bildung der kleinen Planeten und der Monde der großen Planeten außer den inneren Saturntrabanten.

III Bildung der Trabanten der kleinen Planeten, der inneren Saturntrabanten sowie des Saturnringes.

Die Planetoiden hätten sich nach obigem zugleich mit den jüngeren Planeten Merkur, Venus, Erde, Mars gebildet, was durch gleichzeitige Verdichtung von Erde und Mars angeregt worden wäre.

*) Ostwalds Annalen der Naturphilosophie, Band XI.

# V. DAS GEHIRN-SEELE-PROBLEM

## A. DIE FUNKTION DES GEHIRNS

### 1. Das Zentralnervensystem als Reizgestaltungsorgan

Während wir bisher den organologischen Standpunkt nur an den Lebenserscheinungen entwickelt und unseren Blick für das Wirken der Entelechie geschärft haben, betreten wir jetzt ein Gebiet, in dem wir gewissermaßen in die Werkstatt der Entelechie selbst blicken können, das Seelische. Die Frage nach dem Wesen des Seelenlebens, die den Menschen von jeher zum Begriffe einer Seele geführt hat, wurde bekanntlich im vergangenen Jahrhundert mit der Erfoschung der Gehirnfunktionen beantwortet, womit der Materialismus ein Gebiet eroberte, das seine Gegner als ihre Domäne ansahen und von dem aus sie ihn bekämpften. Es war also für ihn eine Existenzfrage, nicht nur die Lebensprozesse, sondern vor allem auch das Seelische auf die Eigenschaften der Materie zurückzuführen. Daher ist es umgekehrt für uns die wichtigste Aufgabe, dem Materialismus auf diesem Gebiete wirksam entgegenzutreten und an seiner Stelle den organologischen Standpunkt zur Geltung zu bringen.

Der Seelenbegriff hängt eng mit der Entelechie zusammen. Nannte doch schon Aristoteles die Seele „die erste Entelechie". Und wenn wir bei der Natur von „sinnvoll", „zweckvoll", „planmäßig" redeten, so haben wir diese Worte ja dem Psychischen entlehnt und dadurch schon die enge Verwandtschaft von Entelechie und Seele angedeutet.

Im Kampf mit dem Materialismus hat sich das Seelenproblem auf die Form Gehirn oder Seele zugespitzt, auf die Frage also, ob die Seele nur eine Funktion des Gehirns oder eine Realität für sich ist, und das Gehirn nur ihr Vermittlungsorgan zum Körper und der physischen Außenwelt. Einfacher formuliert lautet diese Grundfrage: Gibt es eine Seele, die denkt, fühlt, handelt usw., oder gibt es keine; ist das Gehirn vielmehr das Organ dieser Funktionen?

Wir wollen versuchen, vom organologischen Standpunkte aus auch hier Klarheit zu bringen. Der Weg dazu kann offenbar nur der sein, festzustellen, ob man Seelenfunktionen von Gehirnfunktionen unterscheiden kann, bzw. unterscheiden muß, denn so lange man nicht weiß, was als Seelenfunktion und was als Gehirnfunktion anzusehen ist, ist es müßig, über Seelenfunktionen zu reden. Nun stehen wir dabei vor der Schwierigkeit, daß wir heute noch keinen klaren Begriff von der Funktion des Gehirns haben. Während wir die Funktion der übrigen Organe des Organismus ziemlich genau definieren können, stehen wir beim Gehirn vor Leistungen, von denen es höchst zweifelhaft ist, ob man sie dem Gehirn zutrauen darf. Betrachten wir nämlich das Gehirn zunächst lediglich anatomisch, so finden wir, abgesehen von Stütz- und Bindegewebe, nichts weiter als Komplexe von Ganglienzellen und Fasern, während wir sonst in anderen Organen für die verschiedenen Funktionen auch entsprechend verschiedene Strukturen zu finden gewohnt sind. Im Gehirn haben wir dagegen für so verschiedene Funktionen wie die des Sensoriums und Motoriums und erst der Psyche nur relativ geringe Unterschiede der Struktur. Vor allem ist auffallend, daß für die verschiedenen seelischen „Vermögen“: Gemüt, Verstand, Vernunft, Wille, Kunst, Moral, um nur die wichtigsten zu nennen, keine entsprechenden Strukturen nachweisbar sind; es gibt auch keine Stelle in der Hirnrinde oder in den tieferen Teilen, durch deren Verletzung eine Störung jener großen Funktionen erzeugt werden könnte. Wo aber in den sogenannten Rindenzentren spezielle Funktionen wie die des Sehens, Hörens, Lesens, Sprechens, der Bewegung u. a. ihren Sitz haben, da handelt es sich um Bezirke, in denen jene Funktionen nur lokalisiert sind, nicht um Organe, die sie produzieren.

Endlich, und das ist die Hauptschwierigkeit, können die immer neuen sinnvollen, also epigenetischen Kombinationen der seelischen Teilfunktionen niemals auf eine begrenzte Struktur, also auf Tätigkeit eines physischen Organs zurückgeführt werden, wie wir in der Theorie des organischen Prozesses dargelegt haben. Der Einwand, die Unerklärbarkeit der Psyche aus den Gehirnfunktionen beruhe auf deren ungeheurer Kompliziertheit, spielt demgegenüber nur eine untergeordnete Rolle, abgesehen davon, daß er nur die Flucht des Materialismus ins Unkontrollierbare bedeutet.

Was indessen das Gehirn in hervorragender Weise darstellt, ist eine für alle möglichen Kombinationen von Erregungen motorischer und sensorischer Art geeignete Apparatur wie etwas das Klavier für den

Spieler oder wie eine Telefonzentrale für ein Nachrichtenbüro. Was das Gehirn dabei leistet, können wir leicht aus seiner Struktur ersehen: Leitung und Umformung von Reizen. Unter diesem Gesichtspunkte wird allein das Verhältnis zwischen Struktur und Funktion des Gehirns ohne prinzipielle Schwierigkeiten begreifbar. Diese bestanden bisher insofern, als man im Gehirn beides zugleich sehen wollte: Klavier und Spieler, was aber angesichts der Epigenese der psycho-physischen Prozesse prinzipiell unmöglich ist. Entweder das Gehirn ist der Spieler: dann kann es nicht das sein, was es ist, eine Apparatur — oder es ist das Klavier, dann kann es nicht der Spieler sein. Wir wollen also dem Gehirn zunächst nur die Funktion zuerkennen, die es auf Grund seiner Struktur leisten kann: Reizleitung und -formung schlechthin. Im Begriffe der Formung liegt aber der Begriff der sinnvollen Kombination, wie es einer Organfunktion entspricht. Daher begreifen wir das Gehirn als das, wodurch es seine klare Stellung unter den übrigen Organen des Organismus gewinnt, als Reizgestaltungsorgan. Diese Behauptung für unsere Theorie von Gehirn und Seele soll nun in den folgenden Kapiteln bewiesen werden.

## 2. Die organische Heteronomie der Reizleitung

Wenn wir die Leistungen des Gehirns mit Hinblick auf seine Struktur betrachten, so finden wir im Prinzip sinnvolle Kombinationen von Teilerregungen. Da diese Kombinationen aber jede Sekunde schon viele Male wechseln, und sich jeder ebenso wechselnden Situation anpassen, so muß eine unabsehbare Zahl von Kombinationsmöglichkeiten gewährleistet sein, was ja auch bei den langen Faserzügen, kurzen Associationsbahnen, sowie wahrscheinlich auch durch Verbindungen (Anastomosen) der Neurofibrillen untereinander in sogenannten Fibrillengittern in der grauen Substanz der Fall ist. Allerdings sind über diese Gitter u. W. die Akten noch nicht geschlossen, manche Autoren bezweifeln ihre Existenz bei Wirbeltieren, während sie bei Wirbellosen einwandfrei festgestellt sind. In seiner „Histopathologie des Nervensystems“*) sagt Spielmeyer (Seite 27): „Ich begnüge mich, hervorzuheben, daß entgegen den Behauptungen der Neuronenlehre ein direktes Hinübergleiten fremder Fibrillen in das fibrilläre „Außennetz“ des Leibes oder Dendriten einer Ganglien-

*) Berlin 1922.

zelle nicht ganz selten nachweisbar ist, daß also der kontinuierliche Übergang von Fibrillen verschiedener Neurone sichergestellt ist."

Auch Schröder spricht in seinem Buche „Einführung in die Histologie und Histopathologie des Nervensystems"*), Seite 50 bezgl. der Zusammensetzung der Hirnrinde von den „Achsenzylinderverästelungen aus anderen Teilen der grauen Substanz mit dem aus ihnen wahrscheinlich hervorgehenden feinen interzellulären Fibrillengitterwerk."

Außerdem sind in verschiedenen Stationen des Gehirns und verlängerten Markes zwischen den weiterleitenden Neuronen noch sobenannte „Schaltzellen" eingefügt, durch die in der ersten optischen Leitungsstation, dem „äußeren Kniehöcker" nach von Monakows Vermutung jede eintretende Nervenfaser mit einer großen Zahl von Ganglienzellen verbunden ist. Es ist demnach keineswegs so, daß die Reizleitung allein durch die anatomische Struktur bedingt ist, wie die Fortpflanzung des elektrischen Stromes durch die Drähte und Schaltungen, deren Kombinationen ja bezgl. Weiterleitung eindeutig sind; sondern durch die zahllosen Verbindungen der nervösen Elemente untereinander in Form von Assoziationsbahnen und Fibrillennetzen ist eine Vieldeutigkeit der Reizleitung vorhanden, die es gewährleistet, daß Reize vielleicht von jedem Punkte der Hirnrinde nach jedem anderen direkt oder indirekt gelangen können. Was nun die Reizleitung selbst angeht, so wird ihre sinnvolle Kompliziertheit meist erheblich unterschätzt. Der medizinisch nicht gebildete Leser wird schon einmal in ein Klavier während des Spiels hineingesehen und sich dieses Anblickes erinnert haben, wenn er in populären Schriften (z. B. C. L. Schleich: „Vom Schaltwerk der Gedanken") von den Millionen in stetig wechselnder Erregung befindlichen Ganglienzellen und ebenso vielen hin- und herzuckenden, auf und absteigenden Nervenströmen las, einem Kräftespiel, bei dessen sinnverwirrender Kompliziertheit schon geringste Störungen einem Klavierspieler falsche Töne, einem Redner Stocken oder Versprechen, einem Artisten den Tod bringen können. Welch komplizierte sinnvolle Regulierung muß also hinter diesen Vorgängen wirken, wenn es möglich ist, daß sie alle störungslos harmonisch ablaufen! Die neurologische Analyse dieser Funktionen ergibt nun bekanntlich drei Hauptarten: Die zentripetale oder sensible, die zentrifugale oder motorische und die intrazentrale oder koordinative

*) Jena 1920.

Reizleitung. Das Problem, das uns hier beschäftigt, liegt schon beim einfachen, normalen Reflex im Rückenmarke vor. Denn wenn z. B. bei Strychninvergiftung durch Reizung eines sensiblen Nerven die Reflexerregung auf fast sämtliche motorischen Nerven übergeht, so ist daraus die physikalische diffuse Ausbreitungsmöglichkeit ersichtlich und folgt, daß im Normalzustande eine ordnende Hemmung der Reflexmechanismen wirkt, die besonders zum Ausdruck kommt z. B. beim Husten, Niesen, Schlucken. Aber auch diese Ordnung ist keine mechanisch stereotype. Es werden nach Ausschaltung des Gehirns durch Durchtrennung des Halsmarkes bei Tieren auf verschiedene Reize verschiedene Muskelgruppen erregt und zwar in verschiedenen gleich- und nachzeitigen sinnvollen Kombinationen. Wenn man z. B. wie Tigerstädt schreibt, *) „einem Hunde mit durchtrenntem Rückenmark die Hinterpfoten mit einem spitzen Gegenstande reizt, so wird das Bein gebeugt und also weggezogen. Übt man dagegen auf die Fußsohle einen gleichmäßigen Druck aus, so wird das Bein gestreckt und gegen den betreffenden Gegenstand gestemmt."

Ferner berichtet derselbe Autor ebenda, daß „bei der Katze unmittelbar nach gleichzeitig stattgefundener Durchschneidung beider Rückenmarkshälften in verschiedenen Höhen vom ganzen Körper Schmerzreize zum Gehirn geleitet werden können". Dadurch ist erwiesen, daß bei Tieren wenigstens schon im Rückenmarke eine sinnvolle Heteronomie der Reizleitung herrscht, und wenn nach Durchtrennung der normalen Bahnen Reize trotzdem zum Gehirn gelangen, so ist das nur dadurch möglich, daß sie in der grauen Substanz des Rückenmarks sinnvoll umgeleitet werden; denn von selbst würden sie den schwierigen Weg zum Sensorium wohl kaum finden.

Was die Reflexmechanismen betrifft, so kommt hinzu, daß sie äußerst kompliziert sind, und diese sinnvolle Kompliziertheit ein weiterer Beweis für organische Heteronomie ist. „Jedenfalls muß fortan auch dem menschlichen Rückenmark die Fähigkeit eingeräumt werden, exterozeptive Reize zu summieren, sie weiter (unter Hemmung überflüssiger Synergien) auf verschiedene Etagen des metameren Systems schrittweise zu übertragen und sie in kombinierte Synergien unter teilweiser Erschlaffung der Antagonisten umzusetzen."**) Jede motorische Innervation ist nach v. Monakow

*) Lehrbuch der Physiologie II. Bd. S. 344.

**) v. Monakow: Die Lokalisation im Großhirn und der Abbau der Funktion durch korticale Herde, Wiesbaden 1914.

eine „kinetische Melodie“ bestehend aus „kinetischen Akkorden“ — und dies alles bei der Möglichkeit einer diffusen Ausbreitung, also ohne entsprechende strukturelle Grundlage! Es sind also auch diese Vorgänge gar nicht ohne organische Heteronomie zu denken (wie es ja dem Begriffe der Organfunktion entspricht).

Nun haben wir im Zentralnervensystem vom Rückenmark aus bis zur Hirnrinde einen sogenannten „tektonischen Aufbau“ (v. Monakow), in dem sich die phylogenetischen und ontogenetischen Entwicklungsstufen verkörpern, so daß also auf einem primitiven System immer ein differenzierteres aufgebaut ist, das sich der ihm untergeordneten Mechanismen unter entsprechender Erregung, Hemmung und Steuerung bedient. Die oberste Instanz dieses Systems ist bekanntlich die Großhirnrinde, deren Funktion sich, was Reizleitung betrifft, nur durch höhere und sinnvollere Kompliziertheit von der der niederen Zentren unterscheidet. Infolge dieser Organisation werden also motorische Reize nicht wie beim Telegraph von der Hirnrinde bis zum Muskel bloß physikalisch weitergeleitet, sondern auf den einzelnen Zwischenstationen sinngemäß verarbeitet, und in neuen Kombinationen weitergegeben, sodaß sich also an der sinnvollen Gestaltung der motorischen Innervation das ganze Zentralnervensystem beteiligt und dadurch der Großhirnrinde ein erheblicher Teil Kombinations- und Regulationsarbeit erspart wird. Aber auch bei der zentripetalen, sensiblen Reizleitung finden solche etappenweisen Verarbeitungen (Gestaltungen) statt. Hierüber schreibt v. Monakow (a. a. O. S. 240): „Im metameren System des Medullarrohres werden die von außen kommenden (exteroceptiven), aber auch aus dem Eigenapparat fließenden (proprioceptiven) Reize nicht nur kortikalwärts stufenweise und direkt abgegeben, sondern bereits in den ersten Receptionsstätten anders verteilt, resp. transformiert, in mannigfacher Weise vorbearbeitet, zum kleineren Bruchteil sogar eine Zeitlang reteniert, wenigstens für solange, als es für den Ablauf einer reflektorischen Bewegungskette z. B. im abgetrennten Rückenmarke notwendig ist“.

Das bedeutet in Verbindung mit dem Vorhergehenden, daß in den relativ primitiven Zentren des Rückenmarkes und natürlich auch des verlängerten Markes und Hirnstammes schon eine der Einstellung dieser Zentren entsprechende Verarbeitung sensibler Reize und u. U. zweckmäßige Umsetzung in motorische Impulse stattfindet, daß also die primitiveren Bestandteile der „Mitteilungen“ von der Peripherie schon in den niederen, die komplizierteren auf den höheren Stationen bearbeitet und „erledigt“ werden, wie es in den Bürosystemen menschlicher Organisationen geschieht, so daß in der Großhirnrinde, dem Zentralbüro, nur die höheren Direktiven gegeben zu werden brauchen, worauf schon Poppelreuter auf Grund unveröffentlichter Untersuchungen an Hirnverletzten hingewiesen hat.

Es ist (u. W. von Tigerstädt) berichtet, daß ein Pferd nach Zerstörung des Hinterhirns, das das Sehzentrum enthält, einer aufgestellten Peitsche wohl auswich, sie also als bloßen im Wege stehenden Gegenstand wohl erkannte, aber nicht mehr auf ihre Schlagbewegung reagierte, weil dazu die durch Erfahrung später erworbene Assoziationen infolge der Zerstörung der höheren Assoziationsbahnen fehlten. Das Ausweichen wurde also von einem niederen intakten phylogenetisch älteren Zentrum veranlaßt. „Zudem muß berücksichtigt werden, daß wohl jede Nervenzelle selbst im Rückenmark auch außerhalb der Kollektivierung, der sie angehört, eine Art von Individual-Gedächtnis (Bahnungsvorgänge bei wiederholter Inanspruchnahme) besitzt, m. a. W. es handelt sich bei ihrer Inanspruchnahme nicht nur um eine transitorische Reaktion*).“ Zur sinnvollen Reizleitung ist also Gedächtnis notwendig, das v. Monakow allerdings der Nervenzelle zuerkennt.

Betrachten wir die höheren Stufen der Reiztransformierung von der Empfindung zur Wahrnehmung, so haben wir ans Wunderbare grenzende Vorgänge, die strukturell überhaupt nicht mehr zu erklären sind: aus der minimalen Differenz der zweidimensionalen Netzhautbilder eines räumlichen Körpers entsteht die dreidimensionale Wahrnehmung, entfernte Objekte werden größer gesehen, als es der Perspektive der Netzhautbilder und dem Bilde in einer photographischen Kamera entspricht, beschattete Objekte werden zwecks besseren Erkennens heller gesehen, als es dem optischen Reize entspricht, die minimale Differenz der Schallwellen in beiden Ohren mit weniger als 1/1000 Sek. wird als Richtung empfunden usw. Das ist wohl wirklichkeitsadäquat, aber nicht mehr reizadäquat. Das Wahrnehmungsmaterial ist also ganz erheblich transformiert, gewissermaßen in eine andere Dimension übergeführt worden**). Dies

---

*) v. Monakow, a. a. O.

**) Es soll hier nicht auf die allbekannte Tatsache hingedeutet werden, daß Ätherwellen als Licht, und Luftwellen als Schall wahrgenommen werden, sondern nur auf die sinnvolle Transformierung der Sinnesreize bevor sie ins Bewußtsein treten. Denn daß diese Transformierung nicht Bewußtseinsfunktion ist, geht daraus hervor, daß sie vom Bewußtsein unabhängig, unbeeinflußbar ist.

ist nur durch die Arbeit der Gehirnentelechie zu begreifen, die allerdings, da sie an die Hirnstruktur gebunden und nur schematisch ist, nicht seelisch genannt werden kann.

Kehren wir nun zu den niederen Gehirn- und Rückenmarksprozessen, der sinnvollen Reizleitung zurück, so sind deren Einzelfunktionen auf den verschiedenen Stufen ihre materiale Komponente, ihre Kombinationen oder „Gestalten“ aber die formale. Das Material der Funktion ist immer durch die materiale Beschaffenheit des Organs bzw. des Organismus bestimmt, ihre Gestalt dagegen, wie wir darlegten, durch Entelechie. Daß also überhaupt chemische Prozesse im Organismus vor sich gehen, ist durch die Eigenschaften der Materie bedingt, aber wodurch sie sinnvoll kombiniert und reguliert werden, ist das Problem; oder: daß in der Niere sezerniert und nicht etwa verdaut wird, ist durch ihre materiale Struktur bedingt, aber daß in so sinnvoller Harmonie mit dem Gesamtstoffwechsel des Organismus sezerniert wird (vgl. Neumeister) ist das Rätsel. Genau so im Gehirn: daß dort Reizleitung überhaupt und etwa keine Sekretion stattfindet, ist durch die materiale Struktur bedingt; die sinnvoll einheitliche Gestalt der Reizleitung aber bedarf wegen der atomistischen Rückenmarks- und Hirnmaterie einer besonderen Erklärung: der Entelechie als eines formativen, noch näher zu bestimmenden Faktors.

### 3. Der Begriff der Engramme

Die theoretische Physiologie, die natürlich auch vor diesem Problem der sinnvollen Reizleitung und -formung steht, Entelechie aber ablehnt, hilft sich nun, wie oben schon angedeutet, mit einer genetischen Hypothese, nämlich mit dem Begriffe der „Engramme“.

Nach neurologischer Auffassung sollen die Engramme ererbte oder erworbene chemische oder elektrochemische Zustandsänderungen der Hirnsubstanz sein und zwar erworben einerseits durch Sinnesreize, andererseits durch Wiederholung und Assoziation. Bleuler, der wohl die modernsten Anschauungen auf diesem Gebiete vertritt, äußert sich in seiner „Naturgeschichte der Seele“*) darüber: „Hinter den Engrammen steckt ja trotz einigen groben Versuchen für eine solche Annahme nichts, was irgendwie anatomisch faßbar wäre. Die Engramme müssen unsichtbare Veränderungen in den sichtbaren Elementen sein.“

*) Berlin 1923, Seite 84.

In seiner Arbeit „Die Psychoide"*) definiert er die Engramme als „Reaktionsdispositionen" analog der gespannten Saite. In „Mechanismus, Vitalismus, Mnemismus"**) schreibt er: „Worin die Mneme, die Engraphiefähigkeit der lebendigen Materie besteht, wie sie aus dem atomären oder molekulären oder dispersen Zustand verstehbar ist, das vorstellbar zu machen, muß der physikalischen Chemie überlassen werden."

Mit solchen ungeklärten Begriffen muß man also arbeiten, wenn man die auf Entelechie hinweisenden Gedächtniserscheinungen materialistisch erklären will. Die physikalische Chemie wird aber niemals das Wesentliche, der Mneme, die sinnvolle Engraphiefähigkeit, worauf die Erinnerungsfähigkeit beruht, begreiflich machen können. Da nun außer im Schlafe dauernd, fast jede Sekunde neues Erregungsmaterial dem Gehin zugeführt und dort zu Erinnerungen bzw. Erfahrungen verarbeitet wird, die nervöse Substanz und Struktur aber die gleiche bleibt, so müssen immer wieder dieselben Elemente und Strukturen für die verschiedenen neuen Eindrücke und Reproduktionen in Anspruch genommen werden. Es wechselt also nur die Kombination der Erregungen in immer neuer sinnvoller Weise. Man ist dabei versucht, sich Reproduktionen einer Grammophonplatte vorzustellen, in die hundert verschiedene Stücke übereinander engraphiert worden sind, denn wenn die Platte auch keine verschiedenen Schichten hat, wie die Hirnrinde, so reichen diese Hirnrindenschichten doch bei weitem nicht aus, um die auch hier wieder auftauchende Frage der sinnvollen Ordnung und Getrenntheit der Engramme im Gedächtnis bei den unzähligen dauernd wechselnden Erregungen zu erklären, wo es doch immer dieselbe Hirnsubstanz ist, in die angeblich engraphiert wird; denn wenn auch die einzelnen Wahrnehmungen und Erfahrungen nicht isoliert, sondern innerhalb ihrer Zusammenhänge und mit diesen ins Gedächtnis aufgenommen und von dort mit den Zusammenhängen assoziiert wieder reproduziert werden, so bleibt bei der materialistischen Gedächtnishypothese die unmögliche Konsequenz eben nicht wegzudiskutieren, daß bei atomistischen oder aus bloßen Summen von Assoziationen bestehenden Zusammenhängen gegenseitige Störungen der Engramme nicht vermieden werden könnten; es wäre dann so, wie bei einem Klavier, dessen einzelne Töne mit ihren verschiedenen

*) Berlin 1925.
**) Berlin 1931.

Akkorden zusammenhängen, so daß beim Anschlagen eines Tones die anderen, auch der jeweiligen Harmonie fremden, störend mitklingen würden.

Bleuler führt in seiner Naturgeschichte der Seele S. 84 sehr geistreich aus, daß „jede durch Organisation begründete Funktion an eine bestimmte Menge von Masse, eben diesen Apparat, gebunden ist, und daß der Apparat mit der Komplikation der Funktion in Masse und anatomischer Struktur zunehmen muß", daß diese Vermehrung der Masse und Struktur aber nur sehr begrenzt ist und in keinerlei Beziehung zur Vermehrbarkeit unserer Erfahrung steht. Er bemerkt ebenda, daß bei dem punktförmigen Gehirn etwa einer jungen Spinne mit ihren ausgebildeten Fertigkeiten wahrscheinlich nicht die nötige Zahl von Molekülen zu den entsprechenden Gedächtnis-Strukturen zur Verfügung stehen würde.

Das sind offenbar unüberwindliche Schwierigkeiten, die allein schon eine materialistische Auffassung der Engramme und der sinnvollen Reizleitung unmöglich machen sollten.

Da im Gehirn die gleichen Teilfunktionen in immer neuen sinnvollen Kombinationen auftreten, so sind also keine materiellen Strukturen als Grundlage für die sinnvolle Variabilität dieser auf Gedächtnis beruhenden Funktionen denkbar. Übrigens ist die mechanistisch-materialistische Auffassung der Engrammbildung gänzlich falsch, die sich vorstellt, daß die Engramme durch Wirkung der Sinnesreize auf die Hirnsubstanz bzw. Wiederholung derselben gebildet würden. Die experimentelle Psychologie hat nachgewiesen, daß „Gestalten" (gemeint sind psychische Einheiten) in unserem Gedächtnisse durch unsere Auffassung gebildet werden, also nicht auf physikalische Weise wie Bilder auf einer photographischen Platte. Die Wahrnehmungen werden also erst als Auffassungen dem Gedächtnisse einverleibt. Daher kommt es, daß wir nur das behalten können, was wir verstanden haben, nicht aber sinnlose Reize oder Worte uns unbekannter Sprachen. Eine ähnliche Rolle spielt die Auffassung bei Assoziationen. So wird man bei dem Worte „Wallenstein" an Mittelalter oder Piccolomini denken, nicht aber etwa an Gallenstein. Man sieht, welche Rolle das Seelenproblem in der als Gehirnfunktion angesehenen Assoziations- und Gedächtnisbildung spielt. Damit dürfte die Möglichkeit, sinnvolle Reizleitung durch materielle Engramme zu erklären, nicht mehr bestehen, dafür aber die Notwendigkeit, übermaterielle Vorgänge als heteronom bestimmend schon für die einfachsten Gehirnfunktionen anzunehmen. Welcher

Art diese sein müssen, werden wir später erörtern. Um aber diesen Schritt ins Übersinnliche zu vermeiden, haben nun andere Gehirnforscher die Engramme als „funktionelle Zustände“ aufgefaßt. Damit kommen wir zu einem neuen „asylum ignorantiae“ des Materialismus, in das wir hineinleuchten müssen.

### 4. Der Begriff des Funktionellen

Dieser ist nämlich der Inbegriff für alle insbesondere pathologischen Zustände und Vorgänge, die nicht „organisch“ (d. h. in der Medizin: nicht anatomisch- oder histologisch-strukturell) bedingt sind, und als deren Grundlagen, wie wir gehört haben, in Ermangelung anderer Substrate chemische Dispositionen dgl. angenommen werden. Insbesondere sind es die normal-psychischen sowie die psychogenen oder hysterischen Vorgänge und die sog. nervösen Erkrankungen, die man darunter begreift. Es sollen nun hier, wo es sich um Gehirnfunktionen handelt, nur die funktionellen Prozesse im Gehirn gemeint sein, und zwar nicht die psychogenen; denn funktionelle und psychogene Zustände sind begrifflich scharf zu trennen, was leider bei der theoretischen Unklarheit auf diesem Gebiete nicht durchgehend geschieht. Denn wie man sie sich hinsichtlich ihrer physiologischen Bedingtheit vorzustellen hat, weiß anscheinend niemand recht zu sagen. Auch in der Literatur ist kaum etwas darüber zu finden, so wenig wie in den materialistisch orientierten Wissenschaften über das Problem der sinnvollen Einheitlichkeit überhaupt.

Die funktionellen Zustände erzeugen ja als verschiedene typische Kombinationen von Gehirnerregungen verschiedene charakteristische Zustandsbilder, für die notwendig eine Grundlage, ein Substrat angenommen werden muß, und da es eben die anatomische Struktur nicht sein kann, so — denkt man — muß es die chemische sein. Die so hoch komplizierte und doch in sich harmonische Einheitlichkeit der funktionellen Prozesse soll also durch die im Gehirn organisierte und im Säftekreislauf unorganisierte Vielheit von Molekülen, Atomen und Ionen bedingt sein. Man braucht nur einen schwachen Begriff von der bis ins feinste durchgeführten Ordnung der normalen und anormalen Hirnfunktionen und ihrer zahllosen Störungsmöglichkeiten zu haben, um die Ungeheuerlichkeit derartiger materialistischer Auffassungen einsehen zu können. Wenn also all jene sinnvolle Reizleitung der Hirnchemismus leisten soll, so müssen wir demgegenüber darauf hinweisen, daß jeder anorganische Chemismus auch n u r F u n k t i o n i s t, nämlich Funktion der Moleküle und Atome, und daß ein besonderer organischer, also Gehirnchemismus eine sinnvoll geordnete Vielheit solcher Funktionen ist, also geradezu beweisend für organische Heteronomie. Organische Funktionen auf Chemismus zurückführen heißt also eine Funktion durch eine Funktion erklären, womit offenbar nichts geleistet, sondern nur dem Probleme nach der Grundlage der Funktion, also der Frage nach dem, was so funktioniert, aus dem Wege gegangen wird. Wir sehen: gerade das Gehirn ist das Organ, wo organische Heteronomie der Funktionen am deutlichsten zutage tritt und wo also der Materialismus — denn um den handelt es sich bei der Schulmeinung über diese Vorgänge —, am meisten in Verlegenheit und Unklarheit gerät, da es nicht an der Kompliziertheit der Struktur, sondern der atomistischen Beschaffenheit der Hirnmaterie wie der physischen Materie überhaupt liegt, daß die sinnvolle Einheitlichkeit der nervösen Zentralfunktionen materialistisch prinzipiell nicht begriffen werden kann.

Hat also die mechanistisch-anatomische Auffassung der Engramme (und damit der Bedingungen des Verlaufs der Hirnfunktionen) der mechanistisch-chemischen Platz machen müssen, so stellen wir wieder fest, daß auch diese Auffassung unhaltbar ist, die Materie also wegen ihrer atomistischen Struktur überhaupt nicht die Grundlage des Funktionellen sein kann, die wir suchen, sondern die Entelechie des Gehirns.

Damit haben wir den wesentlichen Teil der psychophysischen Funktionen, die bisher als Hirnfunktionen galten, das Funktionelle, nämlich die sinnvolle Einheitlichkeit der Reizleitung, das Gedächtnis mit den „Engrammen" sowie das Psychische aus der Materialität herausgehoben und damit der theoretischen Physiologie und Pathologie wie auch der Therapie neue Wege gewiesen — nämlich organologische. —

Es braucht nicht betont zu werden, daß diese Prozesse so „natürlich" im Gehirn verlaufen, wie die Geigentöne in der Geige und das Klavierspiel im Klavier; aber der Spieler ist eben nicht die Geige oder das Klavier, sondern im Gehirn die Gehirnentelechie bzw. die Seele. Diese Theorie erfährt eine wichtige Bestätigung durch die für alle organischen Prozesse charakteristischen Regenerationserscheinungen.

### 5. Die Regeneration der Hirnfunktionen

Regeneration findet überall dort statt, wo trotz Störung von außen die Harmonie und Einheitlichkeit des Ganzen erhalten bleibt. Nun ist bei so hoher und feiner Komplikation jeder organische Prozeß Störungen von außen ausgesetzt: im Stoffwechsel durch die verschiedenen mit der Nahrung oder durch Bakterien oder Krankheit (Zerfall entzündeter Gewebe) in den Blutkreislauf gelangenden Stoffe, im Gehirn bei der sinnvollen Reizleitung durch fortwährend von außen kommende Reize, die zweifellos den normalen harmonischen Ablauf störten, wenn sie eben nicht normalerweise sinnvoll ausgeschaltet würden. Daß solche Störungen anomaler Weise vorkommen können ohne Erkrankung des Gehirns, beweisen eben die sog. funktionellen Störungen: bei der Sprache das psychogene Stottern und Versprechen, bei Bewegungen Zittern und Schwäche funktioneller Natur; daß sie normalerweise überwunden werden, zeigen z. B. die automatischen Funktionen zur Erhaltung des Gleichgewichts — man denke an die reflektorischen Ausgleichsbewegungen beim Stolpern, beim Radfahren unter seitlichen Windstößen oder beim Balancieren — lauter Hochleistungen des Organischen, — die man als alltäglich so hinzunehmen gewohnt ist, die aber für uns von größter Bedeutung sind. Die offensichtlichste Regeneration haben wir ja im Heilungsprozeß nach Krankheit oder Verletzung, und in der Tat ist die Regeneration der Hirnfunktionen nach Hirnverletzung schon lange ein viel diskutiertes Problem der Hirnphysiologie.

Verfasser erinnert sich an einen Fall, bei dem eine kirschgroße Geschwulst aus der linken hinteren Hemisphäre entfernt worden war, was zunächst erhebliche Ausfallerscheinungen: leichte rechtsseitige motorische und sensible Lähmung, Dyspraxie auch der linken Hand sowie optische Apraxie u. a. zur Folge hatte. Nach fünf Wochen waren diese schweren Störungen verschwunden, so daß der Patient sogar wieder Skat spielen, also hochdifferenzierte optisch-motorische Leistungen vollbringen konnte.

Derartige Heilungen sind vom rein neurologischen Standpunkte aus kaum zu erklären; denn die zerstörten Ganglienzellen werden nicht mehr regeneriert, und die angeblich in der Hirnrinde aufgespeicherten Engramme (Gedächtnisinhalte) können, wenn sie zerstört sind, sich doch nicht selbst wiederherstellen. Die Übernahme von Spezialfunktionen durch benachbarte Hirnbezirke aber bedeutete einen Funktionswechsel (Funktionsspaltung) derselben und Bildung neuer Teilzentren. Hiergegen, wie gegen die Annahme sog. Bildungszellen, die noch undifferenziert die Funktionen übernehmen sollten, wendet sich v. Monakow ausführlich und überzeugend in seinem genannten Werke, S. 56/57: „Jede nervöse Leistung und jede Vervollkommnung einer bereits bestehenden baut sich naturgemäß auf wohl definierten Entwicklungsstufen älterer und jüngerer Vergangenheit auf und wird später durch die gemeinsame Übung gefestigt ........ Sich nachentwickelnde Elemente könnten für zusammenhängende Funktionen erst dann erfolgreich herangezogen werden, nachdem sie den üblichen, auf angemessene Zeitperioden sich verteilenden Entwicklungsgang mit allen seinen wechselseitigen physiologischen Phasen durchlaufen haben ........ Die einzelnen Glieder eines in Frage kommenden Erregungskreises (z. B. einer Leistung wie sie dem Reichen einer Pfote entspricht) müssen mit Reizen wohl definierter Zeitfolge und Dauer ausgestattet werden; diese müssen jeweilen in angemessener Weise abklingen und es müßte sich der Turnus entsprechender Ladungs-, Entladungs- und Regulierungsakte während längerer Zeit bald in dieser, bald in jener Kombination häufig wiederholt haben, bis der in Frage stehende Mechanismus dem Individuum geläufig würde Dies alles kann nur das Werk langer Arbeitsperioden sein." — Möglich sei lediglich Rückbildung der krankhaften anatomischen und physiologischen Zustände und bessere Ausnutzung der ungeschädigt gebliebenen Innervationswege. Diese bessere Ausnutzung stellt uns nun aber wiederum vor unser Problem der sinnvollen Regeneration. Denn es müssen die unbeschädigt gebliebenen Innervationswege nicht irgendwie, sondern sinnvoll ausgenutzt werden, und diese sinnvolle Ausnutzung erfordert eine, von der Hirnstruktur relativ unabhängige Heteronomie der Reizleitung im Sinne der sinnvollen Einheitlichkeit der Hirnfunktionen. Bei jeder Gehirnleistung handelt es ja sich nicht um Funktionen eines Gehirnbezirkes, sondern stets um eine Leistung des ganzen Gehirns, also um eine typische Ganzheitsfunktion*). Wenn also ein Bezirk lädiert ist, so ist die Sachlage ähnlich der eines Orchesters, bei dem einzelne Stimmen ausgefallen sind und die anderen sich im Interesse der Harmonie des Ganzen diesem Verluste anpassen, z. T. ihn ausgleichen müssen. Dadurch verliert also nicht nur ein Teil des Gehirns seine Leistungsfähigkeit, sondern die gesamte Leistungsfähigkeit wird einheitlich herabgesetzt (traumatische Hirnschwäche). Auch bei Schädigung von Spezialfunktionen z. B. der Sprache trifft das zu. Niemals fallen einzelne Sprachteile aus, sondern das Sprachvermögen wird als Ganzes herabgesetzt und auch regeneriert. Sodann wird berichtet**), wie nach Zerstörung der einen Calca-

*) Vgl. „Die Topik der Großhirnrinde" in D. Ztschr. f. Nervenheilkunde Bd. 77.

**) Untersuchungen über das Sehen der Hemianopiker. Psychologische Untersuchungen hirnpathologischer Fälle, Bd. I., Leipzig 1920 und „Eine Pseudofovea bei Heminopikern" Psychol. Forschung, Bd. I, Berlin 1921.

rina- (Sehzentrums-) Hälfte nicht etwa ein halbes Gesichtsfeld entstand, sondern ein ganzes, in dessen Mitte ein Zentrum deutlichsten Sehens sich bildete, eine für die landläufige Auffassung von Hirnfunktionen unerhörte Tatsache; denn hieraus ist klar ersichtlich, daß Hirnfunktionen unabhängig von Hirnstruktur regeneriert werden. Derartige Erscheinungen, — in gewissem Sinne doch Funktionsspaltungen — mußten natürlich einer materialistischen Hirnphysiologie schweres Kopfzerbrechen machen, und in der Tat kommt ein Forscher zu folgendem schwerwiegenden Zugeständnisse (Topik der Großhirnrinde): „Der anatomische Aufbau ist zwar gewiß unter normalen Verhältnissen auch funktionell bestimmend, er verhindert aber nicht, daß bei veränderten Verhältnissen ein völlig verändertes Funktionieren des Substrates eintreten kann.“ Und an anderer Stelle: „Funktion und Struktur bedingen sich gegenseitig.“

Nun ist es eine ganz normale Eigenschaft des Gehirns, daß gleiche Strukturen verschieden funktionieren, vor allem bei neuen sinnvollen Kombinationen. Aber auch bei der Entwicklung einer Funktion durch Übung geht die Funktion der Strukturbildung voraus, man denke an die Entwicklung der Sprachzentren, sowie an die Übung einer durch Hirnverletzung gestörten Funktion. Das alles weist unzweideutig hin auf eine relative Unabhängigkeit der Hirnfunktion von der Struktur. Unter diesem Gesichtspunkte ist nun folgendes interessant: Bekanntlich steht die graue Substanz der beiden Großhirnhemnisphären normalerweise nur durch die Faserzüge des sog. „Balkens“ miteinander in Verbindung und ist daher bei Fehlen oder Durchtrennung desselben die normale, physikalische Grundlage für ein Zusammenarbeiten der beiden Großhirnhälften nicht vorhanden. Nach Ansicht des Materialismus müßte also bei Durchtrennung des Balkens die Seele in zwei Teile gespalten sein. Es sind aber bei Balkenzerstörung höchstens schwere Ausfallerscheinungen (z. B. linksseitige Apraxie) festgestellt; im Lehrbuch der Physiologie von Tigerstädt II. Bd. Seite 423 lesen wir sogar folgendes: „Wie mehrere Autoren (....) gefunden haben, erscheinen nach vollständiger Durchtrennung des Balkens in sagittaler Richtung gar keine Störungen im Verhalten des Tieres (Kaninchen) vorausgesetzt, daß die Hemisphären an sich völlig unversehrt sind. Auch krankhafte Läsion des Balkens bei Menschen bewirken keine bleibenden Störungen (Wernicke), und Bauchi hat einen Fall von vollständigem Mangel des Balkens und der vorderen Kommissur mitgeteilt, wo die Patientin, eine 73jährige Frau im Leben keine Bewegungs- oder Sensibilitätsstörungen dargeboten hatte und auch geistig durchaus normal gewesen war."

Hier beruhte also die Einheitlichkeit der Funktionen bei der Großhirnhälfte entweder auf „drahtloser" Verbindung, d. h. auf der Wirkung eines Feldes, was bei der Symmetrie des Wachstums ja sogar schon bei der Kristallbildung etwas alltägliches ist, — oder es wurden statt der fehlenden normalen Verbindungswege andere durch das Mittelhirn laufende, sonst anderen Zwecken dienende Bahnen (aber welche?) benutzt. Wenn hier nun neue Wege gebahnt oder alte wieder gangbar gemacht worden sind, so war dabei das Primäre die Funktion, die aber dann doch sozusagen in der Luft schweben würde, wenn es keine Grundlagen für sie gäbe. Es muß also ein übermaterielles Substrat, die Gehirnentelechie im Sinne eines Feldes als Grundlage der Hirnfunktionen angenommen werden.

Was ist aber nun mit dieser Theorie für das Begreifen der Hirnfunktionen gewonnen? Sicherlich nichts allein durch die Verlegung der Funktionen aus dem Gehirn in ein hypothetisches Substrat, wenn dieses in seiner Beschaffenheit nicht anders gedacht wird als die Hirnmaterie. Was diese in formaler Beziehung ungeeignet zur Grundlage der Hirnfunktionen macht, ist ihre atomistische Struktur und die Tatsache, daß ihre relativ unintelligenten Strukturelemente in immer verschiedenen, aber einheitlich sinnvollen Kombinationen zusammen arbeiten. Die Gehirnentelechie muß also so gedacht werden, daß in ihr Einheiten den sinnvoll gestalteten Vielheiten von Teilfunktionen entsprechen, was im folgenden Abschnitte näher erörtert wird. So kommen wir durch die Logik der Tatsachen zur Auffassung der Gehirnprozesse als organisch-heteronomer und damit wieder zum Begriffe der Gehirnentelechie.

Insofern das Gehirn also Reizleitung und -formung besorgt, ist es ein Organ wie andere Organe auch, dessen Funktion materialiter durch die Struktur, formaliter (sinnvolle Einheitlichkeit) durch Entelechie bestimmt ist, — so wie die Funktion der Niere materialiter (die Sekretion überhaupt) durch die Struktur, formaliter (die sinnvolle Anpassung) durch die Entelechie der Niere, oder die Tätigkeit des Magens durch die Entelechie des Magens, letzthin natürlich durch die des ganzen Organismus überhaupt bestimmt ist. Man kann auch sagen, dann säße in der Niere gewissermaßen ein Sekretionschemiker, im Magen ein Verdauungschemiker und im Gehirn ein Reizleitungstechniker.

### 6. Abgrenzung der Großhirn- von den Seelenfunktionen

Es entsteht nun die Frage, ob die Gehirnentelechie nicht nur als Träger der Hirnfunktionen, sondern auch der seelischen Funktionen gelten kann, wenn man sie sich nur hoch genug entwickelt denkt und den phylogenetischen Parallelismus zwischen Gehirn- und Geistesentwicklung in Betracht zieht. Wir müssen diese Frage verneinen und zwar aus mehreren Gründen. Erstens ist es von vornherein schwer anzunehmen, daß die ungeheuer subtile und komplizierte Funktion der einheitlichen Reizleitung und -formung von derselben Entelechie geleistet werden kann, die auch das ganze geistig-seelische Leben vollbringt; denn diese Funktionen sind als physiologische und psychische so grundverschieden, daß es schon deshalb näherliegt, auch einen besonderen Träger für sie anzunehmen. Zweitens spricht für die Trennung, daß wir im Seelischen nur die Impulse erleben, die wir z. B. an das Motorium geben, selbst aber gar nichts von der komplizierten Ausführung wissen und nachempfinden, und daß Tiere, deren Seelenleben doch bei weitem geringer ist als das menschliche, hervorragende Funktionen des Zentralnervensystems zeigen. Allerdings kann man hier einwenden, daß eben nur ein Teil des Seelenlebens bewußt sei und das Unbewußte sehr wohl auch die physiologischen Funktionen besorgen könne (vgl. E. v. Hartmann); dem wäre aber das dritte und schwerwiegendste Argument entgegenzusetzen, daß bei Seelen- und Geistesstörungen die Hirnfunktionen noch völlig intakt sind, und andererseits schwer Hirnverletzte keine Spur von Geisteskrankheit zeigen. Wenn hier entgegnet würde, daß es sich bei Geisteskrankheiten gewissermaßen um höhere, bei Gehirnkrankheiten um niedere Schichten der Gehirnentelechie handle, so wäre unsere Antwort, daß wir eben jene höhere Schicht als die seelische von der niederen physiologischen prinzipiell unterscheiden wollen, weil die Funktionen der letzteren als Organfunktionen schematisch sein müssen, während die seelischen Funktionen epigenetisch sind, ihnen also eine andere Art Entelechie zugrundeliegen muß als jenen.

Wie haben wir nun den Unterschied der schematischen von der epigenetisch wirkenden Entelechie prinzipiell zu denken? Beide leisten einheitliche, mehr oder weniger sinnvolle Gestaltung. Die schematischen Organprozesse sind, wie wir ausführten, materialiter durch die Organstruktur bedingt, die epigenetischen Prozesse nicht. Daher begreifen wir die schematische Organentelechie als strukturgebunden, die epigenetische Entelechie als relativ unabhängig von der Struktur. Darin liegt ja das tertium comparationis des Vergleichs von Klavier und Spieler, daß der Spieler nicht strukturgebunden ist; und aus demselben Grunde ist auch noch niemand auf den Gedanken gekommen, diesen Vergleich auf eine Organfunktion, etwa die des Auges oder des Magens anzuwenden. Die Organfunktionen sind vielmehr der schematischen Tätigkeit eines Fabrikarbeiters zu vergleichen, der (etwa am laufenden Bande) immer nur dieselben Handgriffe macht, weil er eben strukturgebunden ist. Paßt dieser Vergleich nun auch auf die Gehirnfunktionen? Diese unterscheiden sich doch gerade von den übrigen Organfunktionen dadurch, daß sie nicht stereotyp gleichartig verlaufen, sondern immer in neuen sinnvollen Kombinationen. Wo bleibt da das Schematische der Organfunktion? — Dies Problem haben wir eben in diesem Abschnitte zu lösen und seine Schwierigkeit besteht darin, daß das epigenetische Prinzip die schematischen Hirnfunktionen, wenigstens die höheren, so durchdringt, daß beide schwer zu trennen sind. Was wir dabei in bezug auf den Gehirnprozeß immer im Auge behalten müssen, ist der Begriff der Reizgestaltung schlechthin mit Hinblick auf die Struktur des Gehirns; denn wenn wir darüber hinaus etwas epigenetisch Sinnvolles mit in den Begriff der Hirnfunktion einbeziehen, so überschreiten wir die Grenze zwischen Gehirn und Seele. Schematisch ist die Funktion des Gehirns also insofern, als sie nur in Reizleitung und -formung schlechthin besteht, aber nicht in der epigenetisch sinnvollen Gestaltung dieser Tätigkeit. Aber auch diese schematische Funktion ist an sich schon so harmonisch und den jeweiligen Anforderungen so angepaßt, daß sie an Sinnhaftigkeit weit über das hinausgeht, was andere Organe in dieser Beziehung leisten. Um dies richtig zu verstehen, müssen wir uns kurz mit der Entwicklung des Gehirns und seiner Entelechie befassen.

Die vergleichende Anatomie lehrt uns nämlich, daß das menschliche Großhirn sich phylogenetisch durch stufenweisen Aufbau und Konzentration der höheren Funktionen an das Kopfende aus den primitiven Ganglien niederer Tiere entwickelt hat. In den stereotypen Rückenmarksreflexen haben wir noch dieselbe Funktionsstufe, die heute noch niedere Tiere als Ganzes zeigen, von denen z. B. das Infusor Spirostomum ambiguum, wenn es vorne, seitlich oder hinten gereizt wird, immer nach hinten ausweicht. Durch den Überbau höherer Koordinationszentren sind dann die höheren „geordneten“ Reflexe: Husten, Niesen, Schlucken usw. entstanden und durch Einfluß der Assoziationszentren die sog. „bedingten“ Reflexe. So haben wir einen Aufbau von den spinalen über die bulbären und subkortikalen bis zu den kortikalen Reflexen, von denen jede Stufe einer Stufe im Tierreich entspricht. Durch Verbindung mit der Psyche entsteht dann der Übergang zu den Reaktionen, die nicht mehr bloße Hirnfunktionen sind. Das Gehirn unterscheidet sich also hinsichtlich seiner Funktionen von anderen Organen dadurch, daß es nicht wie diese auf einer relativ niedrigen schematischen Stufe stehengeblieben ist, sondern sich durch fortgesetzten Überbau höherer Systeme weit über jene Stufe fortentwickelt hat, was ja in dem Mißverhältnis zwischen Kopf und Rumpf beim Embryo auch äußerlich in Erscheinung tritt. Ebenso muß es sich den Funktionen entsprechend mit der Gehirnentelechie verhalten, die ja das Gehirn gebildet hat. Auch sie muß sich durch stufenweisen Aufbau aus kleinen primitiven Einheiten über höher differenzierte bis zu der hochdifferenzierten Einheit der Entelechie der Großhirnrinde entwickelt haben. Jene Aufbaueinheiten vollführen nun ihrer Natur entsprechend epigenetische Funktionen, die niederen primitive, die höheren differenziertere. Sie verhalten sich also ähnlich wie Arbeiter, Angestellte und Beamte in einer großen Organisation: erstere leisten nur vorwiegend schematische Arbeit, letztere mehr epigenetische, die aber doch insofern noch schematisch ist, als sie immer nur in einer bestimmten und begrenzten Arbeitsart besteht. Rein epigenetisch wäre demnach erst die Tätigkeit des Direktors, der „Seele" des Unternehmens. Mit der Höhe der Hirnfunktionen steigt also nicht nur ihre Kompliziertheit, sondern auch ihre sinnvolle Vielseitigkeit, und das liegt nicht daran, daß die höheren Gehirnfunktionen seelisch werden, sondern daran, daß die Stufen der Entelechie Einheiten sind und als solche, wenn sie auch an die Struktur gebunden sind, ihre epigenetische Fähigkeit nicht verlieren. Der Begriff des Schematischen muß sich also bei den Hirnfunktionen diesem Sachverhalte anpassen und darf nicht auf die Stereotypie der niederen Reflexe beschränkt werden. Es ist demnach nicht möglich, Gehirn- und Seelenfunktionen dort zu trennen, wo sinnvoll-epigenetische Kombinationen beginnen, vielmehr muß man den Übergang höher im Epigenetischen suchen, wo die Strukturgebundenheit aufhört. Daher ist die Trennung der beiden Faktoren so schwierig und täuscht einen kontinuierlichen Übergang vom Physiologischen zum Psychischen vor. So wenig aber, wie wir niedere Reflexe als primitive seelische Reaktionen auffassen können, so weit entfernt sind wir von früheren mechanistischen Neurologen, die die durch das Großhirn vermittelten psychischen Reaktionen, z. B. eine

Handlung, als „Hirnrindenreflex“ (Exner) auffaßten; denn wenn auch scheinbar ein Übergang von Reflex zur Reaktion besteht, so muß man doch den fundamentalen Unterschied zwischen beiden bestehen lassen: Der Reflex ist zu 90% schematische Organfunktion, die Reaktion zu 90% epigenetische, also Seelenfunktion. Zwischen Rot und Gelb gibt es auch einen kontinuierlichen Übergang; aber deswegen darf man doch nicht sagen: Gelb ist ein Rot. —

Die Tatsache der engen Verbundenheit von schematischen und epigenetischen Prozessen im Gehirn hat sich der Materialismus auch insofern zunutze gemacht, als er mit Hinweis auf die Störungen psychischer Funktionen (der Sprache, des Handelns und Erkennens) infolge Hirnverletzung stillschweigend argumentierte: wenn diese hohen, Gedächtnis und Erfahrung enthaltenden Funktionen, die man bisher für Seelenfunktionen hielt, durch materielle Schädigung so gestört werden können, daß nicht nur Lähmung, sondern auch Sinnlosigkeit durch Verlust an Gedächtnis und Erfahrung entsteht, so beweist das, daß diese psychischen Funktionen, die uns die höchsten Leistungen menschlichen Seelenlebens vermitteln, Gehirnfunktionen sind und sich auch hier die Annahme einer besonderen „Seele“ erübrigt. — Daher wird es unsere Aufgabe sein, gerade diese Störungen der Hauptrindenzentren unter dem Gesichtspunkte unseres Problems zu untersuchen und festzustellen, was für Funktionen eigentlich durch Verletzung jener „psychischen“ Zentren betroffen werden.

Zunächst betrachten wir die Störung der Sprache, die sog. Aphasie, die wohl zu unterscheiden ist von den Störungen des „Sprechens“. — „Sprache“ bedeutet die Bildung höherer sprachlicher Kombinationen, der Silben zu Wörtern, der Wörter zu Sätzen, der Sätze zum Ausdruck von Gedanken, während unter „Sprechen“ nur das rein motorische Aussprechen von Lauten und Silben verstanden wird, das gestört ist bei Schädigung der motorischen Bahnen und niederen Zentren. Die „Sprache“ ist also das Epigenetische, das „Sprechen“ das Schematische im sprachlichen Ausdruck, und da nun durch Hirnrindenverletzung nicht nur das Sprechen, sondern auch die Sprache, die sinnvolle Kombination der Silben und Worte gestört wird, so entsteht die Frage, wie das vom organologischen Standpunkte aus zu begreifen ist. — Wir beziehen uns auf unsere obigen prinzipiellen Ausführungen über die epigenetische Fähigkeit der höheren Gehirnentelechie und können hier die hochkomplizierten Verhältnisse der Aphasie nur skizzieren, soweit es für unser Problem nötig ist.

Die Analyse der sensorischen und motorischen Aphasie hat verschiedene sprachliche Teilfunktionen der sogenannten „inneren Sprache" herausgearbeitet, deren Resultante die äußere Sprache ist, und aus deren Schädigung sich die Störungen der Sprache erklären: Das Wortverständnis (Auffassung der Vielheit der Laute in einer Einheit), die Wortauffassung (Verbindung von optischen und akustischen Vorstellungen und Begriffen mit dem gehörten Worte), die Satzauffassung und grammatisch richtige Satzbildung, deren Verlust man „Agrammatismus" nennt, die sprachliche Merkfähigkeit, die Wortfindung (Verbindung des Wortes mit dem Begriffe), die Formung des motorischen Wortbildes. Die Tatsache dieser Funktionen beweist, daß das Wort- und Sprachverständnis nicht in der Wahrnehmung einer bloßen Summe von Schallwellen, sondern auch in der sinnvollen Verbindung zu einer differenzierten Einheit, dem Worte, besteht, und ebenso die Wort- und Satzbildung nicht nur eine systembedingte Summe von Einzel-Innervationen ist, sondern ihr eine differenzierte Einheit zugrunde liegt, ohne die auch hier sinnvolle Gestaltung nicht entstehen kann. Auf diesem Gebiete hat vorurteilsfreie Forschung die mechanistische Auffassung der Assoziationspsychologie überwunden und ganz im organologischen Sinne „Wort-" und Satzbilder" anerkannt — eine für unsere Theorie bedeutungsvolle Tatsache, die zeigt, wie jene Ganzheitsfunktionen nur organologisch begriffen und erklärt werden können.

In einem Aufsatze „Über Agrammatismus"*) findet sich folgende charakteristische Stelle über den Primat des Satzes vor dem Wort: „Es ist ein Grundirrtum der bisherigen Pathologie anzunehmen, daß der Satz sich aus Wörtern zusammensetzt. Wie immer auch die Genese des Satzes sich unserem Erleben darstellen möge, ob die „Einheit" („Gesamtvorstellung") „zerlegt" wird oder Bruchstücke sich „zusammensetzen": der Satz ist keine Summe von Wörtern, sowenig als die Melodie eine Summe von Tönen ist; der Satz hat oder ist eine Gestalt. Und diese Gestalt ist in Umrissen oder Zügen schon vor der Wortwahl wirksam; dieser Tatbestand darf als gesichert gelten." In der Kindersprache können wir die Entwicklung der Satzbildung aus primitiven Einheiten verfolgen.

Jene hohen „psychisch" genannten Funktionen werden also durch Schädigung der entsprechenden Hirnrindenzentren gelähmt und

*) Zeitschr. f. d. ges. Neur. u. Psych. Bd. LXXV, Heft 3—5.

zwar im wesentlichen dadurch, daß die Verbindungen zu den übrigen Gebieten der Hirnrinde mehr oder weniger zerstört werden. Auf den Verbindungen beruhen aber die Assoziationen und auf den Assoziationen die Bedeutungen und Begriffe von Worten. Daher ist es möglich, daß bei Aphasie falsche Wortbilder aktiviert und falsche Sätze gebildet werden. Die Sprachfunktionen sind deshalb aber nicht Funktionen der Hirnstruktur, sondern der an diese Struktur gebundenen, auf die Sprache in verschiedener Weise spezialisierten Teile der Gehirnentelechie, der Sprachentelechie.

Die Frage: Wozu bedarf man dann noch der Annahme einer Seele, könnte man diese nicht mit der Gehirnentelechie identifizieren? — führt uns zu der notwendigen Begrenzung des Begriffes der Gehirnentelechie. Wir haben schon im Abschnitt über die Heteronomie der Reizleitung dargelegt, wie durch den stufenweisen Aufbau die Meldungen von der Peripherie vorbearbeitet und ebenso in umgekehrter Richtung durch eine solche Organisation die motorischen Impulse stufenweiser Gliederbewegungen differenziert werden. Wie aber, d. h. in welchem Sinne etwas verstanden wird, oder was in der Satzbildung ausgesprochen wird, also das sinnvoll Formale darin, ist wohl zu unterscheiden von dem bloßen Verbinden der Wahrnehmungen mit Begriffen oder dem Bilden von Sätzen schlechthin, nämlich dem Materialen dieser Gesamtfunktionen. Um dies recht klar zu machen, vergleichen wir die Funktion eines Bürochefs, der seinem Sekretär angibt, was in fremder Sprache geschrieben werden soll, mit der Funktion dieses Sekretärs. Letzterer muß die Worte und Sätze der fremden Sprache nach erlernter Art bilden und in die Schreibmaschine übertragen. Dann entspräche der Chef der Seele, der Sekretär der Sprachentelechie und die Schreibmaschine dem Gehirn. — Nun denke man sich den Sekretär so erkrankt, daß er nicht mehr imstande ist, richtig zu übersetzen, d. h. Worte und Sätze richtig zu bilden. Dann haben wir die Analogie zur motorischen Aphasie.

Für das Begreifen der Organisation des Sprachverstehens stellen wir uns vor, daß der Sekretär die in fremder Sprache verfaßten Schriftsätze dem Chef verdolmetschen muß. Ist er nun so erkrankt, daß er Worte falsch oder garnicht übersetzt, so versteht der Chef den Inhalt nicht. Wir haben dann die Analogie zur sensorischen Aphasie.

Das Neue und Wesentliche daran ist also die Existenz der mit dem übersetzenden Sekretär verglichenen, auf die höheren Sprachfunktionen spezialisierten höheren Gehirnentelechie, die eine vermittelnde Rolle spielt zwischen Seele und Gehirn. Dieses wird also von der

Seele nicht direkt bearbeitet wie das Klavier vom Spieler, sondern indirekt wie etwa die Maschine eines Schiffes vom Kapitän durch den Maschinisten oder wie der Staat vom Regenten durch das Ministerium gelenkt wird. Die den Funktionen der höheren Gehirnentelechie entsprechenden Funktionen des Maschinisten oder des Ministeriums sind also das Materiale im Verhältnis zum Formalen, dem Kapitän oder Regenten; sie könnten ohne deren Direktive nicht sinnvoll verlaufen, und es wäre daher typisch materialistisch, wenn man glaubte, mit den Sprachfunktionen auch das epigenetisch-sinnvolle Formale des Gesprochenen und Verstandenen erklären zu können*). Denn die Gesamtsprache beruht nicht nur auf einer bloßen Summe von Sprachfunktionen (die dann ja systembedingt wäre), sondern auf ihrem sinnvollen Zusammenarbeiten sowohl unter sich als auch mit vielen anderen Hirnfunktionen, so daß ihr eine epigenetisch einheitlich gestaltende Entelechie zugrunde liegen muß: die Seele, was sich später noch bestätigen wird. Die durch Hirnverletzung betroffenen Sprachfunktionen sind also unterseelische Funktionen, die nur nach höherer Anweisung sinnvoll funktionieren können und nur deshalb psychisch genannt werden, weil sich in ihnen das Seelische manifestiert.

Ebenso verhält es sich mit dem Handeln. Bei dessen Störung durch Hirnverletzung (Apraxie) erweist sich auch diese Funktion als nicht nur bestehend aus Bewegungselementen (Beugen und Strecken), sondern als höhere Kombination von Teilhandlungen, die selbst wieder aus Kombinationen von Bewegungselementen, den Bewegungen, bestehen. Bei Apraxie erscheinen nämlich ganz analog der Aphasie Trümmer verschiedener Handlungen in sinnloser Kombination, eine mechanistisch-neurologisch unerklärliche Tatsache; denn es besteht keine Lähmung der Bewegungen, sondern der höheren sinnvollen Kombination der Bewegungen. Soll der Patient z. B. „mit der linken Hand die Gabel ergreifen, mit dieser ein Stück Fleisch vom Teller nehmen und zum Munde führen, so ist er eifrig bemüht, dieser Aufforderung Folge zu leisten, allein jeder Versuch, die entsprechenden Bewegungen auszuführen, geht fehl. Er langt mit der Hand (unschlüssig, zaghaft, unter verlegenen Blicken auf den Arzt) bald nach der Gabel, bald nach dem Teller, läßt den ergriffenen Teller wieder

*) Für den materialistischen Geist der proletarischen Revolution nach dem Weltkriege war es charakteristisch, daß auf ihre Intelligenz geprüfte Patienten die Frage auf dem Fragebogen: Wer hat den Krieg 1870 gewonnen? beantworteten mit „die Soldaten!“

los, faßt dann das Fleischstück mit der Hand usw. und kommt nicht weiter.*)"

Der Unterschied vom Geisteskranken besteht darin, daß dieser sinnlose Handlungen ausführt, weil er sinnlos denkt und will; der Apraktische dagegen hat durchaus sinnvolle Absichten, will nicht so sinnlos, wie er handelt. Es ist so, wie wenn ein Feldherr zwar richtige Befehle erteilt, diese aber durch Versagen der Adjutantur an falsche Truppenteile bzw. Stäbe gelangen, deshalb falsch ausgeführt, wieder zurückgezogen und korrigiert werden, wobei die Korrekturen wieder denselben Störungen unterliegen u. s. f. Den verschiedenen Truppenteilstäben mit ihren verschiedenen Funktionen entsprechen in der Organisation der Vermittlung der Handlungsimpulse entelechiale Einheiten, welche — entsprechend den Wortbildern — stereotyp ihre phylo- und ontogenetisch eingeübten Teilhandlungen vollführen, also z. B. ergreifen oder stoßen, werfen, essen, zerreißen usw. Diese Teilhandlungen sind höhere Ganzheiten, Kombinationen von Bewegungsgruppen, aber nicht stereotyp aus stets denselben Bewegungen zusammengesetzt, sondern stellen ihrem spezifischen Teilzwecke entsprechend verschiedene sinnvolle Kombinationen dar, aber eben nur innerhalb ihres Bereiches, auf den sie eingestellt sind, d. h. sie sind endresultatlich festgelegt und insofern schematisch wie die Funktion eines Spezialarbeiters in einer Fabrik. So sind es völlig andere Teilbewegungen, die z. B. beim Ergreifen von in verschiedener Höhe liegenden oder verschieden schweren Gegenständen erfolgen**); aber immer bleibt das Endresultat ein Ergreifen, nichts anderes, ist insofern also schematisch. Die Teilhandlungen sind also das Materiale zum Formalen ihrer Kombination, die, wie wir sahen, die höhere Gehirnentelechie leistet, deren Funktionen aber wiederum das Materiale sind zum sinnvoll Formalen des „Feldherrn", der Seele.

Was nun die Funktion des Erkennens anlangt, so läßt uns die Analyse der sog. Agnosie durch Hirnschädigung Einblicke in die Organisation dieser wichtigen Funktion von Gehirn und Seele tun. Unter Erkennen oder Apperzeption versteht man bekanntlich die sinnvolle Einordnung der Wahrnehmungen***) in das organische System unserer Vorstellungen und Begriffe oder unserer Erfahrung, wie wir es schon bei Besprechung der sprachlichen Gnosie kennen ge-

*) Aus v. Monakow: Die Lokalisation im Großhirn.

**) was auch die Unmöglichkeit einer strukturellen Grundlage der Übung erweist.

***) Wir sagen absichtlich nicht „Empfindungen".

lernt haben. Hier interessiert uns die optische Gnosie. Wenn das Zentrum hierfür (links oberhalb der Sehsphäre) geschädigt ist, so ist das rein optische Sehen zwar ungestört, aber das Gesehene kann nicht mehr richtig erkannt werden, es entsteht der Zustand der Seelenblindheit, in dem z. B. ein Schrank von einem Fenster oder ein Federhalter von einem Messer nicht unterschieden wird und zwar nicht infolge Schwachsinns oder Geistesstörung, sondern infolge mangelnder Verbindung mit den entsprechenden Begriffen und Vorstellungen. Die Situation ist also ähnlich der sensorischen Aphasie und vergleichbar der eines Reisenden im fremden Lande, der noch nie gesehene Dinge wohl perzipieren, aber deshalb nicht „erkennen", mit seiner Erfahrung in Verbindung bringen kann, weil sie ihm falsch oder garnicht benannt werden.

Wenn nach Regeneration nur noch die höhere Gnosie gestört ist, können nur Komplexe von Wahrnehmungen, also z. B. Vorgänge, Situationen, nicht mehr erkannt werden, was nachweisbar ist, wenn man solchen Patienten leichtverständliche Kinofilme vorführt. Sie sind dann agnostisch, nicht infolge Geistesschwäche, sondern weil die oberste Verarbeitung der Wahrnehmungen versagt. Dem entspräche die Lage eines Detektivs, der einen Komplex krimineller Geschehnisse nicht aufklären kann, weil ihm falsche Teilberichte gegeben werden, oder die Lage eines Feldherrn, der sich kein Bild von der Gefechtslage machen kann, weil die Adjutantur die Meldungen verwirrt. — Zwischen den „Empfindungen" (blau, hart, warm, salzig usw.) und der erkennenden Apperception haben wir also noch eine Stufe: die „Wahrnehmungen", nämlich die Bearbeitung und Ordnung der Empfindungen, (was noch kein Erkennen ist) eine Funktion, die die höhere, spezialisierte (gnostische) Gehirnentelechie leistet, auf Grund deren erst das geistige Erkennen und Begreifen möglich wird. Dieser Begriff der Wahrnehmungen unterscheidet sich also von dem üblichen normalpsychologischen Begriffe dadurch, daß er keine Erkenntnis enthält, obwohl er mit Bewußtsein verbunden ist. Es sind demnach keine eigentlich psychischen, sondern vorpsychische Funktionen, die durch Hirnverletzung gestört werden, und daß der Materialismus diese „psychisch" genannt hat, ermöglichte ihm, den Standpunkt zu vertreten, daß seelische Vorgänge Gehirnvorgänge seien. Die vorpsychischen gnostischen Funktionen sind das Material der Erkenntnisfunktion, und wenn man das Ganze in seiner sinnvollen Gestalt nur als Summe des Materialen betrachtet und erklärt, so ist das eben Materialismus und deshalb falsch. An das eigentlich Seelische kommen wir eben nur durch Analyse von Gehirnfunktionen genau so wenig heran, wie an die Entelechie durch materiale Analyse der Teile im biologischen Geschehen. Erst die formale Analyse, die Ergründung der sinnvollen Kombination oder Gestalt der Teilprozesse führt uns in der Biologie zur Entelechie und in der Gehirnforschung zur Seele.

Die Abgrenzung der hier besprochen wichtigsten Hirnrindenfunktionen*) gegen die Seelenfunktionen möge dadurch vollendet und bestätigt werden, daß wir dem Sachverhalte bei Gehirnstörungen den Zustand reiner Geisteskrankheit (Schizophrenie) gegenüberstellen. Dieser kennzeichnet sich bekanntlich dadurch, daß anatomische Veränderungen oder funktionelle Störungen des Gehirns und der höheren Zentren nicht bestehen, die niederen und höheren sensomotorischen Gehirnfunktionen vielmehr noch ausgezeichnet funktionieren, trotzdem aber an oberster Stelle, also in dem Gebiete der begrifflichen Auffassung und geistigen Verarbeitung mehr oder weniger große Verwirrung besteht. Ein Gehirnkranker kann niemals so in einem Wortschwall reden, geschickt hantieren und Objekte erkennen wie ein Geisteskranker, bei dem man klar sieht, daß die Störung nicht in der motorischen oder sensorischen Reizgestaltung, also nicht in der Gehirnentelechie liegt, sondern im rein Epigenetischen, der Seele.

Hier ist der Einwand berechtigt, daß die Gehirnbefunde bei seniler, arteriosklerotischer und paralytischer Demenz, nämlich diffuse Degeneration und Schrumpfung der Hirnrindenzellen dafür sprechen, daß Geisteskrankheiten doch Gehirnkrankheiten und somit geistige Funktionen Gehirnfunktionen sind. Demgegenüber ist mit Bumke**) u. a. zu betonen, „daß uns die ursächlichen Zusammenhänge bei der Entstehung der Psychosen bis jetzt in keinem einzigen Falle vollständig klar geworden sind. Selbst da, wo ein eindeutiger Anlaß, wie die Syphilis bei der Paralyse und der Alkohol beim Delirium tremens, feststeht, läßt sich nicht aufklären, warum zahlreiche andere Menschen trotz gleicher Schädigung gesund bleiben."

Vom organologischen Standpunkte aus müssen wir eben bedenken, daß Krankheiten auch organische Prozesse sind, und organische Veränderungen durch Entelechie, hier also Gehirnentelechie entstehen. Das Primäre ist also auch bei den organischen Psychosen auf keinen Fall die Materie, sondern die Entelechie, und damit besteht überhaupt

*) Bei der Alexie und Agraphie kann man analoges nachweisen.

**) Lehrbuch der Geisteskrankheiten, München 1929, S. 8.

die Möglichkeit, daß jene Gehirnveränderungen sekundär und die seelischen Erkrankungen das Primäre sind. Das klingt sehr ketzerisch; vgl. aber Jaspers: Allg. Psychopathologie*) S. 247: „Bei allem Nachdenken über die Beziehungen von Hirnbefunden zu seelischen Störungen ist festzuhalten, daß Hirnbefunde keineswegs in jedem Falle mit den seelischen Störungen einen Zusammenhang zu haben brauchen; es gibt zufällige, coincidierende, aber heterogen bedingte Erscheinungen (z. B. die histologischen Befunde bei Veränderungen in der Agonie). Ferner ist festzustellen, daß im Prinzip Hirnveränderungen auch die Folge primärer seelischer Erscheinungen sein könnten, wenn auch eine solche Wirkung bisher empirisch nicht belegt ist. Die Voraussetzung, daß in jedem Falle die Hirnerscheinung die Ursache, das Seelische die Folge sei — nicht umgekehrt — ist ebenso metaphysisch wie die frühere, daß alle Geisteskrankheiten primär aus dem Seelenleben entsprängen ... Das Dogma, Geisteskrankheiten seien Gehirnkrankheiten und alles Seelische sei nur Symptom, ist als Behauptung steril." — Selbst wenn man aber geistige Störungen auf keinen Fall dem Gehirn gegenüber als primär ansehen will, kann man sich die Verhältnisse auch so vorstellen wie eine Inaktivitätsatrophie der Muskulatur (Muskelschwund) nach Zerstörung der Knochen einer Extremität, woraus man auch nicht schließen darf, die Muskulatur sei eine Funktion der Knochen. Ebenso könnte eine Seelen- oder Geisteskrankheit entstehen durch Unbrauchbarkeit ihres organischen Bodens und daraus folgende Inaktivitätsatrophie als geistige Ernährungsstörung infolge Zufuhr von unbrauchbarem geistigen Material. (Vielleicht ist die nach langer Dunkelhaft entstehende Geistesstörung eine Art Hungererkrankung der Seele!)

Diese Auffassung und Trennung der Gehirn- von den Seelenstörungen wird weiter bestätigt durch das Phänomen der traumatischen Demenz. Bekanntlich wird die Annahme einer solchen vielfach prinzipiell abgelehnt, es soll also keinen derartig bedingten Zustand geben, weil durch Trauma die Bedingungen einer Demenz nicht gegeben werden können nach Ansicht derer, die diffuse Schädigung der Rinde als die Grundlage der Demenz annehmen.

Nun wird in einer Arbeit „Zur psychologischen und psychopathologischen Untersuchung des erworbenen Schwachsinns (dargestellt an einem Falle von fortschreitender Demenz nach Hirnverletzung) **),

*) Berlin 1923.
**) Zeitschr. f. d. ges. Neur. u. Psych. Bd. LXXV.

berichtet, wie ein erbgesunder Mann infolge Granatsplitterverwundung an der linken Schläfe zuerst eine organische Sprachstörung hatte, die dann aber zurückging, wogegen sich eine fortschreitende Abnahme der geistigen Fähigkeiten bis zur fast vollständigen Verblödung entwickelte, nachdem wie gesagt die durch Hirnverletzung bedingten „organischen" Ausfallserscheinungen zurückgegangen waren. Wie die Verfasser am Schluß betonen, handelte es sich also um einen Fall von fortschreitender Demenz, die entstand, während die anfänglichen Herdsymptome zurückgingen, ein Zustand, der nicht als Summierung umschriebener „Ausfälle" (Herdsymptome) aufgefaßt werden kann und bei dem kein Anlaß besteht, eine diffuse Schädigung der Hirnrinde anzunehmen. Die Grundlage der Demenz kann also nicht mehr in der Hirnsubstanz gesucht werden.

In seinem Buche „Trauma und Psychose"*) hat nun H. Berger die Obduktionsbefunde bei Fällen von traumatischer Demenz, die später aus anderen Ursachen gestorben waren, zusammengestellt. Es fanden sich Schädelbrüche, Impressionen, Splitter der Glastafel**), Blutergüsse, Cysten, die das Gehirn komprimierten, Verdickungen, Verwachsungen der Hirnhaut, flächenhafte Blutungen, — die Rinde zeigte meist Narben, Verwachsungen mit den Hirnhäuten, war aber oft äußerlich normal. Mikroskopisch fanden sich Veränderungen an den Hirngefäßen. — Im ganzen kommt Berger wie andere auch zu dem Ergebnis, daß die anatomischen und mikroskopischen Befunde den klinischen Erscheinungen nicht entsprechen, m. a. W. daß eine strukturelle Grundlage für das Bild der traumatischen Demenz noch fehlt.

Das weist vom organologischen Standpunkte aus zwingend darauf hin, daß Demenz nicht eine Summe von Ausfällen der Funktionen geschädigter Hirnzentren ist, sondern Störung besonderer höherer Funktionen, nämlich der epigenetisch sinnvollen Gestaltung bzw. Verarbeitung der niederen vorpsychischen Funktionen, eine Störung, die im Gehirn nicht lokalisiert ist und daher auch keine Hirnfunktion sein kann. Die Psychosen sind vielmehr eine Erkrankung sui generis und müssen als Grundlage eine besondere Realität haben: die Seele.

Damit haben wir die Abgrenzung der Großhirn- von den Seelenfunktionen in dem Sinne durchgeführt, daß wir als Gehirnfunktion

*) Springer 1915.
**) Innere Schicht der Schädeldecke.

Reizleitung und -formung sowie vorpsychische oder unterpsychische Verarbeitung durch strukturgebundene Gehirnentelechie nachwiesen, die Begriffs- und Erfahrungsbildung — von den höheren Vermögen des ästhetischen und moralischen Urteils u. a. gar nicht zu reden — indessen als nicht strukturgebundene Seelenfunktionen betrachteten, die sich als gestaltende höhere Entelechie in den Gehirnfunktionen manifestiert.

Wenn wir nun rückblickend die Funktion der Gehirnorganisation (Struktur plus Entelechie) betrachten, so fällt uns auf, daß wir eine niedere und eine höhere Gehirnentelechie unterschieden haben und dementsprechend auch niedere und höhere Gehirnfunktionen. Unter den niederen verstehen wir die physiologische Reizleitung und -formung; unter den höheren die unterpsychische Verarbeitung der Reize. Durch die niedere Gehirnentelechie steht das Gehirn den anderen Organen unseres Körpers gleich; durch die höhere erhebt es sich über sie, wird beherrschende Zentrale und das Werkzeug der Seele. Die höheren, bisher noch nicht herausgearbeiteten Hirnfunktionen waren es also, die den Begriff des Gehirns, die Frage: was ist es für ein Organ? so unklar machten; denn einerseits wurden ihretwegen dem Gehirn seelische Leistungen zuerkannt, andererseits sprach vieles gegen diese Auffassung.

Was nun den Gehirnprozeß als Ganzes betrifft, so gilt für ihn nach unserer Theorie des organischen Prozesses, was dort über diesen ausgeführt wurde. Eine organologische Gehirnforschung könnte nach den dort gegebenen Gesichtspunkten erfolgreich arbeiten, indem sie unsere Theorie als heuristisches Prinzip benutzte und in concreto experimentell nachwiese, was wir theoretisch erschlossen haben, wie es unsere große Lehrmeisterin, die Physik, seit einem Jahrhundert übt. In den Hauptproblemen haben wir diese Methode bereits prinzipiell vorgeführt; wenn sie sich nun auch im einzelnen bewähren würde, so wäre damit die Qualifikation und hohe Bedeutung der Organologie auch auf diesem Gebiete erwiesen.

## B. DIE SEELENFUNKTIONEN

### 1. Die Realität der Seele

Betreten wir nun das Gebiet des eigentlich Seelischen, so müssen wir den Begriff „Seele“ genau definieren und unterscheiden von dem viel gebrauchten Begriffe „Psyche“. Unter „Seele“ verstehen wir den Träger oder die Grundlage der epigenetischen Funktionen, also die nicht mehr an die Hirnstruktur gebundene Entelechie des Denkens, Fühlens, Wollens, um nur die wichtigsten Funktionen dieser Art zu nennen. „Psyche" ist dagegen nur als der Inbegriff der seelischen Zustände und Funktionen zu verstehen, nicht als ihr Träger. Mangels dieser Unterscheidung wurde es möglich, daß man die Psyche erforschte, die Seele aber nicht anerkannte, sondern die Psyche für eine Gehirnfunktion hielt in einer Seelenlehre ohne Seele. Der zwar allgemein empfundene, aber nicht formulierte Unterschied der epigenetischen von den schematischen Lebensfunktionen ist auch der Grund, weshalb man nicht von einer Nieren- oder Magenseele usw. und auch in bezug auf den ganzen physiologischen Organismus nur von Lebenskraft und nicht gleich von Seele sprach; daher wurde es auch als neu empfunden, als Fechner von Pflanzen- und Sternenseelen schrieb, wofür mit Hinsicht auf einzelne Pflanzen und Sterne auch sicher kein Anlaß besteht, da sie keine epigenetischen Funktionen zeigen.

### *a. Die Bleulerschen Argumente*

Die Seele als das die Gehirnfunktionen epigenetisch gestaltende Agens wirkt nach unserer Auffassung auf den Körper durchaus im Sinne der psycho-physischen Kausalität. Das Gehirn wäre demnach das Instrument der Seele bzw. ihr Vermittlungsorgan zur materiellen Welt. Nun müssen wir uns aber mit der grundsätzlich entgegenstehenden Auffassung der offiziellen Physiologie, Neurologie und Psychiatrie vom Wesen der Seele auseinandersetzen, die u. W. in Bleuler's „Naturgeschichte der Seele und ihres Bewußtwerdens"*) ihren klarsten Ausdruck erfahren hat. Darin trägt das Kapitel II A die Überschrift: „Die Psyche ist eine Hirnfunktion", ein Satz, der mit folgenden hier nur kurz wiedergegebenen Argumenten begründet wird:

1. Die Entwicklung von Gehirn und Psyche zeigt deutliche Parallelität**).
2. Geistige Eigenschaften sind wie körperliche vererbbar.
3. Die Integrität***) der Psyche ist an die Integrität des Gehirns gebunden und schwankt mit dieser bei physikalischen oder chemischen Schädigungen des Gehirns.

---

*) Berlin, Springer, 1921.

**) u. W. noch nicht kritisch bearbeitet.

***) Unversehrtheit.

4. Psychische Vorgänge können durch Druck auf gewisse Hirnzentren sistiert werden*).
5. Die chemischen Körper wirken auf die Psyche im Sinne einer Veränderung der Persönlichkeit (z. B. bei Alkohol, Opium, innerer Sekretion) sowie im Sinne der Aufhebung derselben in der Narkose und überhaupt bei Vergiftungen.
6. Die Gesetze der zentralnervösen Funktionen sind diejenigen der Psyche und umgekehrt. Z. B. das Webersche Schwellengesetz ist bei der physiologischen Reizleitung wie bei rein psychischen Vorgängen nachzuweisen, ebenso die Wirkung der Summation kleiner Reize; Ermüdung und Erholung gibt es ebenso im Physiologischen wie im Psychischen. Die Prinzipien beider Funktionsarten sind genau die gleichen: Wirkung von Unterschieden im Gegensatz zum Ausbleiben der Reaktion beim „Einschleichen“, Art der gegenseitigen Beeinflussung von Prozessen; kein Parallelogramm der Kräfte, sondern Hemmung, Vereinigung der Reflexvorgänge zu einer einheitlichen Funktion wie im Psychischen, sogar mit Auswahl der zu verarbeitenden Reize mit Anklängen an Gedächtnis und Erfahrung u. a. m.

Daß die Auffassung der Seele als einer Hirnfunktion heute noch gilt, bezeugt u. a. ein Satz aus einem Aufsatz über Kinderpsychologie (M. M. Wschr. Heft 1) aus dem Jahre 1937: „Was wir Seele nennen, diese wundervoll harmonisch zustande gekommene Resultante der Energien bestimmter Teile des Hirns und des autonomen Nervensystems, hat einen überragenden, ja wir können sagen, alles beherrschenden Einfluß auf die Organe des menschlichen Körpers“.

Zu den obigen Argumenten ist nun folgendes zu sagen:

Das 1., 3. und 4. Argument beweisen zunächst nur den engen Zusammenhang zwischen Gehirnstruktur und psychischen Funktionen, nicht aber, daß die letzteren Hirnfunktionen sind. Aus der Tatsache, daß die Psyche mit der Hirnstruktur wächst, sich entwickelt und differenziert, kann man nämlich ebensogut folgern, daß die Entwicklung der Psyche auf die Entwicklung des Gehirns angewiesen ist; denn wenn das Gehirn mit den Sinnesorganen der Seele kein Empfindungsmaterial liefert, kann diese auch keine Erfahrungen

*) Vgl. Bleuler S. 24: „Wenn man während des Sprechens auf das vom Schädel entblößte Gehirn einen Druck ausübt, kann jede Äußerung aufhören, um bei plötzlichem Nachlaß des Druckes da fortzufahren, wo sie aufgehört hat. Es scheint also in der Zwischenzeit nichts vorgegangen zu sein, wie bei einem Uhrwerk, das gesperrt war.“

bilden, und wenn ihr kein Motorium zur Verfügung steht, kann sie sich nicht betätigen und Fähigkeiten erwerben. Die Entwicklung der Psyche ist also zwar eng an die Gehirnentwicklung gebunden, aber deshalb noch nicht ihre Funktion. Damit verliert das 3. Argument Bleulers schon erheblich an Gültigkeit. Daß die höheren seelischen Funktionen relativ unabhängig von der Hirnstruktur sind, beweist ihr Erhaltenbleiben bei schweren Hirnverletzungen. Wenn niedere Funktionen bei entsprechenden Verletzungen ausfallen, so beweist das nur, daß niedere psychische Vorgänge an die Integrität von Hirnteilen gebunden, nicht aber ihre Funktionen sind. Im übrigen ist ja auch bekannt, in wie hohem Grade die Psyche nicht nur vom Zustande des Gehirns, sondern auch von anderen Organen, vor allem den endokrinen Drüsen abhängig ist. Daher ist sie im gewissen Sinne auch deren „Funktion“ und nicht allein eine Funktion des Gehirns.

Auf das 4. Argument Bleulers kann folgendes entgegnet werden: Wenn einem Menschen beim Schreiben die Hand festgehalten und nach einiger Zeit wieder losgelassen wird, so schreibt er dann doch auch die Worte weiter, bei denen er festgehalten wurde und nicht etwa die des nächsten Satzes. Daraus kann man aber doch nicht folgern, das Schreiben sei eine Funktion der Hand und es gäbe keinen Geist.

Was nun das 2. Argument von der Vererbbarkeit geistiger Eigenschaften betrifft, so soll es wohl bedeuten, daß Vererbung ein an die Materie gebundener Vorgang ist, mithin auch die Vererbung geistiger Eigenschaften an die vererbte Materie gebunden und eine Funktion derselben sei. — Hierzu ist vom organologischen Standpunkte aus zu sagen, daß auch der Vererbungsprozeß durch Entelechie gestaltet wird und somit die Gesetze der Vererbung Gesetze deren Entelechie sind und nicht der Materie, worüber wir im VI. Kap. noch reden werden. Es ist also ein materialistischer Trugschluß, aus der Verbundenheit von Entelechie und Materie zu folgern, daß die Entelechie an die Materie und nicht die Materie an die Entelechie gebunden sei. Wie wir sehen werden, ist auch die Seele durch Entelechie gebildet, also auch das Seelische an Entelechie gebunden. Diese ist es also, die einerseits den Körper, speziell das Gehirn, andererseits die Seele durch den Vererbungsprozeß immer neu gestaltet, woraus sich die Möglichkeit seelischer Vererbung als Parallelvorgang zur körperlichen ergibt. Auch das 2. Argument Bleulers wäre damit hinfällig.

Auch das 6. Argument wird damit entkräftet, daß Entelechie Körper und Seele sowie deren Funktionen gestaltet.

Es bleibt noch das 5. Argument von der Wirkung chemischer Körper auf die Psyche. Wir haben im 1. Kap. schon über die Beeinflussung vegetativer Vorgänge durch Chemikalien gesprochen und kamen zu dem Schluß, daß die Wirkung über die Entelechie gehen müsse. Ebenso verhält es sich mit den Veränderungen der Psyche durch Alkohol und Hormone. Nicht die Hirnmaterie wird dadurch verändert — die ist erforderlich zur Erhaltung der niederen Vorgänge der Wahrnehmungen und Bewegungen — sondern durch gewisse Körper wird, wie im 1. Kap. dargelegt, die Wirkung gewisser Entelechieformen ermöglicht, die anderer gehemmt. Damit würde auch das 5. Argument hinfällig.

Um noch einmal auf das 6. Argument zurückzukommen, so lassen sich für die Gleichartigkeit psychischer und physiologischer Prozesse noch allerhand hübsche Beispiele anführen: Nehmen wir z. B. an, in einen Organismus dringe ein Fremdkörper ein und in eine Psyche ein als psychischer Fremdkörper wirkender fremder Gedanke oder ein fremdartiges Erlebnis, so gibt es in beiden Fällen je nach Beschaffenheit des Organismus bzw. der Psyche einerseits und der Fremdkörper andererseits verschiedene Verlaufsweisen der entstehenden Reaktion:

Bei einem gesunden Organismus wird

1. der Fremdkörper entweder nach Reizerscheinungen sofort wieder ausgeschieden, ohne daß er eine wesentliche Wirkung erst hätte ausüben können; im Psychischen entsprächen dem abschließende und primitive Naturen;

2. oder der Fremdkörper wird eingekapselt; dem entsprächen Psychen, die fremde Eindrücke in sich aufnehmen, ohne sie weiter zu verarbeiten oder gar Folgerungen daraus zu ziehen;

3. oder der Fremdkörper wird verdaut und assimiliert; dem entsprächen psychisch eindrucksfähige und elastische Naturen, die neues in sich verarbeiten, zu ihrem geistigen Besitze machen, es evtl. auch in anderem Sinne verwerten, als in dem es entstanden war.

Bei einem kranken oder schwächlichem Organismus oder an einem locus minoris resistentiae wird das fremde Element seine Wirkung mehr entfalten können: es entstünde dann physiologisch der krankhafte Zustand einer Vergiftung oder Infektion — im Psychischen Aufregung, Verwirrung, bis zum Unterliegen unter den fremden Einfluß (psychasthenische, suggestible, charakterschwache Naturen).

Wir nennen diese formale Übereinstimmung physiologischer und psychischer Prozesse den psycho-physischen Analogismus. Wenn auch im Physiologischen für jene Funktionsarten eine gewisse Grundlage in der Struktur des Organismus (die aber zur Harmonie der Funktionen nicht ausreicht) gegeben ist, so fehlt sie doch im Gehirn vollständig, oder wo wären dort die Organe psychischer Abwehr, Ausscheidung, Verdauung und Assimilation? Offenbar ist hierzu ein mindestens ebenso komplizierter psychischer Organismus erforderlich, worüber wir noch reden werden. Um also das Wesentliche des eben durchgeführten Beispiels noch einmal hervorzuheben: Der psycho-physische Analogismus soll nach Bleuler beweisen, daß die Gesetze des Psychischen auf die physiologischen Gesetze zurückzuführen sind; wir erklären ihn aber damit, daß physiologisches und psychisches Geschehen als organisches Geschehen die gleiche Grundlage hat, nämlich Entelechie, die zwar dort als physiologische, hier als psychische Entelechie auftritt, im Prinzip aber dasselbe ist.

### *b. Das Argument des Gedächtnisses*

Schon bei Besprechung der Hirnfunktionen haben wir den Begriff der Engramme erörtert und gezeigt, daß die Engramme keine Zustände der Gehirnsubstanz, sondern der Gehirnentelechie sein müssen. Das gleiche muß naturgemäß auch vom Gedächtnisse gelten. E. Becher, Philosoph, weist in seiner Schrift „Über physiologische und psychistische Gedächtnishypothesen“*) angeregt durch von Kries und Erdmann ausführlich auf Schwierigkeiten hin, die sich aus der materialistischen Auffassung ergeben

1. auch mit unserem Grundargument, daß sich die zahllosen auf dieselbe Hirnmaterie einwirkenden Reize stören und zum Teil auslöschen müßten;
2. mit der Tatsache, daß ein dreimal gegebener Ton, obwohl er dreimal an derselben Rindenstelle wirkt, nicht eine bloße Verstärkung des Residuums bewirkt, wie dreimaliger Eindruck etwa einer Petschaft, sondern ein Residuum dreier gleicher Töne erzeugt;
3. mit dem Wiedererkennen gleicher, aber auf verschiedenen Netzhautbezirken wahrgenommener Objekte und das Erhaltenbleiben der Assoziationen der ersten Wahrnehmung derselben; wird also ein Zeichen ähnlich P mit dem Ton C assoziiert, so

*) Archiv für die gesamte Psychologie 1916.

tritt die Assoziation wieder auf, wenn das Zeichen auf anderen Netzhautstellen, also auch auf anderen Rindenbezirken wahrgenommen wird, obwohl jetzt ganz andere Reizleitungen dazu nötig sind.

Bleuler nennt zwar diese Einwände kindisch, löst aber selbst das Problem nicht. Denn seine Mnemetheorie ist, wie wir sahen, nicht geeignet, eine materialistische Theorie des Gedächtnisses zu begründen. Wenn er aber gegen die Theorie Bechers und damit auch gegen die Annahme einer Seele polemisiert*): „Sie versetzt einfach die Associationen, die sie sich im Gehirn nicht vorstellen kann, in eine besonders supponierte Seele, der man alle Eigenschaften zuschreiben kann, die das Herz begehrt, da man sie in diesem Sinne nicht kennt und man nicht untersuchen kann, ob die Eigenschaften dort fehlen. Da ist's wie mit der Unsterblichkeit, die Kant hier nicht fand, aber in die intelligible Welt versetzte", so wäre dem zu erwidern, daß den Philosophen die Logik der Tatsachen zwingt, über die Materie hinauszugehen und nicht die Denkfaulheit. Das mag auch für Kant gelten. Wenn Bleuler aber sagt: „Bechers psychistische Hypothese ist für unsere Auffassung der Hirnphysiologie ganz unnötig", so kann er eben nur deshalb darauf verzichten, weil er einfach die Associationen, deren sinnvolle Ordnung, wie wir sehen werden, nur durch erhebliche Leistungen einer Seele möglich ist, in ein Gehirn verlegt, das nach seiner Ansicht zu diesen Leistungen fähig ist und dem er „daher alle Eigenschaften zuschreiben kann, die das Herz begehrt" und bei dem man wegen der Kompliziertheit „nicht untersuchen kann, ob die Eigenschaften dort fehlen."

Greift also der Materialismus uns wegen unserer Entelechie- oder Seelentheorie an, so können wir getrost den Spieß umdrehen und ihn mit seiner Auffassung organischer Funktionen, insbesondere seiner Gehirntheorie angreifen, und brauchen dabei sicher nicht zu fürchten, daß er uns Denkunfähigkeit nachsagen kann, wo er überall, so auch mit seiner Assoziationspsychologie das Gestaltungsproblem übersieht. Allgemein ist also den Argumenten des Materialismus zu erwidern, daß sie an sich nur einen innigen Zusammenhang der Psyche mit der Gehirnstruktur für die angeführten Fälle beweisen, daß aber dieser Zusammenhang nur dann zu dem Satze: „Die Psyche ist eine Hirnfunktion" berechtigen würde, wenn man wirklich alle psychischen Vorgänge empirisch oder theoretisch auf Gehirnprozesse zurück-

*) Naturgesch. d. S., Seite 112.

führen könnte, was, wie wir im vorigen Abschnitte an den Geisteskrankheiten zeigten, unmöglich ist.

So glauben wir vom organologischen Standpunkte aus die wichtigsten Argumente des Materialismus gegen die Lehre von der Realität der Seele entkräftet zu haben. Die Definition von „Seele" als des Inbegriffs der psychischen Funktionen, womöglich noch gar der Hirnfunktionen ist überhaupt schon deshalb unkorrekt, weil damit der uralte Begriff der Seele verfälscht wird, denn unter „Seele" verstand man stets den übermateriellen Träger der psychischen Funktionen, also das, was psychisch funktioniert. Daher dürfte man nur sagen: Die Seele als übermaterielle Realität gäbe es nicht, der Träger der psychischen Funktionen sei das Gehirn, — aber nicht: „Seele" sei eine Funktion; auch nicht, wenn man „Funktion" im mathematischen Sinne als gesetzmäßige Beziehung faßt; denn dann müßten alle psychischen Prozesse materiellen Gehirnprozessen entsprechen, was zwar überall behauptet, aber nirgends erwiesen oder zureichend begründet wird. Im Gegenteil: Die höheren psychischen Prozesse, die keine Hirnfunktionen mehr sind, verlaufen vielleicht relativ frei und unabhängig von Hirnprozessen. Dieser Auffassung sind auch im allgemeinen die Vertreter der Philosophie. Um nun aber die psychophysischen Beziehungen aufzuklären, ohne durch Annahme psychophysischer Kausalität in Kollision mit der Naturwissenschaft zu kommen, mußten besondere Theorien gebildet werden: der psychophysische Parallelismus und die Identitätstheorie, die wissenschaftlich kaum noch ernst genommen werden können*).

Das Problem der sinnvollen Gestaltung fordert von uns eine Erklärung der psychophysischen Beziehungen wie der der Entelechie zur Materie überhaupt im Sinne der psychophysischen Kausalität, nur nicht in der Weise, wie sie der Physiker denkt und als unannehmbar erklärt, sondern bezogen auf organische Verhältnisse nach organologischen Gesichtspunkten, gegen die auch von der Physik nichts eingewandt werden kann. Die Bildung und Ausgestaltung einer solchen fundamentalen und umwälzenden Theorie kann Generationen beschäftigen und hier nur in ihren Grundlinien angedeutet werden. Vorher werfen wir noch einen Blick auf die gegen sie erhobenen Einwände.

---

*) s. Sonderschrift.

### *c. Die Frage der psychophysischen Wirkung*

Die Wirksamkeit der Seele auf die Gehirnvorgänge und damit ihre naturwissenschaftliche Wirksamkeit wurde bekanntlich auch aus dem Grunde abgelehnt, den E. Hering in seiner früher erwähnten Wiener Rede folgendermaßen plastisch darstellte: „Und weder Empfindung, noch Vorstellung, noch bewußter Wille können ein Glied in dieser Kette stofflicher Vorgänge bilden, welche das physische Leben eines Organismus ausmachen. Wenn eine Frage an mich gerichtet wird, und ich gebe hierauf die Antwort, so muß der materielle Prozeß, welchen die Nervenfaser aus dem Gehörorgan zum Gehirn leitet, als materieller Prozeß mein Gehirn durchwandern, um zu den Bewegungsnerven der Sprachwerkzeuge zu gelangen; er kann nicht, an einer bestimmten Stelle des Gehirns angelangt, plötzlich in ein immaterielles Etwas eintreten, um nach einiger Zeit oder an einem anderen Orte des Hirns als materieller Vorgang wieder anzuheben. Ebensogut könnte die Karawane in die Oase einziehen, die ihr die Fatamorgana vorspiegelt, um nach geschehener Rast und Erfrischung wieder in die reale Wüste hinaus zu wandern, und ebensogut könnte einer durch das Spiegelbild einer Tür sein Zimmer verlassen und ins Freie gelangen."

Im gleichen Sinne äußerten sich später noch andere Forscher und F. A. Lange schrieb*): „Wenn auch nur ein einziges Gehirnatom durch die „Gedanken" auch nur um den millionsten Teil eines Millimeters aus der Bahn gerückt werden könnte, welche es nach den Gesetzen der Mechanik verfolgen muß, so würde die ganze „Weltformel" nicht mehr passen und nicht einmal mehr einen Sinn haben."

Diese Weltformel ist die physikalische, also materialistische, in der ein heteronomer Koeffizient nicht enthalten ist, und die daher vom organologischen Standpunkte aus tatsächlich keinen Sinn hat, weil sie falsch ist. Wie sollen wir uns mit Hinblick auf die Frage der psychophysischen Wirkung den Vorgang denken, der im Gehirn etwa bei Beantwortung einer Frage stattfindet? Die akustischen und optischen Reize gelangen in die Hirnrinde und erzeugen dort eine Zustandsänderung. Diese wird — vgl. unsere Ausführungen über den reaktiven Prozeß S. 85 — von der Seele wahrgenommen, da die feinsten Zustände der Gehirnsubstanz ihre „Bedeutung" im Seelischen haben,

---

*) Gesch. d. Mat. II, S. 204 (Reclam).

und psychisch verarbeitet. Die daraus entstehende psychische Spannung erzeugt nun mit Hilfe des Geistes die Antwort, wie wir ausführten, dadurch, daß sie latente Energie im motorischen Teil des Gehirns durch Auslösung mobilisiert, wodurch unter geistig seelischer Kontrolle und entelechialer Leitung die Impulse in die Muskeln gehen. Während dieses Prozesses muß latente Energie immer neu gebildet werden; geschieht dies nicht in genügendem Maße, so entsteht Ermüdung und Schwäche. Die Willensanstrengung, die eine körperliche Dauerleistung erfordert, besteht in fortwährender geistig-seelischer Einwirkung auf die motorische Energie mobilisierende Entelechie, also in einer Änderung des Ruhezustandes derselben und Aufrechterhaltung des Aktivitätszustandes. Wenn einer z. B. stundenlang eine Last den Berg hinaufträgt, so wird die physikalische Arbeit durch die physische Energie seines motorischen Systems geleistet. Dahinter steht aber die geistige, seelische und entelechiale Arbeit, durch welche die physische Energie mobilisiert und geleitet wird. Dieser Prozeß der Neuanregung und Führung verläuft also auf dem Wege vom Geist zur Materie, also auf dem der formativen Kausalität, für den die organischen Grundlagen im letzten Kapitel über „das formative System" noch erörtert werden. Die materiale Kausalität sowohl der Seele, wie der motorischen Entelechie, wie der physischen Substanz bleibt dabei in ihren Grenzen, geht also nicht, wie Hering, Lange u. a. es geschildert haben, in eine andere Ebene über und aus dieser wieder zurück in die Physis. Stellt man sich Geist, Seele und Entelechie im Körper, also im Innern der organischen Materie vor, wie es im letzten Kapitel klargemacht wird, so verläuft der Prozeß der formativen Kausalität von innen nach außen, während der der materialen Kausalität nur im Außen stattfindet. Damit entfiele prinzipiell der Einwand der Unmöglichkeit außerphysischer Energieübertragung gegen die Wirkung der Seele auf das Gehirn wie gegen die Wirksamkeit einer Entelechie überhaupt. Dies Problem im organologischen Sinne zu lösen, dürfte eine der vornehmsten Aufgaben der Wissenschaft des XX. Jahrhunderts sein. Daß eine formative und damit auch psychophysische Kausalität besteht, darüber gibt es für den Organologen keinen Zweifel; bürgt uns doch dafür die sinnvolle Gestaltung der dazu selbst unfähigen Materie.

### *d. Die Frage der quantitativen Mehrleistung durch geistige Arbeit*

Für die Tatsache, daß durch geistige Arbeit ein erhebliches Plus an physischer Leistung entsteht, spricht in erster Linie die Industrie, deren Produktion allerdings vorwiegend auf Systembedingtheit beruht, aber indirekt insofern auf geistiger Arbeit, als durch diese die sinnvollen Systembedingungen erst geschaffen sind und die Einzelprozesse fortwährend durch geistig-seelische Arbeit sinnvoll reguliert werden. Wenn durch geistige Arbeit keine physische Mehrleistung erzielt würde, brauchten wir keine geistige Führung industrieller und kaufmännischer Organisationen. Wie vereinigt sich nun diese Tatsache, die doch für außerphysische Energieübertragung zu sprechen scheint, mit der Ablehnung derselben?

Wir werden sehen, daß diese Frage nur mit den Begriffen des Formalen und Materialen der objektiven Gestalt, also nur organologisch zu lösen ist. Man vergleiche die Leistungen einer organisierten, d. h. geistig differenziert geleiteten und einer unorganisierten gleichen Summe von gleich ausgerüsteten Arbeitern oder Soldaten. Auf der einen Seite wird viel geleistet, auf der anderen wenig, die eine Seite ist der anderen überlegen, erobert Land, schafft neue Energiewirkungen und Geldquellen, die andere unterliegt und verkümmert. Die organisierte Seite leistet offenbar deshalb mehr, weil entsprechend ihrer Gestalt auch die Gestalt ihrer Wirkungen sinnvoll differenziert, die Gestalt der Wirkungen einer geistig nicht geleiteten Masse dagegen primitiv, z. T. sinnlos ist. Auf diese Gestalt, das Formale der Wirkungen kommt es also an. Das Materiale, die Summen der Wirkungen der einzelnen Soldaten und Arbeiter können auf beiden Seiten gleich sein. Denn hundert wohlgezielte Schüsse einer disziplinierten Truppe haben quantitativ-physikalisch keine größere Wirkung als hundert blindlings abgefeuerte; nur werden durch erstere Feinde getötet, durch letztere Löcher in die Erde geschlagen. Die quantitative Mehrleistung einer geistig geführten Armee wie einer industriellen Organisation besteht also in einer Mehrleistung sinnvoller Wirkungen bzw. sinnvoller Gebrauchsgegenstände, ist also nur formal, nicht material zu begreifen. Dasselbe gilt von den Wirkungen einer wohldurchdachten Rede und denen eines gleich langen und gleich lauten sinnlosen Wortschwalles. Gerechnet werden nur die sinnvollen Wirkungen, d. h. der „Erfolg", und der ist eben bei sinnvoller Gestaltung größer. So erklärt sich der oben hingestellte scheinbare Widerspruch zwischen physischer Mehrleistung durch geistige, d. h. nicht-physische Arbeit und der Ablehnung psychophysischer Energieübertragung. Die durch an sich sinnvolle geistige Formen (Ideen und Gedanken) erzeugten sinnvollen physischen Gestalten, die wiederum sinnvolle erstrebte Folgen, den „Erfolg" haben, zeigen die

Überlegenheit der sinnvollen über die sinnlose Gestalt, der Klugheit über die Dummheit, des Geistes über die Materie.

## 2. Die Organisation der Seele

### *a. Die organische Heteronomie der Seelenfunktionen*

Eine organologische Analyse der psychischen Funktionen läßt Schlüsse zu auf die formale Struktur der Seele und kann zur Beantwortung der Frage führen, ob die Seele eine Einheit oder eine organisierte Vielheit, ein System ist. Das ist organologische Psychologie, von der wir hier nur Grundzüge skizzieren können. Wenn die Seele ein System ist, so besteht sie aus Teilfunktionen, die durch organische Heteronomie zu einer sinnvollen Einheitlichkeit gestaltet sind. Den Systemcharakter einer Funktionsgrundlage erkennen wir bekanntlich an zwei Kriterien, der sinnlosen Stereotypie isolierter Funktionen und dem Zerfall der Einheitlichkeit bei Störung, wogegen sich der Einheitscharakter des obersten formativen Prinzips durch Erhaltenbleiben der sinnvollen Einheitlichkeit bei Störung bzw. durch Regeneration der Gestalt verrät. Wie wir sehen werden, haben wir im Seelischen beides. Die sinnlose Stereotypie isolierter Funktionen beobachten wir schon beim Normalen bei der sogen. „Zerstreutheit" der Gedanken: ein Dichter*) will sich umkleiden, zieht Rock und Hose aus und findet sich plötzlich im Bette. — Auch den Zerfall der sinnvollen Einheitlichkeit erleben wir normalerweise, nämlich im Traume, und pathologischerweise bei Geistesstörungen, worüber wir später noch sprechen werden. Das beweist den Systemcharakter des Seelischen, also die Existenz einzelner psychischer Funktionen, die normalerweise durch organische Heteronomie in einer sinnvollen Einheitlichkeit erhalten werden. Hieraus ergibt sich die Auffassung normal-psychischer Vorgänge im Sinne der organischen Heteronomie. Wenn jemand z. B. in Unterhaltung begriffen durch eine belebte Straße geht und dabei in den Schaufenstern nach einem gewissen Gegenstande sucht, muß er auf die verschiedensten optischen und akustischen Reize sinnvoll reagieren, auf andere, physikalisch vielleicht ebenso eindringliche, nicht. Dazu ist erforderlich ein einheitliches streng determiniertes psychisches Verhalten und dementsprechende wechselnde sinnvolle Weiterleitung und Verarbeitung bzw. Absperrung der Reize und zwar in epigenetischen, also seelisch

*) v. Kleist (?).

bedingten Kombinationen. Offenbar würde bald eine psychische Verwirrung den Betreffenden zu sinnvollem Verhalten unfähig machen, wenn die einzelnen psychischen Funktionen nur ihrer doch relativ unintelligenten Eigengesetzlichkeit entsprechend verliefen. Ebenso wäre es, wenn die Assoziationen ihrer Idionomie entsprechend die Gedanken bildeten. Z. B. klingen bekanntlich bei dem Worte „Brücke" im Gehirn eines Ingenieurs andere Vorstellungskomplexe an als im Gehirn eines Zahnarztes. Wenn nun ein Ingenieur sich überlegt, ob er sich beim Zahnarzt eine Brücke machen lassen will, und ein Zahnarzt sich überlegt, über welche Brücke er am besten ans andere Ufer gelangt, so würden beide in Verwirrung geraten, wenn die Folge der Teilgedanken und Vorstellungen nicht durch Determination sinnvoll gestaltet würde. Daher haben wir angesichts der harmonischen Einheitlichkeit der psychischen Funktionen vom organologischen Standpunkte aus organische Heteronomie ihrer Gestalten und Verläufe anzunehmen.

Wenn wir also in der Biologie fragten: entsteht ein einheitlicher Organismus, weil die Zellen sich so einheitlich zusammenfügen, oder fügen sich diese so zusammen, weil ein einheitlicher Plan des Organismus zugrundeliegt, — ferner: altert ein Organismus, weil die Teile aufhören zu funktionieren, oder hören die Teile auf zu funktionieren, weil der Organismus altert, so haben wir in der Psychologie die organologische Frage: ist der Mensch geistig gesund, weil die Hirnfunktionen harmonisch zusammenarbeiten, oder arbeiten die Hirnfunktionen harmonisch zusammen, weil der Mensch geistig gesund ist, d. h. weil die Hirn- und Seelenfunktionen durch psychische und physiologische Entelechie sinnvoll gesteuert werden? Geistesgesundheit ist also sinnvolle organische Heteronomie der psychischen Funktionen. Hieraus folgt der organologische Begriff der Geisteskrankheit, als des Zustandes, in dem die sinnvolle Steuerung der Seelenfunktionen gestört ist. Man darf also nicht sagen: Ein Mensch ist geisteskrank, weil die psychischen Funktionen nicht harmonisch zusammenarbeiten, sondern: die psychischen Funktionen arbeiten deshalb nicht harmonisch zusammen, weil der Mensch geisteskrank ist, d. h. weil die einheitliche Leitung versagt. Auf Grund dieser organischen Heteronomie der Seelenfunktionen kommen wir zur Annahme einer ihnen übergeordneten, sie gestaltenden Entelechie als der Grundlage ihrer Harmonie oder Geistesgesundheit. Wir nennen sie vorläufig den „Ordner", wobei noch dahingestellt bleibt, ob dieser aus eigenem

Prinzip oder unter Leitung einer geistigen Einheit seine Funktion ausübt.

### *b. Der organische Aufbau der Seele*

Nach der Abstammungslehre hat sich die menschliche Seele aus der Tierseele „entwickelt", d. h. im organologischen Sinne: sie ist durch organischen Aufbau auf der Tierseele entstanden. Wir unterscheiden nun in dieser Gesamtentwicklung drei Hauptstufen und ihre spezifischen Funktionen: die Triebe und Instinkte, die Gefühle, das Denken.

Die Triebe und Instinkte finden wir bei den Wirbellosen,
dazu die Gefühle bei den Wirbeltieren,
dazu das Denken beim Menschen.

Das Wollen ist auf allen drei Stufen vorhanden, nur in verschiedener Form, wovon wir später reden werden. Beim Menschen bestehen alle diese Funktionen also übereinander, und so können wir an dem organischen Aufbau der seelischen Funktionen wieder die im V. Satze vom organischen System festgestellte Tatsache finden, daß die Stufen der Gestalt eines organischen Systems verschiedene phylogenetische Entwicklungsstufen repräsentieren.

#### *α. Der Instinkt*

Aus dieser Zusammensetzung der Seele folgt, daß sie ein System ist, und zwar muß sie ein organisches System sein, für das die früher aufgestellten Sätze gelten. Danach wäre zunächst die Organisation der Triebe und Instinkte ein organisches System, bestehend aus organischen Teilsystemen, u. s. f. Dies bestätigt sich bei näherer Betrachtung der Instinktfunktionen. Wir müssen den Instinkt, wie es anscheinend noch nicht durchgängig geschehen ist, vom Triebe unterscheiden als die Funktion, die die sinnvolle Befriedigung der dumpfen und unintelligenten Triebe ermöglicht. Als „Trieb" bezeichnen wir z. B. das Bedürfnis Nahrung zu sich zu nehmen, einem Feinde zu begegnen, aber wie und welche Nahrung gesucht wird und wie man einen Feind bekämpft, lehrt der Instinkt. Der blinde Wandertrieb allein würde die Zugvögel demnach irgendwohin führen, der Instinkt führt sie nach dem Süden und wieder in ihre Heimat zurück. Der Trieb ist also der Motor oder das Materiale, der Instinkt der Steuermann oder das Formale. Aber dieser Steuermann ist nur auf eine ganz bestimmte Umwelt eingeübt, so wie ein Lotse am Bingerloch sich eben nur in diesem Gebiete zurechtfindet, anderswo aber versagen würde. Der Instinkt ist also in höherem Sinne schematisch, mithin Funktion eines Systems, nämlich von Erfahrungen. So sind auch die Instinkthandlungen als Funktionen eines organischen Systems, nämlich der Instinktorganisation aufzufassen. Ebenso muß den Trieben, die für sich allein sinnlos wirken, eine Trieborganisation zugrunde liegen. Wir finden in ihnen nämlich jene Stereotypie wieder, die das Kennzeichen schematischer Prozesse ist und Systembedingtheit anzeigt. Die niedersten Triebe, die positiven und negativen Tropismen (d. h. das Sichangezogen- oder -abgestoßenfühlen von Licht, Wärme, Milieuveränderung, Berührung u. s. w.) erscheinen durchaus automatisch; wir erinnern an die stereotypen Reaktionen von Spirostomum ambiguum, an das Angezogenwerden der Mücken vom Lampenlichte, an die Zugvögel, die am Helgoländer Leuchtturm ihren Tod fanden, an das Kleinkind, das alles Erreichbare in den Mund steckt und am Verschlucken eines rostigen Nagels stirbt. Solche als Dysteleologien bekannte Erscheinungen entstehen dadurch, daß ein unter normalen Verhältnissen Sinnvolles unter anormalen Bedingungen sinnlos wird, weil es sich diesen nicht anpassen kann, und es kann sich nicht anpassen, weil es schematisiert, d. h. durch Organisation systembedingt und nicht geistbedingt ist. Ändert man also die normalen Bedingungen (die Umwelt), so funktioniert die Instinkthandlung falsch oder garnicht. Daher verhungert eine Spinne inmitten frisch getöteter Fliegen in ihrem Netze, weil ihr Instinkt eben nur auf Bewegungen der gefangenen Tiere reagiert, und ein gewisses Insekt, das normalerweise seine Brut am Ende eines in die Erde gegrabenen Ganges sorgsam pflegt, erkennt diese Brut nicht wieder, wenn man durch Abheben der Erde den Gang aufdeckt. Dieser blinde Schematismus zeigt also, daß die Triebe und Instinkte nicht der unmittelbare Ausdruck einer Naturvernunft, also nicht geistig sind, sondern ihr mittelbarer Ausdruck durch organische Systeme, die in der Tierwelt zu einer sinnvollen Einheitlichkeit verbunden sind. Der Unterschied des Instinktes vom Intellekte besteht formal darin, daß der Intellekt individuell, der Instinkt generell arbeitet, d. h. er leitet die Tiere art- oder gruppenweise. Es ist so, wie wenn ein Regimentskommandeur Befehle ausgibt, die von allen Soldaten des Regiments der Situation entsprechend ausgeführt werden, während beim Intellekte das Individuum selbst entscheidet. Daher kann die Instinktorganisation auch kein Bestandteil des Einzelwesens sein wie der Intellekt, sondern muß bildlich gesprochen über die Tierwelt ausgebreitet gedacht werden, so daß die einzelnen Tiere im Bereiche ihres Art-Instinktes leben und von ihm so beeinflußt werden wie eine Anzahl von Radioempfängern von einer Sendestation. Demnach würde das Nervensystem der einzelnen Tiere einen „Instinktempfänger" darstellen, durch den die sinnvollen Instinkthandlungen „ermöglicht" werden. Dieser „Empfänger" wird auf höheren Entwicklungsstufen des Tierreiches immer differenzierter und somit aufnahmefähig für höhere und differenziertere Instinkte. Die Sachlage ist also so wie wenn, um ein Beispiel zu fingieren, eine Reihe von ganz primitiven bis zu hochdifferenzierten Radioempfängern die Sendung einer Symphonie aufnähme, und die primitiven Empfänger nur die primitiven Rhythmen der Bässe, die feineren auch die der Bläser und die besten auch die Geigentöne wiedergäben, oder wie wenn — um uns der Wirklichkeit anzupassen — von einem sprachlichen oder musikalischen Vortrage von primitiven Menschen nur die einfachen, von differenzierten auch die höheren Gedankengänge und Nuancen verstanden werden. Daß der Mensch die höheren Instinkte der Tiere wieder verloren hat, erklärt sich daraus, daß die Organisation seiner Seele für den Intellekt umgebaut ist, wodurch er die den Tieren gegebenen Fähigkeiten erst erwerben muß.

Der organische Charakter der Instinkt- und Trieborganisation (Systeme in Systemen) bringt nun mit sich eine organische Heteronomie im Seelenleben der Tiere. Diese kommt zum Ausdruck in den Überlagerungen z. B. der Tropismen und niederen Triebe durch höhere. Denn ein höheres Tier zeigt keine Tropismen mehr; bringt man es aber in eine ihm gänzlich fremde Umgebung, so können, wie G. Bohn*) berichtet, „die Tropismen sofort wieder ihre ursprüngliche Wichtigkeit erlangen". Die bekannteste Überlagerung im Triebleben ist die Verteidigung der Brut durch das mütterliche Tier gegen Angriffe, vor denen es sonst flieht. Furcht und Fluchttrieb wird hier also durch den Trieb, die Brut zu schützen, unterdrückt. Ebenso wird der Trieb der Spinne, jeden Eindringling in ihr Netz anzugreifen, unterdrückt, wenn sich das Männchen zur Befruchtung nähert, und tritt sofort wieder auf, wenn diese ausgeführt ist. Welche Rolle diese Heteronomie durch den intelligenten Willen beim Menschen spielt, braucht nicht besonders hervorgehoben zu werden.

*) In „Die Entstehung des Denkvermögens", Leipzig 1910.

### β. *Die Gefühle*

Diese unterscheiden sich ihrem Wesen nach von den Instinkten und den Gedanken durch ihre diffuse Beschaffennheit, die eine Analyse nach dem Gesichtspunkten des organischen Systems von vornherein unmöglich erscheinen läßt. Indessen müssen wir bedenken, daß sie uns wie auch dem Tiere direkt nur als Bewußtseinsinhalte gegeben sind, und wie die Wärme, die diffus einen Raum erfüllt oder das Vibrieren, das wir auf einem Schiffe fühlen, auf eine Wärme- bzw. Bewegungs-Organisation hindeutet, so die Gefühle auf eine Grundlage des Gefühlslebens und seine Beschaffenheit schließen lassen; denn auf diese kommt es uns an, wenn wir die organische Struktur der Seele kennen lernen wollen. Die Gefühle selbst sind nicht die Seele, sondern ihre Funktion. Wie soll man sich nun diese Gefühlsorganisation denken? Begreifen wir die Gefühle als Wirkungen seelischer Spannungen, so muß etwas da sein, was in Spannung versetzt werden kann, und es entsteht die Frage, ob dies wohl ein organisches System ist. Eine Gliederung dieser Gefühlsgrundlage ist ja insofern vorhanden, als es verschiedene Arten von Gefühlen gibt, die sich aus den primitiven Lust- und Unlustgefühlen durch Differenzierung entwickelt haben müssen, womit schon ein wesentliches Merkmal organischer Struktur gegeben ist. Wollen wir nun sehen, welcher Art die emotionellen Spannungen sind, so betrachten wir zunächst ihre Ursachen. Prinzipiell gesagt sind dies Abweichungen von der Norm, denn solange alles normal verläuft, gerät weder Tier noch Mensch in Erregung. Diese tritt vielmehr auf als eine Reaktion in Form von Zustimmung oder Abwehr auf Veränderungen, die unsere Existenz begünstigen oder bedrohen. Um aber eine Begünstigung oder Bedrohung empfinden oder erkennen zu können, ist offenbar Instinkt oder Erfahrung notwendig. Also spielen diese auch in den Gefühlsorganisationen ihre beherrschende Rolle. Instinktiv reagieren wir wie auch das Tier auf ein Wesen, das mit uns harmoniert, uns Wohltat erweist, mit Liebe, Freude, Anhänglichkeit, dagegen auf eins, das uns bedroht oder schädigt, mit Furcht oder Haß. Bei jungen Tieren und kleinen Kindern, die noch nicht über Erfahrungen verfügen, treten diese Reaktionen nicht auf. Zweck derselben ist offenbar eine zustimmende oder abwehrende Aktion des Individuums im Interesse seiner Existenz, solange eine solche noch nicht durch Überlegung möglich ist. Die Gefühlsorganisation ist also eine primitive psychische Kraftquelle, entfernt vergleichbar einer Dynamomaschine, in der auch auf Veränderung ihres elektromagnetischen Zustandes elektromagnetische Spannung und damit Strom entsteht. Wie dieser beim Aufhören der Drehung der Maschine verschwindet, so ebben auch die Gefühle nach Aufhören der erregenden Ursachen ab, wonach im allgemeinen der Normalzustand des Gemütes wieder hergestellt ist. Diese Vorgänge haben starke Ähnlichkeit mit den körperlichen Prozessen, die sich bei fieberhafter Reaktion des Organismus abspielen, eine Ähnlichkeit, für die wir früher das Wort „psychophysischer Analogismus" geprägt haben. Die Herstellung des Normalzustandes durch die fieberhafte Reaktion zeigt insofern eine Heteronomie, als der Normalzustand ein organisch labiler ist, also die Wiederherstellung desselben auch auf organischer Heteronomie beruhen muß. Wenn der normale Gemütszustand nun auch heteronom labil ist, so müssen die Gemütsbewegungen organisch heteronome Prozesse auf Grund einer organisch heteronomen Organisation sein. (In dieser Beziehung ist der Vergleich mit der anorganischen Dynamomaschine irreführend, wie jeder Vergleich des Organischen mit dem Anorganischen, da es sich dort um einen anorganisch stabilen Zustand handelt, der durch Idionomie wiederhergestellt wird.) Nun kann auch an der organischen Heteronomie der Struktur der Gefühlsorganisation vom organologischen Standpunkte aus nicht gezweifelt werden, denn sie ist ein lebender Teil des Organismus der Seele, ist durch organische Entwicklung entstanden und hinsichtlich ihrer völkischen und rassischen Beschaffenheit durch die höheren Prinzipien des Volkes und der Rasse gestaltet, sie befindet sich in wechselnder Reaktionsbereitschaft je nach dem Grade der augenblicklichen Vitalität und verliert ihre Funktion mit dem Tode. Sie ist empfänglich für geistige, also heteronome Beeinflussung und steht beim höheren Tiere durch Dressur, beim Menschen durch moralische Willenseinstellung dauernd unter solchem Einfluß. Endlich kann sie erkranken, d. h. Störung der normalen organischen Heteronomie erleiden und durch Wiederherstellung derselben wieder gesunden, was nur bei einem labilen organischen System möglich ist. Sie hat daher auch organische, d. h. heteronome Labilität. Wie das System der Triebe und Instinkte hat die Gefühlsorganisation auch sog. organischen Aufbau, d. h. auf primitiven Systemen sind durch Phylogenie höhere differenzierte aufgebaut, wodurch die unteren durch die Heteronomie der oberen beherrscht werden.

Eine auffallende Eigentümlichkeit der Gefühle ist die Gegensätzlichkeit: Freude — Trauer, Liebe — Haß, Angst — Mut usw., die auf eine Polarität der Gefühlsgrundlage schließen lassen. Polarität aber bedeutet Spannung, und so ist es begreiflich, daß die Gefühlsorganisation aus dem indifferenten Zustande durch gestaltende Wirkung des polaren Prinzips als eine Art Spannungsorganisation entstanden ist. Daß wir diese Spannung, wenn wir ohne Affekt sind, nicht empfinden, liegt u. E. daran, daß gewöhnlich Spannungsgleichgewicht besteht; erst wenn dieses gestört ist, also eine abnorme Spannung entsteht, kommt diese uns zum Bewußtsein, wie wir ja auch die Tätigkeit unserer inneren Organe erst empfinden, wenn sie sich in anormalem Zustande befinden.

Daß die Gefühle mit körperlichen Zuständen zusammenhängen, ist seit langem bekannt, und oft ist vom Materialismus versucht worden, die Gefühle aus körperlichen Zuständen abzuleiten. Am bemerkenswertesten sind u. W. die gleichzeitig und unabhängig voneinander entstandenen Theorien von James und C. Lange*), nach denen die Gemütsbewegungen nur die Empfindungen der durch äußere Reize gesetzten vaso-motorischen Veränderungen sind. Lange schreibt: „Es ist unser vasomotorisches System, dem wir die emotionelle Seite unseres Seelenlebens, unsere Freuden und Leiden, unsere glücklichen und unglücklichen Stunden, zu danken haben; hätten die unsere Sinne treffenden Eindrücke nicht die Kraft, dasselbe reflektorisch in Aktion zu versetzen, so würden wir teilnahmslos und leidenschaftslos durch das Leben wandern, alle Eindrücke aus der Außenwelt würden nur unsere Erfahrung bereichern, unser Wissen vermehren, uns aber weder zur Freude noch zum Zorn erregen, noch uns in Kummer oder Furcht beugen.“ Dies bestätigt uns auch die Selbstbeobachtung z. B. unserer Herztätigkeit bei Freude und Angst, des Errötens bei Scham und der Blässe bei Schreck, ferner der therapeutische Erfolg der Homöopathie bei Angstzuständen und Depressionen durch Herzmittel. Richtig an jener Theorie ist also sicherlich der Zusammenhang des Gefühlslebens mit dem Vasomotorium, was für uns bedeutet, daß die Gefühlsorganisation an dieses als an seine Basis gebunden ist.

### γ. *Das Denken*

Wir betreten nun ein Gebiet, das nur dem Menschen eigentümlich ist; wir werden später erfahren, weshalb das Tier nicht denken kann. Die organische Struktur und Heteronomie ist im

*) C. Lange, Die Gemütsbewegungen, ihr Wesen und ihr Einfluß auf körperliche, besonders auf krankhafte Lebenserscheinungen; Würzburg 1910.

Gedankenleben leicht nachzuweisen. Bekanntlich besteht ein Gedanke aus Teilgedanken, von denen wieder dasselbe gilt. Andererseits ist ein Gedanke wiederum organischer Teil eines höheren geistigen Komplexes, einer Rede, einer wissenschaftlichen Arbeit usw. bis zu einer Idee und einer geistigen Gesamtsituation. So offenbart uns gerade das Denken den Prozeß sinnvoller Gestaltung selbst; wir blicken dabei gewissermaßen in die Werkstatt der Entelechie und können aus dem Aufbau der Funktionen Schlüsse ziehen auf die Organisation ihrer Grundlage, den Denkorganismus als des dritten Teiles der Seele, wobei uns auch hier wieder die Frage interessiert, ob dieser Denkorganismus auch ein organisches System ist. Er hat sich ja aus primitiven Anfängen durch organischen Aufbau zu einem hochdifferenzierten Gebilde, dem menschlichen Intellekte, entwickelt, wie das uns noch täglich die geistige Entwicklung des Kindes ontogenetisch vor Augen führt. Dabei sind aber die einzelnen Stufen der Entwicklung entsprechend dem Prinzip des organischen Aufbaus von gewissen Veränderungen abgesehen erhalten geblieben, wie das die Tiefenpsychologie demonstriert. Unsere bewußten Gedanken, die unser Handeln bestimmen, werden bekanntlich dauernd von halbbewußten und unterbewußten Gedanken sowie von Gefühlen umspielt. Das sind die Faktoren, die am Aufbau unserer Gedanken mitgewirkt haben und noch mitwirken. Denn jeder Gedanke ist ein Neuaufbau aus primitiven Anfängen auf der Basis von Instinkten, Gefühlen und Willenseinstellungen. Ob ich Gedanken zur Flucht, zur Abwehr oder zum Angriff bilde, bestimmt nicht allein die bewußte begriffliche Logik, sondern vor allem jene Grundeinstellung, die durch Rasse, Temperament und Charakter bedingt ist, wovon wir noch reden werden. Dann entstehen erst differenziertere halbbewußte Denkvorgänge und schließlich erst die klaren bewußten Gedanken. So wiederholt sich bei der Entstehung eines jeden Gedankens die phylogenetische geistige Entwicklung. Der langsame Prozeß des Wachstums draußen in der organischen Natur vollzieht sich also beim Denken wie im Zeitraffer in außerordentlicher Schnelligkeit. Das Resultat des fertigen Gedankengebäudes ist dann einer Pflanze vergleichbar, deren Wurzeln die Triebe und Instinkte, deren Schaft die primitiven Gedanken, deren Blätter und Blüten die differenzierten bewußten Gedanken darstellen. Umgekehrt hat man ja in den organischen Gebilden verkörperte Naturgedanken gesehen. So finden wir in der Gestalt der mentalen Gebilde den V. Hauptsatz vom organischen System wieder, nach dem die einzelnen Stufen die phylogenetischen Entwicklungsstufen abbilden. Dieser Struktur entspricht auch der dort schon erwähnte Aufbau von Kunstwerken (eines Domes, einer Symphonie). In der Struktur unseres Gedankenlebens erkennen wir also eine Schichtung, die auf eine entsprechende organische Struktur des Denkorganismus schließen läßt. Innerhalb dieser Struktur muß sich also der Denkprozeß abspielen. Dabei bedingt die Struktur der Denkorganisation die materiale Beschaffenheit der Teilprozesse des Denkens und ermöglicht darum vielfältige Kombinationen, während die Entelechie der Denkorganisation, der Geist, das Formale des Denkens gibt, also Gestalt und Richtung der Gedanken. Will man sich ein materielles Bild des Denkprozesses machen, so könnte man sich ein Netzwerk von elektrischen Leitungen vorstellen, in dem die Teilgedankenprozesse anfangs von unten her ansteigend verlaufen, jeden Augenblick wechselnd in den verschiedensten Kombinationen. Dieses Netzwerk haben wir nun in der weißen Substanz des Gehirns, und es fragt sich, ob wir nicht in ihr die materielle Basis der Denkorganisation erblicken sollen, soweit sie nicht sensomotorisch ist. Die graue Substanz hätte dann eine andere Funktion, sie stellte das von C. L. Scheich geschilderte „Schaltwerk der Gedanken" dar, dessen sich der Geist bedient. Vgl. aber das über Heteronomie der Reizleitung Gesagte!

Es versteht sich von selbst, daß unter „Struktur der Denkorganisation" nicht allein die weiße hierfür bestimmte Gehirnsubstanz verstanden wird, sondern vor allem ein mit dieser verbundener überphysischer Denkorganismus, von dem wir uns allerdings mangels sinnlicher Wahrnehmung keine Vorstellung machen können. Auch dieser überphysische Denkorganismus muß ein organisches System sein, sonst wäre er kein Organismus und hätte keine Struktur. Sein Systemcharakter muß sich vor allem darin zeigen, daß unter Umständen seine Teile, wenn die sinnvolle Heteronomie der Funktionen gestört ist, stereotyp sinnlos funktionieren, also sinnlose schematische Prozesse produzieren. Dies finden wir nun in augenfälligster Weise bei den Störungen des Denkens: Die richtigen Gedanken kommen dann nicht nur nicht, sondern sogar ungewollte, — man muß immer etwas anderes denken. Gedanken, die man längst als unsinnig oder zwecklos abgelehnt hat, treten immer wieder auf und gehen sogar in anderer, als der gewollten Richtung weiter (Zwangsgedanken). Interessant sind hier die Selbstbeobachtungen Geisteskranker. — Allein diese Denkstörungen beweisen schon, daß das Denken nicht eine Funktion des Geistes, also einer Einheit ist, sondern eines Systems, der

Denkorganisation, wenn auch der Geist als oberste Instanz normalerweise diese Funktion führt.

Tiefergreifende Störungen des Denkens haben wir bei den Geisteskrankheiten, nämlich einen Zerfall des Denkens in Gedankenteile und Verwirrung derselben, was beweist, daß die Denkfunktionen normalerweise durch die organische Heteronomie des Ordners sinnvoll gestaltet und in harmonischer Einheitlichkeit erhalten werden, also auch ihre Grundlage, der Denkorganismus, ein organisches System bestehend aus organischen Teilsystemen sein muß. Einen relativ geringen Zerfall, nämlich nur in großen Komplexen haben wir z. B. bei der systematisierenden Paranoia, bei der ein Wahnsystem innerlich logisch und einheitlich, aber ohne sinnvollen Zusammenhang mit der Allgemeinerfahrung und höheren Urteilsbildung entstanden ist und eben deshalb wahn- und krankhaft ist. Dieser Zustand ist also dem im Staatsleben zu vergleichen, in dem sich eine regierungsfremde Partei gebildet hat, die nach eigenen Intentionen wirkt, oder dem Zustande in einem Organismus, in dem ein Organsystem ohne Rücksicht auf das Ganze funktionieren würde.

Einen weitergehenden Zerfall sehen wir in der Schizophrenie und entnehmen dafür dem Lehrbuche der Psychiatrie von Kraepelin (Kap. Dementia praecox) folgendes charakteristische Beispiel: „Schauen Sie, sobald wenn schon der Schädel verkracht ist, und man mühsam noch Blumen hat, so wird es nicht auf Bestand herauslaufen. Ich habe so eine Silberkugel, die hat mich am Bein gehalten, daß man nicht hineinspringen kann, wo man will, und das hat einen so schönen Ablauf wie die Sterne . . .“ u. s. f.

Wir sehen hier eine Aneinanderreihung von in sich noch richtig konstruierten Satzteilen, die sogar noch einem restlichen Gefühl für grammatischen Satzbau und Sprachrhythmus entspricht, also sprachliche Einheiten niederer Ordnung, die zusammen offenbar deshalb sinnlos erscheinen, weil die Wirkung der übergeordneten geistigen Einheit fehlt, die im inneren begrifflichen Zusammenhange zum Ausdruck kommen müßte. Geht der sprachliche Zerfall nun noch weiter, so kommt es zum sogenannten „Wortsalat“, bei dem also auch die Teileinheiten des Satzbaues nicht mehr erhalten sind, z. B. „Ich frage, in welches gegenüber der Persönlichkeiten. Was wollen Sie eigentlich gegenüber der Versammlung in dem Bild geschlossen, meine ich, so herzlos, daß meiner der Persönlichkeiten der in Pflege in meiner des Körpers . . . usw.“ *)

*) Kraepelin a. a. O.

Das Gegenteil dieses sprachlichen Zerfalls, nämlich differenzierte Satzsysteme, finden wir in Werken von Meistern der Sprache und des Gedankens z. B. bei Cicero und Kant. Des letzteren langatmiger und das Verständnis erschwerender Satzbau ist nicht nur akademische Geschraubtheit, sondern auch als hohe Differenziertheit Ausdruck hochdifferenzierter Gedanken, denen kleine Sätze, damals wenigstens, nicht adäquat gewesen wären. Als nach dem Kriege das geistige Niveau sank, bestanden viele Sätze in der Literatur bekanntlich nur aus Satzteilen.

Unser Denken ist also zerfallbar und muß daher normalerweise durch organische Heteronomie in sinnvoller Ordnung erhalten werden und zwar durch die Heteronomie der differenzierten Einheit, die wir bereits als „Ordner" kennen gelernt haben. Der Ordner ist also die Grundlage der sinnvollen psychischen Einheitlichkeit. Es wäre aber verfehlt, deshalb in ihm auch den geistigen Führer unseres Denkens zu erblicken. Als diesen müssen wir vielmehr nach organologischem Prinzip eine höhere Instanz fordern; denn auch bei der Ordnung und Führung unterscheiden wir eine materiale und eine formale Komponente, die beide ihre eigenen, also verschiedenen Grundlagen haben müssen. M. a. W., daß die Gedanken einheitlich konzentriert, geordnet und geführt werden, beruht auf der Funktion des Ordners, aber wie sie geführt werden, was also gedacht wird, ist Funktion einer höheren Instanz, die wir im folgenden Abschnitte kennen lernen werden, des individuellen Geistes. Der Ordner besorgt also eine generelle Funktion, die der Konzentration und Ordnung nach höheren individuellen Direktiven. Er bedient demnach das Schaltwerk in der grauen Substanz der Gehirnrinde. Diese wäre also nicht Sitz des Geistes, der Intelligenz, sondern des Ordners, der obersten Instanz der Denkorganisation. Ist diese nun, wie es auch ohne Geisteskrankheit schon bei Benommenheit oder nervöser Erschöpfung vorkommt, geschwächt, so verliert der Betreffende den Leitgedanken, er weiß nicht mehr, was er tun oder sagen wollte, worauf er hinaus wollte (was man „Zerfahrenheit" nennt), und schon bei wenig komplizierten Denkoperationen, z. B. beim Ausrechnen von 5% von 400 verwirren sich seine Gedanken. Eine geistige Leistung ist demnach nicht nur eine Summe von Teilleistungen, sondern auch noch die sinnvolle Gestaltung derselben; sie entsteht nicht, weil die Teilgedanken sich gerade so anordnen (Ansicht der Assoziationspsychologie), sondern die Teilgedanken fügen sich so aneinander, weil sie unter der Determination des Obergedankens stehen.

Determinationspsychologie ist also der organologische Gegensatz zur materialistischen, weil atomistischen Assoziationspsychologie.

Offenbar erinnern diese Erscheinungen stark an die ideatorische Apraxie, wobei der Patient auch fähig zu Teilhandlungen ist, der determinative Zusammenhang zwischen den Teilhandlungen und der Zielvorstellung aber gestört ist. Man könnte also versucht sein, bei Intelligenzstörungen von einer Apraxie des Denkens zu reden, wenn wir eben nicht unter Apraxie Störung schematischer Hirnfunktionen bei erhaltener Zielvorstellung verstünden, wodurch die Handlungen anders ausfallen, als der Patient es will, während bei Intelligenzstörung der Leitgedanke verschwimmt.

Es ist hier der Ort, nachdrücklichst auf den prinzipiellen Unterschied zwischen „Intellekt" und „Geist" hinzuweisen. Während wir unter ersterem die Denkorganisation, also einen organischen Teil des seelischen Systems verstehen, ist der Geist (vgl. VII. Kap.) nicht als System, sondern als differenzierte Einheit zu begreifen, die die Funktionen des Intellektes sinnvoll gestaltet. Der Geist denkt also nicht, sondern der Intellekt unter heteronomem Einflusse des Geistes. Funktionierte er ohne Geist, so wäre sein Denken sinnlos. Allerdings wird er nicht von dem universellen Geiste geleitet, der die ganze organische Natur gestaltet, sondern, um es vorweg zu nehmen, von einem Abglanz, einer Nachbildung des Geistes, dem menschlichen „Ich", das sich selbst — ein kleiner Gernegroß — oft für den Logos hält, obwohl es in Wahrheit nur ein „Logoid" ist. Es ist zusammen mit dem Intellekte der Träger der menschlichen Intelligenz. Die Gleichsetzung von Intellekt bzw. Intelligenz mit „Geist" mangels eines wissenschaftlichen Begriffes vom Geiste hat diesem die dem überzüchteten Intellekte geltende Antipathie eingetragen und eine verhängnisvolle Geistfeindlichkeit erzeugt, die der Entwicklung einer wissenschaftlichen Weltanschauung im Wege steht.

Um sich zu den komplizierten Verhältnissen des Lebens in sinnvolle Beziehung zu setzen, bedarf die Intelligenz der Erfahrung, einer wichtigen Funktion, die eine besondere Betrachtung erfordert. Sie tritt schon auf den niedersten Stufen des Tierreiches auf und gelangt beim Menschen zur höchsten Entwicklung. Zunächst entsteht sie durch einfache Assoziation, also Bildung einer Einheit aus zwei (oder mehreren) gesonderten Wahrnehmungen; denn eine Assoziation ist nicht ein Konglomerat, eine bloßes Summe, sondern, wie die experimentelle Psychologie feststellte, eine Totalität, eine Einheit, da sie als eine solche reproduziert wird. Außerdem ist sie von der Einstellung, also bei Tieren von den Trieben abhängig, insofern nur das assoziiert wird, was für das Tier bedeutungsvoll ist, woran also der Instinkt ein Interesse hat. Somit ist Assoziation sinnvolle, also heteronome Gestaltung, beim Tiere durch die instinktive, beim Menschen durch intellektuelle Einstellung. Daß beim Tiere der Instinkt die Assoziations- und damit die Erfahrungsbildung bestimmt, erklärt die Tatsache, daß das Tier augenscheinlich nicht selbst, also durch Denken wie der Mensch, seine Erfahrung bildet, sondern sich dabei passiv verhält, während „es" in ihm arbeitet und gestaltet. Beobachtet man nun, wie sich mit fortschreitender phylogenetischer Entwicklung auch die Erfahrung so entwickelt hat, daß immer mehr Einzelerfahrungen zu komplexen Erfahrungen zusammengefaßt und diese wieder gruppenweise zu höheren Erfahrungen verarbeitet werden, so haben wir wieder das Bild einer organischen Systembildung. Die Grundlage der Erfahrung muß also auch ein organisches System sein: die Erfahrungsorganisation. In ihr enthalten ist als Teilorganisation das Gedächtnis, von dem wir schon früher sprachen. Daß durch Hirnverletzung die gewonnene Erfahrung nicht zerstört werden kann, beweist, daß ihre Grundlage kein materielles System, sondern organischer Teil der Seele ist, wie wir es schon vom Gedächtnisse darlegten. Daß Erfahrung und Gedächtnis aber schwere Ausfälle durch seelische Störung erleiden können (der Mann ohne Gedächtnis), bestätigt den Systemcharakter der Erfahrungsorganisation.

Vergleichen wir nun die Erfahrungsarten auf den einzelnen Stufen ihrer phylogenetischen Entwicklung, so stellen wir erhebliche Unterschiede fest, deren größter der zwischen der einfachen Wahrnehmungserfahrung der niederen Tiere und der Denkerfahrung des Menschen liegt. Auch hier haben wir also einen organischen Aufbau.

Eine Teilfunktion der Erfahrung, ebenfalls organischen Aufbaus, ist das Erkennen, das wir nicht besonders zu behandeln brauchen.

### 8. *Das Wollen*

Wenn wir versuchen, die Grundlagen dieser schwer faßbaren Funktion der Seele näher zu bestimmen, so müssen wir zunächst das Wollen des Bewußtseins bzw. des Ich vom Wollen des Unterbewußtseins, den Trieben, unterscheiden. Nur das vom Bewußtsein intendierte Wollen nennen wir den „Willen". Das triebartige Wollen ist also eine generelle, der Wille eine individuelle Funktion. Daher kann man bei niederen Tieren mit schwach entwickeltem Bewußtsein nicht von Willen reden, während wir bei höheren Tieren allenthalben Willensäußerungen beobachten.

Das Wollen ist anscheinend eine auf Gestaltung, also final gerichtete blinde Kraft, die der Zielsetzung und Führung durch Instinkt, Gefühl oder Verstand bedarf; es treibt anscheinend alle Räder der seelischen Organisation; denn ohne ein Wollen würden diese wohl sämtlich stille stehen, vielleicht sich gar nicht gebildet haben. Ja, die ganze Gestaltung der Materie durch den Geist scheint ohne ein geistiges Wollen, einen Urwillen, nicht möglich zu sein; also könnte das Wollen letzten Endes eine Funktion oder Eigenschaft des Geistes sein (nicht aber das Geistige eine Eigenschaft des Wollens, da wir das Geistige als Prinzip denken). Vielleicht hängt damit zusammen, daß inspirierte oder fanatisierte Menschen meist einen besonders starken Willen entwickeln.

Da nun die verschiedenen Träger der seelischen Funktionen durch Differenzierung einer gemeinsamen Grundlage, gewissermaßen einer seelischen Ursubstanz entstanden sein müssen, so entsteht angesichts des eben Gesagten die Frage, ob vielleicht das Wollen als dies ursprünglich Seelische angesehen werden kann, die verschiedenen seelischen Funktionen also Transformationen des Wollens sind.

Entsprechend der Differenzierung der seelischen Funktionen auf den verschiedenen Entwicklungsstufen ist das Wollen auch verschieden differenziert und sind die niederen Stufen durch die höheren heteronom beherrscht. Denn die niederen Triebe werden durch die höheren, letztlich den vernünftigen Willen in Schach gehalten bzw. ihm dienstbar gemacht. Daraus ergibt sich ein organischer Aufbau der Grundlage des Wollens. Insofern ist diese also ein organisches System, ob aber auch in ihren einzelnen Stufen, können wir mit unseren primitiven Überlegungen noch nicht sicher entscheiden. Normalerweise haben wir zwar ein System von Gedanken, mehrere, oft widerstreitende Gefühle, aber nur ein Wollen. Anormalerweise — bei Hysterie und Psychopathie — können aber widerstreitende Wollungen (sit venia verbo) auftreten, so daß man evtl. von einem Zerfall des Wollens reden könnte wie beim Denken. Dann wäre die Grundlage des Wollens auch in einer Ebene ein organisches System. Besondere Untersuchungen müssen die Frage noch klären.

Beim Willen ist zu unterscheiden der geistige Willensimpuls von der Fähigkeit, den Willen durchzusetzen, die dem Ich in der Seele zur Verfügung steht. Diese Fähigkeit hängt bekanntlich stark von dem Vorhandensein gewisser Hormone ab, die den Stoffwechsel regulieren; daher wird die Lehre eines Forschers wohl zu Recht bestehen, nach der das Wollen an die Stoffwechselorganisation gebunden ist. Der bewußte Willensimpuls ist also eine Funktion des Ich, die Fähigkeit, den Willen durchzusetzen, eine Eigenschaft der körperlich-seelischen Organisation *).

### 3. Theorie des Bewußtseins

Das Bewußtsein als eins der Welträtsel naturwissenschaftlich zu erklären, wurde schon mehrfach als prinzipiell unmöglich bezeichnet, weil es sich eben aus den unbewußten Objekten der nur physisch eingestellten Naturwissenschaft nicht herleiten läßt, was Veranlassung hätte sein können, die Ableitung des Geistigen und der sinnvollen Gestaltung aus dem Physischen als ebenso unmöglich abzulehnen. Einer organologischen Weltansicht ergeben sich indessen neue Möglichkeiten, seelische Vorgänge zu begreifen, und wollen wir im folgenden darlegen, was wir vom organologischen Standpunkte aus über das Bewußtsein aussagen können.

Wir haben schon früher angedeutet, daß das Bewußtsein nur eine Funktion ist, keine Gegenständlichkeit, da es eintritt und schwindet je nach dem Zustande, in dem sich die Seele befindet. Es muß also wie jede andere Funktion eine Grundlage haben, den Bewußtseinsträger, der Teil der seelischen Organisation ist. Er besteht schon beim Tiere; daher dürfen wir unserer Theorie nicht allein das menschliche Bewußtsein zugrundelegen. Die Funktion des Bewußtseinsträgers, das Bewußtsein oder Wachsein, ist schon oft mit einer Lichtquelle verglichen worden, die einen Bezirk unseres Seelenlebens erhellt und deren Verlöschen Bewußtlosigkeit, Schlaf, Ohnmacht oder Tod bedeutet. Über das Wesen des Wachseins und des Schlafes haben wir bereits in der Theorie des periodischen Prozesses gesprochen und einen innigeren Kontakt der Seele mit dem Körper beim Wachen angenommen. Demnach wäre das Bewußtsein eine Folge dieses Kontaktes und die Bewußtlosigkeit die Folge der Aufhebung desselben. Seelischer Kontakt bedeutet aber Berührung mit etwas Fremdem, das durch diesen Kontakt, also Einwirkung dieses Fremden wahrgenommen wird. So ist Bewußtsein mit der Wahrnehmung fremder Einwirkung verbunden, wird also dadurch er-

*) Zum vorliegenden Problem vgl. die nach Abschluß dieser Arbeit erschienene Schrift von E. Rothacker: Die Schichten der Persönlichkeit, Leipzig 1938, mit zahlreichen Literaturangaben.

zeugt, daß die Seele durch exogene Veränderung ihres Zustandes gereizt wird; denn gleichbleibende Einwirkung bildet keinen Reiz. Daher werden wir uns unseres Körpers bzw. seiner Organe auch nur bewußt, wenn wir diese irgendwie wahrnehmen, sei es durch Veränderung ihrer Lage (Bewegung) oder ihres physiologischen Zustandes (Erkrankung). Auch unserer seelischen Funktionen und Fähigkeiten werden wir uns erst bewußt, wenn sie durch etwas neues erregt werden. So erkennen wir einen Irrtum oder eine Schuld im allgemeinen erst, wenn dadurch eine Änderung der normalen oder gewünschten Verhältnisse eintritt.

Diese verschiedenen Einwirkungen oder Reize erzeugen nun nicht etwa verschiedene Bewußtseine, sondern jeweils das eine Bewußtsein des Individuums, in dem die Wahrnehmungen als Inhalte und zwar Differenzierungen der Einheit dieses Bewußtseins auftreten. Daraus schließen wir, daß der Bewußtseinsträger auch eine Einheit sein muß, da ein System, wie es die Seele ist, als solches kein Bewußtsein haben kann.

Ein weiteres Kennzeichen des Bewußtseins ist seine Neutralität. Das Seelische wird durch das Bewußtsein nicht gestaltet, sondern die bewußtseinsfähigen seelischen Inhalte werden im Bewußtsein lediglich in einer Einheit zusammengefaßt, nicht gebildet, sondern gewissermaßen gespiegelt (wie es ein Forscher ausdrückte). Der Bewußtseinsträger kann daher nicht identisch mit einer seelischen Einheit sein, da diese bestimmend und gestaltend wirkt, sondern nur ein Teil ihrer Beschaffenheit und zwar vielleicht ihre Begrenzung. Denn Spiegelung bedeutet Begrenzung, und diese erhält unserer Auffassung nach die Seele durch ihre Verbindung mit dem Körper, nämlich durch ihre dort dem Physischen angepaßte Gestalt, die sie für physische Wahrnehmungen bewußtseinsfähig macht. Löst sie sich vom Körper, so tritt Bewußtlosigkeit durch Bewußtseinsleere ein, vielleicht weil ihre Begrenzung dann so unbestimmt wird, daß sie nicht mehr spiegeln kann. So sind auch physikalische Apparate nur bei bestimmter Einstellung registrierungsfähig — allerdings ohne Bewußtsein, da sie keinen Bewußtseinsträger haben.

Auf der Einheit des Bewußtseins beruht auch die Selbständigkeit, die das Bewußtsein dem Individuum verleiht; denn nur eine Einheit ist selbständig, niemals eine Vielheit. Diese muß bekanntlich stets von einer Einheit geleitet werden. Die Selbständigkeit ist offenbar Sinn und Zweck des Bewußtseins. Je heller das Bewußtsein ist, um so selbständiger ist das betr. Wesen, je dumpfer, um so unselbständiger.

In der Phylogenie, auch in der Ontogenie hat sich das Bewußtsein wie alle höheren organischen Funktionen durch organischen Aufbau des Bewußtseinsträgers entwickelt. Da nun nach der Theorie des organischen Aufbaus die niederen Stufen unter den höheren fortleben, ist es möglich und sogar wahrscheinlich, daß auch in uns Menschen unter unserem Bewußtsein auch noch die niederen Stufen phylogenetisch älterer Bewußtseinsformen als Bewußtseine (sit venia verbo) der niederen seelischen Teileinheiten leben. Die Beobachtungen der Tiefenpsychologie sprechen sogar dafür, insofern als unterbewußte Regungen oft niedere und verhältnismäßig blinde und primitive, an das tierische Niveau erinnernde Planmäßigkeit und eigenes Wollen zeigen, was aus einem niederen Bewußtsein erklärbar ist. Das menschliche Bewußtsein wäre demnach nur eine höhere Stufe der Bewußtseinsentwicklung, nicht etwas prinzipiell neues gegenüber dem Bewußtsein des Tieres.

Indessen besteht doch ein wesentlicher Unterschied zwischen dem menschlichen und tierischen Bewußtsein, den wir dahin präzisieren, daß wir beim Menschen vom Ich- oder Selbstbewußtsein reden, beim Tiere dagegen von einem Es-Bewußtsein. Dies Es-Bewußtsein haben wir auch als tiefere Stufe unserer seelischen Organisation in uns, nämlich als Unterbewußtsein, das also dem tierisch-Instinktiven und Affektiven in uns entspricht. Es fällt uns schwer, uns in die Lage des Es-Bewußtseins zu versetzen, um dessen Begriff näher zu bestimmen. Wir haben schon darauf hingewiesen, daß die Tiere durch den Instinkt wie von einer fremden Macht geleitet werden, und im folgenden Abschnitte werden wir sehen, daß das Ich des Menschen eine besondere Instanz ist, die dem Tiere fehlt. Tiere befinden sich also in ähnlicher Lage wie etwa Soldaten einer Kompanie, die sich zwar der Befehle ihres Führers (der hier das Ich repräsentiert) und deren Ausführungen, also ihrer Handlungen bewußt sind, nicht aber der Entstehung der Befehle. Ebenso würde ein Stein, der zur Erde fällt, wenn er Bewußtsein hätte, nur ein Es-Bewußtsein vom Fallen haben, kein Ich-Bewußtsein (Erkenntnis). Das Tier wie das Kleinkind registrieren also gewissermaßen ihm selbst unbegreifbare Tatsachen wie etwas Fremdes ohne Erkenntnis und geistige Stellungnahme. Der erwachsene Mensch hingegen hat nicht nur Bewußtsein seiner Handlungen, sondern auch seines Denkens und Wollens, und auch der Gründe und Ursachen dieser Funktionen, die in seinem Ich liegen, also ein Ichbewußtsein, dem das Bewußtsein des Kompanieführers in obigem Beispiele entspräche. Insofern ist das Ichbewußtsein etwas qualitativ höheres als das Es-Bewußtsein, andererseits ist es als Bewußtsein, das den Gesetzen von Schlafen und Wachen unterworfen ist, jenem doch wieder gleichartig. Es erhebt sich also die Frage, ob es sich nur durch einen höheren Inhalt vom Es-Bewußtsein unterscheidet, oder tatsächlich die Funktion eines höheren Trägers ist, der dem Tiere fehlt. Wir formulieren diese Frage: Ist das Ichbewußtsein ein Bewußtsein vom Ich oder ein Bewußtsein des Ich? — Die Antwort kann erst nach Klärung des Begriffes vom Ich gegeben werden, die im folgenden Abschnitte unternommen wird. Immerhin können wir schon jetzt sagen, daß wenn obiges Beispiel zutrifft, das Ich-Bewußtsein das Bewußtsein einer höheren Instanz ist, was auch dem Prinzip des organischen Aufbaus entspräche, nach dem jede Stufe der seelischen Organisation ihr spezifisches Bewußtsein hat.

Wenn nun jede seelische und geistige Einheit an sich oder durch einen besonderen Bewußtseinsträger prinzipiell bewußtseinsfähig ist, so daß sie unter entsprechenden Bedingungen zum Bewußtsein gelangt, so muß das auch von den kosmischen Einheiten gelten und last not least vom Weltgeiste selbst. Demnach nehmen wir kosmische Bewußtseinsstufen an bis zum Bewußtsein der Gottheit. Deren Bewußtsein wäre dann allerdings ein ewiges Geistbewußtsein, also wiederum etwas höheres als unser immerhin tierähnliches Ich-Bewußtsein, das unter äußeren Bedingungen verschwindet und wieder entsteht. Im letzten Kapitel wird darüber noch etwas zu sagen sein.

### 4. Der Begriff des „Ich"

Eine eindeutige und allgemein gültige Begriffsbestimmung des „Ich" scheint noch nicht zu bestehen. Im allgemeinen wird es als rein subjektiv, als Erlebnis aufgefaßt, z. B. als Ich-Vorstellung oder Bewußtsein von meiner Person, also als Zustand oder Funktion, und zwar vom Materialismus als Funktion der Nervensubstanz. Daß es als besondere, objektive Realität existiert, haben nur wenige Philosophen (in neuerer Zeit u. a. Sigwart, Lipps, Geyser) zu behaupten gewagt, während schon der Empirismus (Hume) und die ihm entsprechenden Naturwissenschaftler (Ebbinghaus, Mach, Ziehen u. a.) die Identität und objektive Realität des Ich mit dem Hinweis auf seine Veränderlichkeit bestritten. Wir wollen im folgenden versuchen, vom organologischen Standpunkte aus auch diese Frage einer Lösung näher zu bringen.

### *a. Der Begriff der Ichfunktion*

Der scheinbare Widerspruch obiger Auffassungen beruht offenbar darauf, daß es sich beim Ich-Begriffe um zwei verschiedene Dinge handelt: unser Ich-Erlebnis und das, was diesem Erlebnis oder dem Ich-Gefühl als objektive Realität zugrunde liegt. Gegeben ist uns immer nur das Ich-Erlebnis als subjektive Realität und es entsteht nun die organologische Frage, ob und wie wir daraus auf seine Grundlage, eine objektive Realität schließen können. Um hier klar zu sehen, müssen wir ungeachtet der hierüber schon vorhandenen Arbeiten unter unserem Gesichtspunkte prüfen, was alles unter dem Begriff „Ich" verstanden bzw. mit ihm verbunden wird. Vulgär wird unter „Ich" bekanntlich die Person verstanden einschließlich Berufsstellung und Kleidung („ich bin Arbeiter, Beamter", „ich habe mich beschmutzt"). Dieser Personalbegriff des „Ich" ist ein Sammelbegriff, der für unseren Zweck, die Ich-Grundlage zu finden, unbrauchbar ist, da wir von ihm aus nur auf unsere objektive Person schließen können, die wiederum eine Summe aus zahlreichen Komponenten darstellt, von denen möglicherweise nur eine das objektive Ich sein kann. — Näher kommen wir diesem schon, wenn wir den Persönlichkeitsbegriff des Ich ins Auge fassen; denn dabei kommt nur das Psychische in Frage, wenn dieses auch z. T. körperlich bedingt ist. Hiernach ist es streng genommen unkorrekt, körperliche Funktionen und Eigenschaften mit dem Ich-Begriffe zu verbinden, also zu sagen: ich wachse, ich magere ab, bin ein Mann, eine Frau, statt: mein Körper altert, magert ab usw. Ebenso dürfte es nicht heißen: ich huste, ich niese, sondern: mein Nervenzentrum hustet oder niest, da dies ja meist ohne und gegen unseren Willen geschieht. Macht man diese Unterscheidung nicht, so kommt man zu einer Gleichsetzung von Ich und Nervensystem entsprechend dem Materialismus.

Wenn auch der Persönlichkeitsbegriff des Ich die körperlichen Funktionen außer Betracht läßt und sich nur auf das Psychische beschränkt, so erkennen wir in ihm doch wieder einen Sammelbegriff, der vieles enthält, was nicht zum Ich gehört, nämlich das Unterbewußte. Wenn wir sagen: ich liebe, ich hasse, ich ängstige mich, so verbinden wir zu Unrecht den Ichbegriff mit den Gefühlsfunktionen, die nicht vom Ich beherrscht sind, ja sehr oft dessen Einstellung entgegenarbeiten, weshalb Nietzsche schrieb: „Gefühle lassen sich nicht kommandieren". Hier müßte es also heißen: mich ergreift die Liebe, der Haß, erfüllt die Freude usw. Daß wir ferner Triebe und Instinkte, die auch zur Persönlichkeit gehören, als ich-fremd empfinden, zeigen die Wendungen: „es treibt mich", „mein Instinkt sagt mir". Daher ist auch der Persönlichkeitsbegriff des Ich ungeeignet, die Grundlage des Ich-Erlebnisses, das objektive Ich zu finden, wir kämen wie oben auf falsche Fährte, nämlich zum Nicht-Ich, dem Es. Nur eine Gruppe von Funktionen kann korrekterweise mit dem Ich-Begriff verbunden werden: das Denken, Wollen (Handeln) und begriffliche Erkennen. Hier wäre es falsch zu sagen: „es denkt" oder „will" oder „erkennt in mir", weil wir als oberste beherrschende Instanz dieser Funktionen das Ich erleben und daher mit Recht sagen: „ich denke, ich will und handele, ich erkenne". Aus demselben Grunde fühlen wir uns auch verantwortlich für diese unsere Tätigkeiten im Gegensatz zu den körperlichen und seelischen Es-Funktionen. Bei abnormen Seelenzuständen (Seelenstörung, Posthypnose und der Trance spiritistischer Medien) erlebt die betreffende Person ihr Wollen und Handeln nicht durch ihr Ich, sondern als durch eine ihrem Ich fremde psychische Macht bestimmt, so wie wir normalerweise unsere Gemütszustände, zuweilen das Entstehen von Gedanken, Willensregungen, als unabhängig von unserem Ich, ja gerade oft dessen Tendenz oder beseerer Einsicht zuwider erleben. Daß wir also Zustände wie: „es denkt, es will in mir" als anomal empfinden und auch so ansehen müssen, beweist, daß diese Funktionen, nämlich das Denken, Wollen und Handeln sowie das begriffliche Erkennen in ihrer obersten Instanz normalerweise als Ich-Funktionen erlebt werden, d. h. als Funktionen, die vom Ich beherrscht werden im Gegensatz zu den Gefühlen und Trieben, die der Ich-Bestimmung nicht unterliegen. Damit haben wir also eine Kategorie psychischer Funktionen von den halb- und unbewußten abgetrennt; es sind dieselben, für die wir früher schon eine höhere individuell führende Instanz über dem Ordner forderten. Von ihm aus können wir, ohne deshalb einen Fehler befürchten zu müssen, auf ein objektives Ich als jene geistige führende Instanz schließen, die wir allein beim Menschen finden, weil beim Tiere das individuelle Denken, Wollen und begriffliche Erkennen noch nicht besteht. — Nach materialistischer Denkweise ist allerdings ein solcher Schluß nicht nötig, denn sie ignoriert ja geflissentlich die Frage nach der Ursache der sinnvollen Gestaltung auch auf psychischem Gebiete. Für sie entsteht das Sinnvolle unseres Denkens dadurch, daß die

Gedanken sich aus eigenen Gesetzen gerade so folgen, und der Sinn unserer Handlungen dadurch, daß die Gehirnzellen infolge ihrer Idionomie und Systembedingtheit die Muskeln gerade so innervieren. Dieser Auffassung treten wir entgegen mit der Frage: wer denkt, wer will und handelt? ich oder meine Organe? Der Materialist würde antworten: meine Organe, der Assoziationspsychologe: meine Assoziationen, der gesunde Menschenverstand: Ich! — Die Organologie vertritt also auch hier den gesunden Menschenverstand.

Es könnte nun eingewandt werden, daß es wissenschaftlich unerlaubt sei, von einem subjektiven Gefühle oder Erlebnisse ohne objektive Grundlagen auf eine objektive Realität zu schließen. Dem entgegneten wir, daß ein subjektives wie das Ich-Erlebnis eine objektive Tatsache ist, nicht weniger als etwa ein Schmerz, auf Grund dessen der Arzt eine objektive Erkrankung diagnostiziert. Der Staatsanwalt und der Richter sind sich dieser Objektivität sogar so sicher, daß sie dem Menschen Verantwortlichkeit für seine Handlungen zuerkennen und ihn unter Umständen mit dem Tode bestrafen, was einem Tiere gegenüber nicht in Frage kommt.

Wenn wir nun von den Ichfunktionen auf ein Ich schließen, so entsteht die schwierige Frage, wie wir uns dieses Ich zu denken haben. Um sie im organologischen Sinne einigermaßen klar zu beantworten, genügt es nicht, eine Art dieser Ich-Funktionen, etwa das Ich-denke ins Auge zu fassen, wir müssen vielmehr die Gesamtheit der Ichfunktionen betrachten. Diese zerfällt in die rezeptiven und produktiven Funktionen, d. h. im Bewußtsein nimmt das Ich allein innere und äußere Wahrnehmungen auf, bildet daraus Erfahrungen, Erkenntnisse und Urteile und veranlaßt wieder neue Handlungen, wobei es zwischen mehreren Möglichkeiten entscheidet. Dabei handelt es selbständig und trägt auch die Verantwortung dafür, was bedeutet, daß es sich dabei nicht um einen heteronomen, sondern autonomen Vorgang handelt — allerdings nur insoweit jene Freiheit und Verantwortlichkeit besteht. Absolute Autonomie oder Selbstgesetzlichkeit erkennen wir, wie schon gesagt, allein dem Geistigen zu, das wir formal als differenzierte Einheit begreifen. Dies steht auch im Einklang mit unserem Ich-Erlebnis, in dem wir das Ich auch als unteilbare Einheit erleben. Die Funktion einer Einheit muß nun wiederum eine Einheit sein, und in der Tat sind die Anteile des Ich sowohl an Erkenntnissen und Urteilen wie an Entscheidungen und Handlungen Einheiten, nämlich jene obersten, die den Sinn der Erkenntnisse und Handlungen darstellen, denen die Teileinheiten untergeordnet sind und die selbst wiederum in sinnvoller Beziehung zu höheren Einheiten stehen. Dieser Sinn einer Erkenntnis oder einer Handlung wird sprachlich in einem Satze ausgedrückt, z. B. Mein Freund ist in Gefahr; dies oder das muß zu seinem Schutze geschehen. Denn der Sinn eines organischen Vorgangs gibt diesem erst das sinnvolle organische Gepräge, auf Grund dessen wir auf einen geistigen Ursprung schließen, er ist auch der Grund und die Ursache dafür, daß ein sinnvoller Prozeß aktiviert wird. Die ganze seelische Organisation, durch die dem Menschen einerseits Wahrnehmung und Erfahrung, andererseits Handlung ermöglicht wird, würde uns also wenig nützen, wenn sie nicht durch das Ich ihren Sinn erhielte, wo uns der Instinkt, der die Tiere leitet, nicht mehr in genügendem Maße zur Verfügung steht. Sinnbestimmung ist also die prinzipielle Funktion des Ich. Das ist das Neue, was wir bei der Ichfunktion zum ersten Male kennen lernen: autonome Sinnbestimmung eines organischen und zwar epigenetischen Prozesses in der obersten Instanz; denn bisher hatten wir es nur mit heteronomen, also untergeordneten Vorgängen zu tun. Von dieser Sinnbestimmung als seiner Funktion auf die Beschaffenheit des Ich zu schließen, ist aber insofern eine äußerst schwierige Aufgabe, als die Sinnbestimmungen der einzelnen Menschen denkbar verschieden sind auch unter annähernd gleichen äußeren Bedingungen, da sie das Ergebnis einer sehr komplizierten generellen und individuellen inneren Entwicklung darstellen. Wir müssen uns daher zunächst darauf beschränken, den Normalfall ins Auge zu fassen, also die Sinnbestimmung eines harmonischen, in keiner Weise abnorm entwickelten Menschen.

Wir beobachten ihn, wie er sich in einer Situation verhält, die eine Ich-Entscheidung erfordert, z. B. in einer Gefahr, und zwar in einer solchen, der er sich nicht einfach durch Flucht entziehen, die er andererseits auch nicht durch physische Kraft abwehren kann. Diese beiden Reaktionsformen des Tierischen sind also aussichtslos. Meist entsteht in solchem Falle als tierhafte Reaktion Ratlosigkeit und Angst. Nun aber sieht der betreffende Mensch mit seinem Ich die Möglichkeit, sich durch Klugheit, etwa Überlistung des Feindes der Gefahr zu entziehen. Sofort werden die tierhaften Regungen der Angst und Erregung unterdrückt und Besonnenheit und Sicherheit treten an ihre Stelle, unterstützt durch den Glauben an höheren Schutz und eine glückliche Wendung. Das ist wesentlich Funktion des Ich. Die Überlistung gelingt, der Feind fällt sogar selbst in die Grube, die er dem Anderen gegraben hatte, und ist in der Gewalt des ursprünglich Gefährdeten. Statt aber nun blutige Rache an ihm zu nehmen, wie es das Tierische in ihm möchte, behandelt der Sieger den Gefangenen mit Großmut, so daß dieser beschämt und mit Dankbarkeit erfüllt sein Freund und Helfer wird. — Wir erkennen also in der Funktion des Ich nicht nur Beherrschung des Tierischen, sondern auch Intelligenz und Moralität oder Weisheit. Die Intelligenz beruht allerdings auf der Erfahrungs- und Denkorganisation, aber die Zielsetzung und Führung ihrer Funktionen durch Sinnbestimmung ist Leistung des Ich. Dieses könnte aber die Sinnbestimmung in der geschilderten Art nicht leisten, wenn es nicht einen höheren Gesichtspunkt und innere Kraft durch Glauben und Moralität hätte, also Faktoren, die nicht aus der Empirie der äußeren Welt stammen, sondern die ihm von seiner geistigen Abstammung her, gewissermaßen aus einer höheren Welt, eigen sind.

Der Mensch, den wir hier geschildert haben, ist offenbar ein Idealtypus, und man könnte daher einwenden, daß solche seltenen Exemplare nicht als Beispiel für die überwiegende Mehrzahl der Menschen herangezogen werden dürften. Dem wäre zu erwidern, daß in der normalen Anatomie und Physiologie auch körperliche Idealmenschen dargestellt und die wirklichen Menschen mit diesem Maßstab gemessen werden, damit man Art und Grad ihrer Anomalien recht erkennt. So sind auch wir uns darüber klar, daß die meisten Menschen auch seelisch irgendwie entartet sind, sonst hätten wir nicht auf der ganzen Erde die disharmonischen, weil unmoralischen Zustände und brauchten nicht soviel Polizei und Gefängnisse. Um diese abnormen seelischen Zustände richtig zu erkennen, benötigen wir eben den Maßstab des seelisch-geistigen Idealmenschen.

Als Vertreter eines weit häufiger vorkommenden Menschentypus kann der andere Mensch gelten, der als der bösartige Feind in unserem Beispiele auftritt. Wir erkennen in seinem Verhalten Unredlichkeit, Haß, vielleicht Raubgier oder Rachsucht bei normaler Intelligenz; letztere dient hier also einer niedrigen, unmoralischen Einstellung. Auch dieser Mensch handelt aus seinem Ich heraus; denn er befindet sich, wie wir annehmen, keineswegs im Dämmerzustande, sondern in normaler Geistesverfassung. Und nun müssen wir uns fragen, wie es möglich ist, daß das Ich bei verschiedenen Menschen einmal weise und gut, einmal nur schlau und schlecht sein kann, ja daß beim selben Menschen oft gute und böse Einstellungen wechseln können, wie auch zuletzt bei dem Feinde in unserm Beispiele und zwar bei klarem Bewußtsein der Sachlage und bei voller Verantwortlichkeit. Denn wir haben es hier mit zwei prinzipiell verschiedenen Richtungen der Sinnbestimmung zu tun, einer harmonisierenden und einer destruierenden, und da genügt uns die vulgäre Auffassung nicht, das eine sei etwa ein höher entwickeltes, das andere ein minderwertiges Ich. Wenn diese Auffassung zuträfe, so wären die Handlungsweisen beider Menschen zwar der Differenzierung nach verschieden, aber in der Richtung und der Art nach gleich, während in unserm Beispiele prinzipiell verschiedene Funktionen auch prinzipiell verschiedene Grundlagen erfordern. Die obige Frage bedeutet also, worauf harmonisierende und destruierende Sinnbestimmung des Ich und die Übergänge zwischen beiden beruhen. Im folgenden werden wir sie beantworten.

### *b. Der Begriff des niederen und höheren Ich*

Wenn wir an dem organologischen Standpunkte von der Verschiedenheit der Grundlagen für verschiedene Funktionen festhalten, andererseits aber zugeben müssen, daß es ein und dasselbe Ich ist, welches denkt und verantwortlich handelt, so bleibt uns nur die Möglichkeit, drei verschiedene Grundlagen anzunehmen, von denen die eine die Grundlage des Guten, die andere die des Bösen und eine dritte das Ich ist, welches einmal von dieser, einmal von jener Seite her vorwiegend bestimmt wird. In der Tat entspricht das auch unserem inneren Erleben, nach dem wir uns einmal vom Guten, ein andermal vom Bösen erfüllt oder ergriffen fühlen, wobei es allerdings in unserer freien Willensbestimmung liegt, ob wir diesem oder jenem Gefühle folgen. Wie haben wir uns nun diese drei Grundlagen zu denken? — Die des Guten muß ein geistiges Zentrum sein, das das Prinzip der Harmonie in höherer Logik, Schönheit und Moralität darstellt, also dessen, was wir als höheres reines Menschentum bezeichnen, das uns über das Tier erhebt. Weshalb wir das Geistige mit dem Prinzip des Wahren, Guten und Schönen identifizieren, wird klar, wenn wir darauf hinweisen, daß wir das Geistige als den Logos oder das Prinzip der Harmonie begreifen und Disharmonie damit unvereinbar ist. — Die Grundlage des Bösen im Menschen hängt mit seiner Tierhaftigkeit zusammen; denn das, was „die Bestie im Menschen" ausmacht, entstammt dem Tierischen, weshalb man z. B. sadistische Verbrecher „vertierte Menschen" nennt. In der Tierwelt sind Eigenschaften wie Raubgier, Mordlust, Verschlagenheit normal, während sie im Menschen zwar nicht als anomal, aber als minderwertig im Gegensatze zum Moralischen erscheinen und deshalb zerstörend auftreten, weil alles freigewordene Niedere die Gestaltungen des Höheren entsprechend seiner Idionomie umzugestalten, bzw. zu zerstören sucht. Somit erübrigt sich die Annahme eines besonderen Zentrums des Bösen im Menschen. — Die dritte Grundlage unseres Denkens und Handelns, das sog. „ich" soll hier das sein, was man im alltäglichen Sprachgebrauche „ich" nennt, nicht das, was etwa dahinter steht. Wir schreiben es mit kleinem Anfangsbuchstaben. Von seiner Beschaffenheit können wir formal folgendes aussagen:

Als oberste sinnbestimmende Instanz der Ichfunktionen muß es eine Einheit sein, da Sinn (seine Funktion) ja Einheit ist, und auch als Einheit von uns erlebt wird. Es ist an sich weder gut noch böse, sondern nimmt nur die Einflüsse des Guten oder Bösen auf und realisiert sie. Es ist auch weder klug noch dumm, denn diese Eigenschaften beruhen auf der Organisation des Intellektes. Es ist selbst auch nicht mit Schönheitssinn begabt oder mit der Fähigkeit der künstlerischen Produktion; denn auch diese Qualitäten entstammen dem Unterbewußten bzw. Überbewußten. Es ist auch nicht selbst energisch oder energielos; denn es fühlt sich nur mit Energie mehr oder weniger erfüllt und bleibt dasselbe, wenn auch diese Eigenschaften wechseln. Es hat aber die Fähigkeit, alle möglichen Einflüsse des Unter- und Überbewußtseins sowie der Umwelt in sich aufzunehmen, zu verarbeiten und den Sinn des Denkens und Handelns zu bestimmen. Diese Fähigkeit scheint sich erst im Laufe der ersten Lebensjahre zu entwickeln. Das „ich" ist also zunächst wie ein Kind, das seine Persönlichkeit nach den Einflüssen seiner In- und Umwelt bildet oder wie ein junger, fachlich nicht ausgebildeter Regent, der seine Auffassungen und Entscheidungen auf seine Ratgeber (Minister) stützt und sich erst im Laufe der Zeit zu eigenen Auffassungen, eigenen Entscheidungen und eigener Verantwortlichkeit entwickelt. Beide Beispiele stimmen aber insofern nicht, als Kind und Regent nicht nur „Iche" sind, sondern Menschen mit all der Organisation, die nicht zum „ich" gehört. — Um alle jene verschiedenartigen Einflüsse aufnehmen und verarbeiten zu können, muß das „ich" eine Differenziertheit besitzen, die mit der Höhe der Kultur bzw. Zivilisation erheblich zunimmt. Diese Differenzierungsfähigkeit nehmen wir als angeboren an.

Nun ist das Aufnehmen von Einflüssen, deren Verarbeitung zu Erkenntnissen und Entscheidungen eine Reihe von schematischen Prozessen, denen Organisation zugrunde liegen muß. Das „ich" ist also nicht nur eine Einheit, sondern ist durch Organisation mit der übrigen Seele verbunden. Es ist also nicht reiner Geist, sondern gehört zur Seele als ihr spezifisch menschlicher Teil. Wie wenig es aber selbst Persönlichkeit ist, erkennen wir, wenn wir es von der übrigen Seele und deren geistigem Zentrum getrennt denken. Dann bleibt nur übrig ein inhaltloses Gebilde ohne Bewußtsein, da ohne Reize und Vorstellungen und ohne Gedächtnis, also ohne Bewußtseinsinhalte, nur von der äußeren und inneren Gestalt, die seiner höheren oder niederen Rolle, die es im Leben gerade spielt, entspricht. So erklärt es sich, daß es außer dem Bewußtsein nichts derartig unbeständiges, ja man kann sagen charakterloses wie dieses „ich" gibt, das heute lügt, stiehlt und mordet, sich den niedersten Instinkten hingibt und morgen wieder fähig sein kann zu schönster Ehrlichkeit und patriotischem Idealismus bis zur Selbstaufopferung, ja zu religiöser Erhebung, je nachdem unter welchen Einflüssen es gerade steht. Indem es aber die seelisch-geistigen Einflüsse des Über- und Unterbewußten zu seinen Inhalten macht und als scheinbare Eigenschaften in sich vereinigt, wird es zum Repräsentanten der irdischen Persönlichkeit, die uns als selbständig denkendes und handelndes Wesen gegenübertritt, während es in Wirklichkeit nur der Exponent eines Systems ist, auf Grund dessen Eigenschaften es von sich sagt: ich bin edel, klug, energisch. Unser „ich" an sich ist also keineswegs ein selbständiges oder gar autonomes Wesen, kein geistiges Zentrum, sondern steht nur mit einem solchen als einer höheren Instanz, die ihm Richtlinien gibt, in Verbindung, gewissermaßen als dessen Vertreter oder Beauftragter, der allerdings geneigt ist, sich selbständig zu machen. Ohne jenes höhere geistige Zentrum, das es fälschlich als *sein* Zentrum ausgibt, ist es also in seinen Funktionen ebensowenig zu denken wie die ganze übertierische Organisation der Ichfunktionen, die wir zusammen mit dem „ich" die „*Ichorganisation*" nennen. Das „ich" wird also durch das geistige Zentrum erst zur inneren Selbständigkeit und zu Entscheidungen nach höheren Gesichtspunkten befähigt, und da es als Vertretung des Geistigen in der materiellen Welt erscheint, liegt die Annahme nahe, daß es vom geistigen Zentrum oder für dieses gebildet wurde, um dessen Prinzipien und Tendenzen in der irdischen Welt durchzusetzen. Würde das geistige Zentrum vom „ich" getrennt, so würde dieses haltlos, der Mensch verlöre wieder seine innere Selbständigkeit und Urteilsfähigkeit, also sein „ich", er sänke wieder auf die tierische Stufe, ja noch unter diese zurück, was ja tatsächlich bei Geisteskrankheit geschieht. Das geistige Zentrum ist also die eigentliche Grundlage und Ursache unseres Ichbewußtseins, das eigentliche Ich. Wir nennen es daher in Übereinstimmung mit anderen Lehren „das höhere Ich" (groß geschrieben) oder „das Selbst" des Menschen. Damit wird das, was wir alltäglich als „ich" erleben, unser Ichbewußtsein, zum „niederen" oder weil es zu unserer Erfahrung und Erfahrungsorganisation gehört, zum „empirischen Ich". Der Begriff des „Ich im weiteren Sinne" würde das höhere und niedere Ich zusammenfassen.

Stufe und Art der Differenzierung des empirischen Ich muß bei den einzelnen Individuen sehr verschieden sein; denn gerade bei der Sinngebung kommt die Verschiedenheit der Völker und Rassen zur Geltung. Primitive Sinnerfassung und Sinngebung lassen auf eine niedere, differenzierte Sinnbestimmung auf eine höhere Stufe der Differenzierung des Ich schließen. Die Verschiedenheit des Verhaltens der Menschen, Völker und Rassen haben wir also auf die Verschiedenheit der seelischen Organisation zurückzuführen; ob das Selbst an dieser Verschiedenheit teil hat, bedarf noch einer besonderen Untersuchung.

Das Verhältnis des Ordners zum empirischen Ich verstehen wir so, daß der Ordner die Ausführung der vom Ich gegebenen Befehle im Seelischen, d. h. im Denken und Handeln besorgt, bzw. dem Ich das geordnete Material der Wahrnehmungen zum Erkennen liefert und dabei die Ordnung der seelischen Funktionen garantiert. Wie es dies im einzelnen vollbringt, hängt allerdings nicht vom Ich ab, da das Ich dafür keine Kenntnisse besitzt und darauf keinen Einfluß hat, weshalb es auch nicht seelische Erkrankungen heilen, sondern nur die Bedingungen zur Heilung verbessern kann. Die Aufrechthaltung und Wiederherstellung der sinnvollen Ordnung im Seelischen besorgt vielmehr der Ordner und zwar nicht selbständig, sondern nach Maßgabe der ihm übergeordneten Entelechie, die die seelische Struktur gebildet hat. In menschlichen Organisationen haben wir ähnliche Verhältnisse, die wir zum Vergleich heranziehen können: In einem selbständigen Bataillon z. B. versieht der Kommandeur die Funktion des Ich, der Adjutant die des Ordners, während der Geist der Truppe, ihre höhere Mentalität vom Selbst des Kommandeurs ausgeht. Die Struktur der Formation aber ist bedingt durch die Armeeleitung, die hier der organischen Entelechie entspricht.

Das Selbst ist, wie wir bereits ausführten, nicht nur der Ursprung des empirischen Ich, sondern auch seine höhere Grundlage, die ihm Existenz verleiht, ohne die es aber verlöschen würde wie ein elektrisches Licht, das seinen Kontakt mit der Stromquelle verlöre (dies geschieht ja unserer Auffassung nach im Schlafe, in der Ohnmacht und im Tode). Das empirische Ich ist also in diesem Sinne ein auf die materielle Ebene vorgeschobenes Organ des Selbst, so wie etwa für unsere geistige Erkenntnis das Auge dessen Wahrnehmungsorgan in der materiellen Welt ist. Während also das empirische Ich mit der Seele gewissermaßen die Materie unseres Denkens und Handelns liefert, gibt das Selbst uns die höheren Prinzipien dafür, nämlich *die* Weisheit und Logik in allen Denkformen, *die* Schönheit in allen Gestaltungen der Kunst, *die* Religiosität und Moralität in allen Religionen und Moralen. Es vertritt also seinerseits das Geistige und damit das Ewige der Welt in menschlicher Form, und zwar, als individuelles Zentrum oder geistiger Wesenskern in jedem Einzelnen von uns. Daher unterschieden auch die alten Inder die unsterbliche Seele von den Uphadis, ihren Bestimmungen, der seelischen Organisation, deren Summe die Persönlichkeit bildet. Wenn das Geistige der menschlichen Seele nicht individuell, sondern nur eine Art geistiger Instinkt wäre, der wie im Tierreiche generell alle Menschen leitete, so würden wir die Weisheit und den Willen einer überpersönlichen geistigen Macht in uns erleben, nicht *wir* dächten und entschieden, sondern jene Macht *durch* uns, und uns selbst kämen deren Gedanken und Entscheidungen nur zum Bewußtsein, wie es auf einer niederen Stufe bei den instinktgeleiteten Tieren der Fall ist. Wir hätten also kein geistiges Zentrum in uns, mithin auch kein Ich, wir wären keine geistigen Individuen, sondern nur inspirierte Werkzeuge oder Medien jener geistigen Macht ohne Freiheit und Verantwortlichkeit, was anzunehmen wir normalerweise wohl keine Veranlassung haben. Denn wenn dergleichen tatsächlich einmal vorkommt wie etwa bei Sehern und Propheten, die sich durch eine höhere Macht erleuchtet und getrieben fühlen, so wird dieser Zustand als etwas außergewöhnliches geschildert, was beweist, daß er nicht die Regel ist. Und nähmen wir an, das geistige Prinzip des Selbst lebte nicht *in*, sondern als genereller Einfluß *über* uns, und unsere empirischen Iche machten nur davon Gebrauch, entschieden aber nach eigener Einsicht und auf eigene Verantwortung, dann vergäßen wir, daß kein Ich ohne geistiges Zentrum möglich ist. Würde uns aber eingewandt, gerade im Religiösen erlebten wir das Ergriffensein von einer überirdischen Macht, und wenn wir diese anbeteten, so beteten wir nicht uns selbst an, so erwiderten wir, daß wir erst durch unser Selbst befähigt und veranlaßt werden, jene höhere geistige Macht über uns zu erkennen und ihr zu dienen. — Das Bewußtsein der inneren persönlichen Normen, die das höhere Ich uns gibt, unterscheidet sich auch von der Erkenntnis äußerer physikalischer oder biologischer Gesetze, nach denen man sich zwar richtet, die man aber nicht als bindend für seine persönliche, ethisch-ästhetische Einstellung anerkennt. Wir sehen uns somit berechtigt, für den einzelnen Menschen ein individuelles geistiges Zentrum als das höhere Ich oder Selbst anzunehmen.

Dieses höhere Ich ist aber nicht oberste Instanz für die konkreten Entscheidungen des Menschen, sondern als Prinzip des Wahren, Guten und Schönen, also als menschliches Ideal gewissermaßen nur Ziel oder Richtpunkt für sein Denken und Handeln. Es bildet sein moralisches Rückgrat, wenn er sich auf dem rechten Wege befindet, und mahnt ihn als Gewissen, wenn er abweicht. Für die konkrete Gestalt der bewußten Gedanken und Handlungen ist allein das empirische Ich bestimmend und verantwortlich. Dieses, nicht das Selbst des Menschen, tritt uns also im Leben als Spitze der irdischen Persönlichkeit entgegen, mit ihm haben wir es praktisch zu tun. Würde das Selbst in uns denken und handeln, so wären wir Götter. Obwohl also die Wahrheit und Logik unserer Gedanken, die Güte und Zweckmäßigkeit unseres Handelns und die Schönheit unserer Kunstwerke indirekt dem höheren Ich entstammen, sind alle Fehlentscheidungen, insbesondere moralischer Natur, nicht auf das höhere, sondern auf das niedere Ich zurückzuführen, das dafür auch zu leiden hat. Nur die Logik und Zweckmäßigkeit bei böswilligen Handlungen entstammt dem Selbst, aber als Mißbrauch des niederen Ich. Das höhere Ich sündigt also nicht, es befähigt uns nur zu Weisheit, Schönheit und Moralität. Wenn also ein Mensch falsch denkt, unmoralisch handelt oder Häßliches produziert, so handelt sein niederes Ich ohne Rücksicht auf die Forderungen des Selbst; es macht sich als Vertreter desselben gewissermaßen selbständig, wird seinem Herrn untreu und entartet dadurch insofern, als der harmonisierende Einfluß des Selbst von der Ichorganisation nur mehr unvollkommen aufgenommen wird, vielleicht infolge der entgegenwirkenden tierhaften Einflüsse, die vom Geistigen noch nicht überwunden wurden.

Da der Mensch seine geistige Selbständigkeit durch sein Ich mit dem Verlust höherer Instinkte, durch die die Tiere geleitet werden, erkauft hat, muß die Selbsterhaltung durch das empirische Ich besorgt werden. Diese Einstellung bedingt dessen Grundeigenschaft, den E g o i s m u s, der vom „ich" ja seinen Namen hat, aber der Seele entstammt, denn auch das Tier handelt im wesentlichen egoistisch, wenn auch weniger bewußt. Auch das Kind, das noch der Tierheit nahesteht, ist daher ein kleiner Egoist. Hiernach ist es verständlich, daß vom empirischen Ich zu seiner Entwicklung vor allem die Einflüsse bevorzugt werden, die ihm vorteilhaft erscheinen und das sind vor allem die, die seine Intelligenz fördern, während wir noch heute sehen, wie die moralisch-religiösen Einflüsse als unbequem und für das materielle Wohl unzweckmäßig vielfach abgelehnt werden, was zu den bekannten schweren Mißständen unseres Kulturlebens (Krieg, Bolschewismus, Vergewaltigung) führte. Das niedere „Ich" mißbraucht also u. U. die ihm durch das Selbst verliehene Denkfähigkeit und Freiheit. So konnte Goethe seinen Mephisto im Faust vom Menschen sagen lassen:

„Ein wenig besser würd' er leben,
Hätt'st du ihm nicht den Schein des Himmelslichts gegeben;
Er nennt's Vernunft und braucht's allein,
Nur tierischer als jedes Tier zu sein."

In Wirklichkeit ist es nicht Vernunft, durch die der Mensch so unvernünftig handelt, sondern Verstand ohne Vernunft; denn letztere ist in ihrer höchsten Form Weisheit und entstammt dem höheren Ich, sie steht richtunggebend über dem Verstande, der ohne sie falsche Wege geht, wie ja auch Kant allerdings in etwas anderem Sinne die Vernunft als das „Vermögen der Ideen" bezeichnete, das der Verstandestätigkeit übergeordnet ist. Und was Goethe „den Schein des Himmelslichts" nannte, ist eben das niedere Ich mit seiner Bewußthcit und relativen Freiheit, deren Quelle, das Himmelslicht selbst, das Göttlich-Geistige ist, das also auch nach Goethe von bedeutend größerer geistiger Helligkeit, Schönheit und Freiheit ist als sein irdischer Abglanz. Auch die nach bestem Können, aber ohne genügenden Einfluß des Selbst getroffenen Entscheidungen des empirischen Ich mögen vom materiellen Standpunkte aus zweckmäßig erscheinen, vom Standpunkte höherer Vernunft aus zeigen sie sich als unweise, was sich durch spätere Folgen bestätigt. Manche Gewohnheiten gelten auf niederen Kulturstufen als durchaus berechtigt (z. B. gefangene Feinde zu quälen), die vom höheren Standpunkte aus unmoralisch erscheinen. Ebenso verhält es sich mit Begriffen über Schönheit.

Während also das empirische Ich auf Grund der sinnlichen Erfahrung zur primitiven Sinnbestimmung mit Hinblick auf die materiellen Verhältnisse befähigt ist, gibt das Selbst dieser Sinnbestimmung einen höheren geistigen Gehalt, höhere Richtung und Differenziertheit durch den Geist der Logik, Weisheit, Schönheit und Moralität sowie die Kraft der Ideale. So trägt das höhere Ich überirdische Gesetze ins irdische Leben hinein und setzt uns und unser Leben in harmonische Beziehung zum Geistigen der Welt, aus der es mit seinen hohen geistigen Inhalten stammt. Dadurch wird es für das empirische Ich zur Quelle der Spiritualität, worunter die Einstellung auf das kosmisch-Geistige verstanden wird, wogegen Intellektualität die Einstellung auf das menschlich-begrifflich-Geistige bedeutet. Spiritualität ist also kein Luxus oder überflüssiges persönliches Bedürfnis, sondern eine Notwendigkeit, nämlich das Vermögen, sich nach geistigen Weltgesetzen zu richten, mit denen man in Konflikt gerät, wenn man es nicht tut. Bekanntlich ist eins der Zeichen geistiger Gesundheit die Orientierungsfähigkeit in der Umwelt, und bedeutet Einbuße derselben geistige Erkrankung. Wir bedürfen aber auch für die höheren Richtlinien unserer Lebensgestaltung einer besonderen, nämlich weltanschaulichen Orientierung, und so ist die Weltanschauungslosigkeit des Abendlandes — wir sprechen hier nicht von Deutschland — nach einem Worte Alb. Schweitzers*) eine „Störung der höheren Orientierung" und damit ein Zeichen degenerativer Entartung unseres geistigen Lebens. Es ist also klar, welche Bedeutung der weltanschaulichen Erziehung zukommt. Denn der Materialismus ist der Feind aller Spiritualität und erzeugt durch Absperrung vom Geistigen ein Übergewicht der niederseelischen Einflüsse, wie es im Bolschewismus zutage tritt. Wird also das höhere Ich durch materialistische Erziehung, Primitivität oder Degeneration mehr oder weniger ausgeschaltet, so resultiert ein minderwertiger Mensch, der die Forderungen des Geistigen als fremdartig und seinen niederen Intentionen als schädlich und feindlich empfindet und sie daher haßt und bekämpft. Wir reden in solchen Fällen von „spiritueller Degeneration" und verstehen darunter nicht Degeneration des Selbst, weil wir in diesem als dem unveränderlichen Prinzip der Harmonie, dem Ewigen im Menschen, keine destruktiven Veränderungen, die nur ein System betreffen, annehmen können, sondern Degeneration des emprischen Ich bzw. der Ichorganisation als des jüngsten und labilsten Teiles der Seele; denn Verfall beginnt immer in den phylogenetisch jüngsten und differenziertesten Funktionen. Die Primitivität und Unwahrhaftigkeit materialistischer Denkweise ist das Kennzeichen spiritueller Degeneration in der Wissenschaft. Materialismus und Degeneration bedingen

*) Verfall und Wiederaufbau der Kultur, München 1923.

sich also gegenseitig, das eine ist der Ausdruck des anderen, und beide bilden einen circulus vitiosus *), der es erklärt, weshalb die heutige Naturwissenschaft aus eigenem Vermögen nicht aus dem Materialismus herauskommt. Es muß also dieser „Teufelskreis" durchbrochen werden durch eine organologische Weltauffassung. Spiritualität ist nicht nur die unerläßliche Bedingung für geistig kulturelle Höherentwicklung, sondern auch der beste Schutz gegen bolschewistische Degeneration. Denn durch fortgesetzte Beeinflussung der Seele durch das Selbst wird das Tierhafte der seelischen Organisation des Menschen erzogen und verfeinert, so daß es seinen tierischen Charakter verliert und menschliche, d. h. dem Ich entsprechende Eigenschaften annimmt, indem z. B. in seiner Gefühlsorganisation keine Haß-, Rache- und Raubtiergefühle mehr entstehen oder nur in verschwindend geringem Grade, und die entsprechenden Gefühlskräfte zu höheren, edleren Gefühlen verwandt werden.

Wenn nun ein Mensch durch Logik, Weisheit, Schönheitssinn oder religiöse Ergriffenheit Großes vollbringt (auch im Kleinen), so handelt zwar sein empirisches Ich, aber indirekt durch dieses sein höheres Ich, das ihm jene geistigen Impulse und die sittliche Kraft gibt, sie durchzusetzen. Dessen sind sich auch innerlich große Menschen stets bewußt gewesen und haben sich in Bescheidenheit vor dem Höheren in ihnen gebeugt; sie hätten es für Vermessenheit gehalten, sich selbst, d. h. ihre irdische Persönlichkeit für so hoch, ja göttlich zu halten, als ob diese die Quelle der Weisheit, Schönheit und Geistigkeit wäre. Denn dann brauchten sie sich ja nicht davon erfüllt und getrieben zu fühlen, und wir würden jene hohen Gesetze nicht als ein „Du sollst" in uns empfinden, wie einen Befehl aus einer höheren Welt. — Handelt ein Mensch aber unklug und unmoralisch, so ist daran das höhere Ich nur insoweit beteiligt, als es dem Betreffenden Ichbewußtsein und Logik gibt, die aber als solche nicht sinnbestimmend wirkt, sondern hier nur zur Durchführung niederer Tendenzen dient. In dem Falle handeln diese niederen Tendenzen indirekt durch das empirische Ich. Dieses erniedrigt sich also selbst durch seine Untreue dem höheren Ich gegenüber zum Werkzeuge untermenschlicher Einflüsse. Infolge der dadurch entstehenden spirituellen Degeneration wird es gegen den höhergeistigen Einfluß des Selbst „verblendet". Daher ist es erforderlich, daß wir uns immer der Realität und moralischen Autorität des Selbst als unseres Wesenskerns bewußt bleiben. In diesem Sinne ist unserer Auffassung nach das große delphische

*) „Teufelskreis".

Γνῶθι σ'αὐτόν zu verstehen: Erkenne dich selbst (dich als dein Selbst), während die Deutung: ‚Erkenne deine Persönlichkeit' eine Plattheit bedeutet.

Entbehrt das empirische Ich etwa durch Erkrankung (die nur ein System betreffen kann) den sinnvollen geistigen Einfluß seines Selbst, so verliert es die Vernunft und Logik und verfällt in geistige Umnachtung, Wahnbildung oder sog. Geisteskrankheit. Diese wäre demnach keine Erkrankung des Geistes, sondern der Seele bzw. der Ichorganisation. Daß wir also logisch denken und vernünftig entscheiden können (z. B. in der Mathematik, Philosophie und Politik), verdanken wir dem Selbst, ebenso daß wir Kunst und Religion, also höhere Kultur haben, womit wir in harmonischer Beziehung zum Geistigen der Welt treten. Daß andererseits das Tier nicht denken kann und keine Kultur im menschlichen Sinne, d. h. bewußte Pflege des Geistigen hat, erklärt sich demnach aus dem Fehlen des Selbst. Es hat daher auch kein Ichbewußtsein, mit dem es seinen Instinkt überwinden kann, sondern nur ein Es-Bewußtsein, mit dem es den ihm generell gegebenen Befehlen seines Instinktes kritiklos folgt. Kinder und Primitive (Neger), bei denen das Ich noch unentwickelt ist, die also der Tierheit noch nahe stehen, reden bekanntlich von sich selbst in der dritten Person: Hans ist gefallen, Ombo hat Löwen gesehen. Beim Militär, wo außer bei Führern Ich-Entscheidungen nicht am Platze sind, hat der Soldat seinen Vorgesetzten gegenüber auch von sich in der dritten Person zu sprechen.

Wie Befehle den Soldaten gruppenweise gegeben werden, so die Instinkte den Tieren gattungsweise. Diese verhalten sich daher den Instinktbefehlen gegenüber wie eine Gruppe Soldaten zu einer Befehlsstelle. Der einzelne Mensch hingegen verhält sich den geistigen Gesetzen gegenüber wie ein in jene Gesetze Eingeweihter, dem diese sozusagen verliehen wurden, und der sie nun als sein eigenes Gesetz in sich trägt. Er steht daher mit seinem Ich gewissermaßen selbst an jener Befehlsstelle und zeichnet verantwortlich für seine Entscheidungen. Insofern er aber animalisch ist, gehorcht er als Gattungswesen denselben Instinkten wie das Tier.

Was der Instinkt für die Tiere leistet, indem er sie sinnvoll und nach höherer Weisheit führt, bedeutet für den Menschen das Ich-Selbst, das bei idealer Funktion eine ideale Harmonie unter den Menschen herstellen würde, die der kosmischen Ordnung der Natur ohne destruierende Einflüsse entspräche.

### *c. Die Ichlosigkeit der Tierseele*

Wer sich die Ichlosigkeit der Tiere noch besonders veranschaulichen will, vergegenwärtige sich den grundlegenden Unterschied zwischen menschlichem und tierischem Seelenleben. Er denke an das Pferd vor der Droschke, die Kuh auf der Weide, den Fisch im Wasser, die Spinne im Netz und versetze sich selbst in den Zustand dieser Tiere. Er müßte, wenn auch bewußt, so doch gedankenlos dahin vegetieren, nur automatisch und kritiklos, wenn auch mit Aufmerksamkeit, Lust, Unlust oder affektiver Erregung auf Reize reagieren, die ihn gerade träfen, ohne aber aus dem Zustande der Gedanken- und Willenlosigkeit zu geistiger Spontaneität herauszukommen. Seine Körperhaltung würde dem entsprechen: er ginge „auf allen Vieren", das Gesicht meist dem Boden zugewandt. Wenn er Hunger hätte, würde er Nahrung suchen, aber nicht wie sonst der Mensch mit Überlegung, sondern sich triebhaft seinem Instinkte überlassend. Er würde also geistig schlafen und ohne freie Willensbestimmung und Verantwortlichkeit handeln, wenn man dies „handeln" nennen kann. M. a. W. er müßte ein Es-Wesen werden. Käme er nun plötzlich wieder in seinen regulären Bewußtseinszustand, so wäre es ein Erwachen, ein anderes Prinzip, nämlich ein Ich beseelte ihn wieder, er käme wieder „zu sich", wie der Volksmund sagt. Er würde sich aufrichten und — denken. Ebenso würde ein Tier, dem plötzlich das Ich-Selbst und das Denkvermögen gegeben würde, zu einem höheren Bewußtsein erwachen und sich aufrichten wie eine ägyptische Tiergottheit. Es würde nicht mehr dahintrotten, sondern „gehen", es würde sein Verhalten, seine Lebensgewohnheiten nach höheren Gesichtspunkten ändern, kurz es würde sich durch neue Fähigkeiten so wesentlich von allen anderen Tieren unterscheiden, daß es nicht mehr „Tier" genannt werden könnte. Würde ihm das Ich-Selbst wieder genommen, so würde es wieder in die Horizontale umfallen, und wieder rein instinktmäßig „handeln". Hätten die Tiere aber eine wenn auch primitive Ichorganisation ohne ein Selbst, so wären Wesen entstanden, denen zur Befriedigung ihrer Triebhaftigkeit niedere Intelligenz ohne Vernunft und Moral zur Verfügung stünde, die also destruktiven Einflüssen nichts entgegenzusetzen hätten: teuflische Menschentiere. Wir haben also keine Veranlassung, dem Tiere schon ein Ich, wenn auch in primitiver Form zuzuerkennen, aus der sich das menschliche Ich entwickelt hätte; vielmehr gibt es, wie sich noch weiter bestätigen wird, triftige Gründe, das Ich-Selbst des Menschen als neu eingetretenes Prinzip aufzufassen.

Hier wird man uns die Allgemeingültigkeit des Entwicklungsgesetzes entgegenhalten, nach dem jede organische Gestalt durch Entwicklung niederer Formen entsteht. — Dem entgegnen wir, daß diese Auffassung von der Entwicklung der Organismen nur insofern richtig ist, als eine kontinuierliche Umbildung stattfindet, da jede höhere Entwicklungsstufe eine niedere zur Voraussetzung hat. Wenn aber mit dem Entwicklungsgesetze gesagt sein soll, daß alles Höhere aus dem Niederen, d. h. aus dessen Kräften und Eigenschaften entstünde, so treten wir dieser materialistischen Ansicht wie schon früher mit der organologisch bewiesenen Behauptung entgegen, daß organische Entwicklung Verwandlung und Aufbau durch immer höhere Formprinzipien, also in dem Sinne fortgesetzte Neubildung ist. So ist schon die Gastrula eine Neubildung gegenüber der Blastula und die Blüte eine Neubildung gegenüber dem Blatte, wenn sich auch eins aus dem andern entwickelt hat, d. h. entwickelt wird. Ebenso ist das Tierische Neubildung gegenüber dem Pflanzlichen, wie dieses Neubildung gegenüber dem Mineralischen ist, und das Erscheinen des Ichs im Menschen ist prinzipiell nichts anderes. — Wenn wir also die Einzelorganismen als Kreise zeichnen, so wären die Menschen als Kreise mit eigenem Mittelpunkte, die Tiere als Kreise ohne Mittelpunkt darzustellen.

### *d. Der Begriff der Hysterie*

Die Frage nach dem Wesen der Hysterie hängt eng mit dem Seelen- und Ichproblem zusammen und kann daher im organologischen Sinne geklärt werden, wobei unsere Theorie von Seele und Ich eine Bestätigung durch die hysterischen Erscheinungen erfahren wird. Bekanntlich ist die Hysteriefrage in den letzten Jahrzehnten in großem Umfange bearbeitet worden und viele grundlegende Erkenntnisse über die Struktur der menschlichen Psyche sind daraus hervorgegangen. Wenn dadurch aber der Begriff des Unterbewußtseins oder des Unbewußten Eingang in die Pathopsychologie fand, so änderte sich damit noch nicht der offizielle Begriff von der Seele. Diese und damit auch das unterbewußte Seelische wurde weiterhin als Hirnfunktion behandelt; kein Pathopsychologe oder Psychiater — am wenigsten Freud — hat u. W. zugegeben, daß es eine Seele geben müsse, alle haben sich vielmehr nur damit begnügt, die verschiedenen seelischen Funktionen und Komplexe nachzuweisen, die Frage nach dem Träger dieser Funktionen aber unberührt gelassen oder als metaphysisch abgeschoben, wenn sie nicht wie Bleuler die Lehre von der Psyche als einer Hirnfunktion nochmals festlegten. Wer aber glaubt, durch die Psychoanalyse sei die Realität der Seele offiziell erwiesen, gibt sich einer Täuschung hin. Der Materialismus herrscht auch hier nach wie vor, wenn auch durch eine Funktionspsychologie getarnt, wie das seine Art ist.

Das Krankhafte und wissenschaftlich Wertvolle der Hysterie ist ja im wesentlichen dadurch gekennzeichnet, daß ohne bewußten Willen, ja sogar gegen denselben, Erregungs- und Schwächezustände, eine Art Anfälle oder Lähmungen auftreten, die in ihrer relativ (d. h. im Verhältnis zur bewußten Vernunft) sinnlosen Gestalt und ihrer Stereotypie ihren Ursprung aus niederen, tierhaften, sonst der Forschung unzugänglichen Seelenschichten verraten. Sie sind als Ausdruck und Entladung hochgradiger seelischer Spannung infolge mangelnder Einheitlichkeit des Seelischen und mangelhafter Beherrschung vor allem der Triebhaftigkeit aufzufassen, als eine Art Revolution, in der die niederen unvernünftigen Kräfte, die Träger der seelischen Dynamik ihre Fesseln sprengen, sich austoben oder streiken (sog. „Nervenzusammenbruch"). Es kommt also, wie Kretschmer es in seiner Schrift „Über Hysterie" ausführte, bei jenen Zuständen gleichsam ein zweiter Wille im Individuum zum Vorschein bzw. zur Herrschaft, wobei der normalerweise herrschende, bewußt vernünftige Wille oder das Ich mehr oder weniger ausgeschaltet wird. Daher auch die Bewußtseinsstörungen bei diesen Zuständen. Das Wesen der Hysterie wird also klarer, wenn wir sie als ichlose Vorgänge im Gegensatz zu den vom Ich dirigierten normalpsychischen betrachten. Bei diesen ist das Ich nicht nur bestimmende, sondern auch verantwortliche Instanz, bei den hysterischen Zuständen hingegen nicht; denn diese unterliegen nicht der freien bewußten Willensbestimmung, das Ich kann daher für sie nicht direkt verantwortlich gemacht werden, z. T. sind sie sogar den Intentionen und der Einstellung des Ich entgegengesetzt, weshalb der Arzt vom Ich gegen sie zu Hilfe gerufen wird. Denn vom Bewußtsein aus ist deren Beherrschung nur in Form von Unterdrückung möglich, wodurch die Spannung nur vermehrt wird. Der normale Zustand beruht also unserer Theorie nach auf Beherrschung des Unterbewußten durch den Ordner nach Maßgabe eines höheren Prinzips. Welches soll dieses aber sein? Offenbar dasjenige, welches das Unterbewußte in Einklang mit der Einstellung des Ichbewußtseins bringt; denn dann ist der Mensch harmonisch. Die Einstellung des Ichbewußtseins ist zwar wiederum abhängig von den Einflüssen des Seelischen, aber nicht nur von diesem; insbesondere ist es der Verstand in Verbindung mit der Vernunft, der für es maßgebend ist. Die Harmonie der menschlichen Seele besteht also in erster Linie auf der einheitlichen Einstellung von Verstand und Gefühl nach Maßgabe der Vernunft. Da das Selbst der Träger der letzteren ist, können wir also annehmen, daß er auch jenes höhere Prinzip darstellt, das mittelst des Ordners das Unterbewußte beherrscht. Hiermit stimmt überein, daß uns die Forderungen des Selbst nicht direkt wie Wahrnehmungen von außen her bewußt werden, sondern über unser Unterbewußtes. Wir müssen nicht nach außen oder über uns, sondern in uns, gewissermaßen in die Tiefe schauen, wenn wir dem Selbst näherkommen wollen. Eine hysterische Persönlichkeit ist also eine solche, deren Gefühls- und Trieborganisation noch nicht genügend vom Selbst im Sinne des menschlichen Ideals durchdrungen und höhergestaltet, also ungenügend durchgeistigt ist und mangelhaft beherrscht wird, so daß es bei gewissen Anlässen revoltiert. Daher ist auch ein moralisch und korrekt eingestellter Mensch von Natur aus niemals hysterisch, sondern nur ein solcher, der nicht über den Dingen, sondern unter ihnen steht, weil er noch primitiv egozentrisch ist und sich damit ohne Vernunft ähnlich dem Tiere durchsetzen will. In der Tat erscheinen die hysterischen Zustände ja deutlich tierhaft, weil ichlos. Hysterie nach Chockwirkung bei früher Normalen erklärt sich — soweit sie nicht psychisch-tendenziös bedingt ist — aus Störung der unterbewußten Regie des Seelischen infolge Lockerung des Zusammenhanges mit dem höheren Ich.

Man sieht, wie ohne die Unterscheidung von Seele, Bewußtsein und höherem Ich die wichtigsten psychischen Vorgänge nicht befriedigend erklärt werden können. Dasselbe gilt bezgl. der Hypnose. Auch diese ist dadurch gekennzeichnet, daß das Ich ausgeschaltet wird, weshalb sie auch mit der Hysterie verglichen werden kann, so als ob sie künstliche Hysterie wäre. Indessen besteht der wesentliche Unterschied von Hypnose und Hysterie darin, daß letztere auf innerer Spannung beruht, während der hypnotisierte Mensch nicht aus eigenem Impulse, sondern auf Befehl des Hypnotiseurs handelt. Die Heilung hysterischer Zustände durch Hypnose erklärt sich durch Beeinflussung des Niederseelischen unter Ausschaltung des Ich derart, daß es dem Selbst wieder ermöglicht wird, die Herrschaft zu übernehmen. Durch Psychotherapie über das Bewußtsein wird dies auch erreicht und zugleich Seele und empirisches Ich durch Erkenntnis einander angepaßt. Eine organologische Psychotherapie wird daher im Sinne des höheren Ich arbeiten, d. h. auch nach dessen Forderungen den bewußten und unterbewußten Menschen einzustellen suchen.

Auf dieser Grundlage erklärt sich auch der Begriff der Massenpsyche (nicht Massenseele!), der uns deshalb interessiert, weil in einer erregten Masse der Einzelne sich anders verhält, als er es allein tun würde. G. Stieler hat dies Problem behandelt*). Von unserem Standpunkte aus ergibt sich, daß bei agitatorischer Bearbeitung einer Masse von kritiklosen Menschen mit schwach entwickelter Vernunft, aber starker Triebhaftigkeit die Vernunft lahmgelegt wird, wenn der Redner nur an primitive Vorstellungen und Tendenzen appeliert und die Verantwortung des Einzelnen wegfällt, wodurch ein Zustand von angenäherter Ichlosigkeit entsteht. Ein wissenschaftliches Auditorium z. B., in dem sich der Vortragende an die höchsten geistigen Funktionen wendet, ist daher keine „Masse".

### *e. Die Polarität der Ichfunktion*

Vergegenwärtigen wir uns jetzt noch einmal Lage und Funktion des empirischen Ich. Einerseits ist es an den physischen Organismus gebunden und lebt dadurch in der materiellen Welt, andererseits ist es abhängig vom geistigen Selbst. Beiden muß es immer gerecht werden und zwar dadurch, daß es den Organismus in sinnvolle Beziehung zur Außenwelt setzt und diese Beziehung nach Maßgabe der Forderungen des Selbst gestaltet. Wenn diese auch nicht immer ohne weiteres durchzuführen sind, so bleiben sie doch Forderungen, kategorische Imperative, denen wir die irdischen Verhältnisse anzugleichen haben durch Höhergestaltung und Durchgeistigung unserer Kultur. Im Prinizip findet dies überall in der organischen Natur mit den materiellen Prozessen unter Wirkung der Entelechie statt: die heteronomen Verhältnisse, die die Entelechie herstellt, sind dem Geistigen, nicht der Materie angepaßt; diese wird also gewissermaßen in höhere Gesetze hineingezwungen. In diesem Sinne wirkt auch das höhere Ich auf das niedere organisch-heteronom, aber nicht durch Zwang, wie in der Natur, sondern in Freiheit, gewissermaßen durch Erziehung, insofern als das niedere Ich büßen muß, wenn es die Vernunft außer Acht läßt, und belohnt wird, wenn es ihr folgt und dadurch höhere Erfahrungen macht und höhere Erkenntnisse gewinnt. So ist das empirische Ich recht eigentlich „der Wanderer zwischen beiden Welten", der geistigen und der materiellen. Durch diese Organisa-

*) Person und Masse, Leipzig 1929.

tion findet ein Prozeß statt, der kosmische Bedeutung hat: Die Eroberung nicht nur der Materie, sondern vor allem des niederen Seelischen durch den Geist des Menschen, die Überwindung des Bösen durch das Gute mit dem Ziel der universellen Herrschaft des Geistes. Daraus folgt, daß Vergeistigung durch Weltflucht keineswegs den Intentionen des Geistes der Weisheit entspricht, sondern Kampf in dieser Welt gegen die Feinde des Geistes: Unvernunft, Unwahrheit, Unmoral. Wer sich dem entzieht etwa durch Isolierung oder Selbstmord, scheidet aus dem Weltprozesse, in den er gehört, aus, befindet sich also auf einem Irrwege. Ein anderer Irrweg ist der, von dem wir schon gesprochen haben, nämlich der des schlechten Menschen, der die Gaben des Geistes verschmäht oder mißbraucht, um niederen Gelüsten zu dienen. Auf diese beiden entgegengesetzten Irrwege wird das Ich gezogen und muß auf der „goldenen Mittelstraße" zwischen ihnen durchsteuern. Es kann dies aber nur, wenn es sein höheres Ich erkannt hat und als seinen geistigen Führer in den Wirrsalen des Lebens anerkennt, ohne den es sich rettungslos verirren würde, da ihm der Instinkt, der die Tiere leitet, nicht mehr zur Verfügung steht. So kommen wir wieder zu dem Bilde Platos von den beiden Rossen, die den Wagen der Seele eins nach oben, das andere nach unten ziehen, oder zu dem Worte Goethes von den zwei Seelen in seiner Brust. Das empirische Ich ist es, was nach oben und unten gezogen wird, ihm sind die Zügel in die Hand gegeben, den geraden, richtigen Weg zu steuern, aber auch die Möglichkeit dazu durch die Weisung seines Selbst. Die Funktion des Ich ist also auch ein organischer Prozeß, der zwischen zwei Polen verläuft, zwischen Philia und Neikos und durch den Nous sinnvoll gesteuert wird, wie wir es in der Theorie des organischen Prozesses ausgeführt haben. Erhält einer von beiden Polen das Übergewicht, dadurch daß das Ich ihm nachgibt, so resultiert entweder Materialismus, Selbstsucht, Geiz, Ichverhärtung und entsprechende Unmoral oder das Gegenteil: weltflüchtiger Pseudoidealismus, Selbsthingabe, Verschenken des notwendigen Eigentums, Ichauflösung im Allgemeinen und entsprechende falsche Übermoral. Man kann diese beiden Tendenzen bildlich darstellen durch zentrifugale und zentripetale Kraftrichtungen, aus deren Gleichgewicht im Zusammenwirken sich der Normalzustand des Ich ergäbe. Würde man nicht diese Polarität konstruieren, sondern annehmen, daß Geist und Materie die beiden Pole seien, zwischen denen das Ich sich zu bewegen hätte, so wäre die Konsequenz, daß das Ich

13*

sich um so mehr von der Materie entfernte, also lebensuntüchtig würde und der Auflösung entgegenginge, je mehr es dem Geistigen folgte. Würde die große Mehrzahl aller Iche so eingestellt sein, so würden die geistfeindlichen destruierenden Kräfte im Reiche des Menschen die Überhand gewinnen, da sich ja die geistig orientierten Iche von der Erde abkehrten, sie im Stiche ließen und der vom Geistigen selbst organisierte Prozeß der Eroberung der materiellen Welt durch den Geist würde illusorisch werden; das Ich, das dem Geiste der Weisheit, Schönheit und Moralität folgte, würde unweise, unschön und unmoralisch handeln und unbrauchbar für diese Welt, in die es hineingestellt ist, oder das kosmisch-Geistige, der Ursprung aller sinnvollen Gestaltung der Materie, wäre tatsächlich der Geist der Weltfremdheit und Torheit, der Widersacher der geistig-kulturellen Durchdringung des Erdenlebens. Wer also einen solchen Begriff des Geistigen und die Stellung des Ich zwischen den Polen Geist und Materie propagiert, arbeitet den Bestrebungen wahrer kulturfördernder Geistigkeit entgegen. Der Geist wird damit zum Prinzip der Lebensfeindlichkeit, der Logos zum Gegner des Bios gemacht, was ja tatsächlich schon geschehen ist und dem Geiste die Antipathie weiter Kreise eingetragen hat. Dem Organologen ist aber klar, daß derartige sog. Lehren nur eine Verleumdung des wahren Geistigen sind ausgehend von geistfeindlichen Mächten, daß sie auf der Linie der Zerstörung menschlicher Kultur, also des Bolschewismus liegen und bewußt oder unbewußt auf den Untergang der Menschheit hinarbeiten. Sie gehen offenbar Hand in Hand mit der Tendenz, die den Menschen an die Materie binden und von ihr abhängig machen, entgeistigen und ihn so seinem wahren Wesen entfremden und verderben will, dem Materialismus. In Wahrheit ist der Geist der Schöpfer und Erhalter des Lebens; der konstruierte Gegensatz von Geist und Leben beruht auf der Verwechslung von Geist mit pseudogeistiger Intellektualität. Wir kommen also nur zu einer befriedigenden Lösung des Problems der Ichfunktion, wenn wir wie oben eine Polarität falscher Vermaterialisierung und falscher Vergeistigung annehmen. Diese Tendenzen wirken in der Seele als Motor des organischen Prozesses der Ichfunktion, insofern sie das Ich verlocken, entweder dem materiellen Reichtum und Genusse nachzugehen oder sich aus dieser Welt des Kampfes und der Arbeit in eine schönere Welt unproduktiver geistig-ästhetischer Beschäftigung, Träumerei oder durch Selbstmord direkt ins Jenseits zurückzuziehen. Denn die Forderungen des Geistes der Weisheit, Schönheit und Moralität sind schwer zu erfüllen und mit ihrem kategorischen Imperativ der Pflicht keineswegs geeignet, unsere tierhafte Seele in Bewegung zu setzen. Sie dienen dem Ich zunächst nur als Kompaß oder Richtschnur eines modus vivendi zwischen Hunger und Gefängnis, indem sie es lehren, wie man materielle und geistige Vorteile verbinden kann, indem man sich produktiv geistig betätigt. Ist der Mensch nämlich auf einem der beiden Irrwege in die Dornen geraten, so kommt er durch schlechte Erfahrung zur Erkenntnis, verliert seine Verblendung und bereut sein Verhalten, indem ihm seine Untreue und Unvernunft zum Bewußtsein kommt. Jetzt erkennt er erst den Wert der Forderungen seines Selbst und wird so wieder fähig, dessen harmonisierenden Einfluß aufzunehmen. Das Mißverhältnis der den Irrwegen zugeneigten Einstellung der Seele und des empirischen Ich zu den hohen Forderungen des Selbst erzeugt also die Spannung, die uns in Taten oder in Leiden zu immer höherer Vervollkommnung treibt. So wird der Mensch allmählich zum Diener des wahren Geistes, nämlich zum sinnvollen Gestalter des materiellen Lebens, erfüllt und begeistert von den belebenden und erhebenden Impulsen wahrer Spiritualität. Dann erkennt er, daß der Weg zu wahrer Vergeistigung für ihn nur über die tatktäftige Erfüllung seiner geistigen Aufgaben führt dort, wo sein Platz in der Welt ist. Der wahrhaft geistige Mensch ist also kein fauler Träumer oder lebensverneinender Phantast, sondern ein Kulturgestalter, der dem Leben dient und es bejaht.

Damit jene beiden Pole der falschen Vergeistigung und Vermaterialisierung als Motor und das Geistige als Kompaß auf unser Leben wirken können, müssen sie hier reale Gestalt annehmen und zwar als Menschen, die die für die Seele verlockenden Verhältnisse schaffen und propagieren und als geistige Führer, die den rechten Weg zwischen ihnen zeigen. Jene, die Pole vertretenden Menschen werden stets Extreme darstellen, denen ausschließlich zu folgen ein Irrweg wäre; sie haben aber vom organologischen Standpunkte aus ihre Berechtigung. Denn wären sie nicht da, die Organisatoren materieller Genüsse oder die Verkünder weltabgewandter Seligkeit, so hätten die Menschen weder ein Interesse reich zu werden, noch lockten sie geistige Genüsse und Vorteile im Jenseits, und unsere Kulturentwicklung stünde still und verfiele, da jene niederen Triebkräfte dem Geiste als Material zu seiner Gestaltung fehlten, der Geist also ohne sie mit seinen rein formalen Prinzipien des Guten und Schönen auf Erden lahmgelegt wäre. Zwischen diesen Polen bewegt sich also unsere Kulturentwicklung. Diese nach obigen Gesichtspunkten zu analysieren und ihr fruchtbare Richtlinien zu geben, wäre die Aufgabe einer organologischen Kulturphilosophie.

Damit beschließen wir unsere Grundlegung einer organologischen Psychologie und hoffen, daß sie verständnisvolle Ausgestaltung finden wird. Im folgenden sollen nun die höheren Ordnungen besprochen werden, in die die Einzelseele eingegliedert ist.

# VI. DIE STELLUNG DES MENSCHEN IN DER NATUR

> Welch eine Schöpfung ist der Mensch! wie adlig durch Verstandeskraft, wie schrankenlos an Fähigkeit und wie bewundernswürdig, in Gestalt und Gebärde wie engelgleich, in seinem Erfassen wie gottverwandt, im Weltall der Inbegriff des Schönen, allem Lebenden ein Vorbild. (Shakespeare)

## A. DIE ENTELECHIALE GLIEDERUNG

Wenn wir die Reiche der Menschen, Tiere und Pflanzen vom systematischen Gesichtspunkte aus betrachten, so finden wir sie in Rassen, Völker, Stämme, Arten usw. gegliedert, d. h. eine mehr oder minder große Zahl von Einzelwesen hat gleichartige Gestalt und Organisation. Diesen verschiedenen, untereinander gleichen Gestalten müssen entsprechende entelechiale Formen zugrunde liegen, also für alle Menschen die Entelechie „Mensch", für alle Hunde die Entelechie „Hund" usw. Das gleiche muß gelten für die Rassen, Völker, Stämme, in die jene Gesamtheiten differenziert sind. — Die Naturwissenschaft ist bisher ohne diese Entelechiebegriffe ausgekommen. Ihrer Auffassung nach sind die großen Gruppen von Lebewesen dadurch entstanden, daß sie sich aus der lebendigen Ursubstanz durch Fortpflanzung, Vermehrung, Variation und Mutation herausdifferenziert haben. Dieser Prozeß wird zurückgeführt auf die Funktionen der Erbmasse, der Chromosomen, die die sog. „Gene", die Erbfaktoren enthalten. Der Begriff „Gen" ist nach Schmalfuß „ein Bequemlichkeitsbegriff, mit dem sich eine Zeitlang vorzüglich arbeiten läßt wie mit den Unbekannten x, y, z in der Rechenkunst. Doch schließlich verlangt die Entwicklung der Wissenschaften dringend, die Frage nach dem Wesen dieser Einheiten zu klären *)." Ein Standpunkt, den wir freudig unterschreiben. Ein anderer Forscher schreibt

*) Schmalfuß, Stoff und Leben, Leipzig 1937.

über die Gene: „Man darf heute wohl sagen, daß sie im chemischen Sinne Moleküle, im physikalischen wohl Träger besonderer Quantenzustände, im biologischen Sinne (vielleicht reizstoffähnliche) Besonderungen der reifen Keim- und Samenzellen sind*).“ Ähnlich äußern sich Johannsen**) und L. Plate***). Chromatinsubstanz und Erbmasse wären also nach dieser Auffassung identisch, und auch der Begriff der Erbeinheiten wäre dementsprechend zu definieren. Von diesem Begriffe der Erbmasse ist zunächst im folgenden die Rede.

Die durch die Zeugung vererbte Chromatinsubstanz verteilt sich in Millionen von Zellen des sich entwickelnden Organismus. Ein kleiner Teil dieser Zellen wird zu Keimzellen und von diesen kommen nur wenige in die Lage, die überkommene Erbmasse weiter zu vererben. Es wird also von der Erbmasse eines sich fortpflanzenden Lebewesens nur ein sehr kleiner Teil wirklich vererbt, sagen wir, nur um eine Zahl zu nennen, ein Millionstel †), weil die Zahl der Zellen des sich entwickelnden Embryos schon sehr hoch geworden ist, bis sich in der Keimanlage des neuen Individuums das einzelne fortpflanzungsfähige Ei herausdifferenziert hat, das seinerseits wieder die Hälfte bzw. $^3/_4$ seiner Chromatinsubstanz als sog. „Richtungskörperchen“ abstößt, also nur die Hälfte bzw. $^1/_4$ desselben behält, wodurch vielleicht ein starker Regenerationsimpuls entsteht. Die wirklich vererbte Substanz ist also nur minimal; man kann sich ausrechnen, daß schon etwa in der sechsten Generation so gut wie nichts mehr von ihr vorhanden wäre, wenn sie sich überhaupt so lange erhielte. Aber auch das ist nicht der Fall. Bekanntlich dauert das Leben einer menschlichen Zelle nur einige Jahre, und nach 7 Jahren ist die Substanz des ganzen Organismus erneuert. Die Erbsubstanz jedes Nachkommen muß also immer wieder neu gebildet werden und zwar nach demselben Schema, das dem betreffenden Volke und seiner Rasse eigentümlich ist, also durch rassisch-völkisch geartete Entelechie, die durch die Jahrhunderte im wesentlichen dieselbe bleibt. D i e s e ist also, wie schon früher betont wurde, der eigentliche Träger der Vererbung. — Wie problematisch der materialistische Begriff der Erbmasse ist, geht auch daraus hervor, daß die Chromatin-Materie des befruchteten Eies viel zu gering ist, um so viele Vererbungsfaktoren

*) A. Wenzl, Metaphysik der Biologie von heute, Leipzig 1938.

**) Elemente der exakten Erblichkeitslehre, Jena 1913.

***) Vererbungslehre, Jena 1933. S. 955 (nach Schmalfuß).

†) Wahrscheinlich ist es noch weniger, da rechnerisch schon bei zwanzigmaliger Teilung die Million überschritten wird.

darzustellen, wie es wirklich gibt. Denn so wenig wie etwa die Gedanken und Tatsachen, die in einem Buche mit etwa 2 Millionen Buchstaben ausgedrückt sind, mit 20 Buchstaben „vererbt", d. h. weitergegeben werden können, so wenig können die Strukturen, die in einem ausgewachsenen Organismus durch x Millionen Zellen gebildet werden, durch die winzige Menge Chromatinsubstanz vererbt werden — es sei denn, daß auch deren Moleküle entsprechend kleiner wären, was aber nicht der Fall ist. Hier hilft man sich nun mit dem Begriff der Anlage. Es werden eben Anlagen vererbt, nicht Strukturen, heißt es, und das ist auch richtig, denn ein Keim ist eine Anlage und kein fertiger Organismus. Aber was ist eine Anlage? Hier schweigt der Materialismus und mit ihm die gesamte Naturwissenschaft. Vgl. bei Hertwig „Das Werden der Organismen"*) (S. 80 oben): „Anlage bedeutet in der Vererbungslehre schließlich nicht mehr als die unbekannte, in der Beschaffenheit der Keimzellen gelegene Ursache oder der unbekannte Grund für den eigenartigen Verlauf eines Entwicklungsprozesses, der zu einer bestimmten Organisation des Endproduktes mit Gesetzmäßigkeit hinführt." — „Anlage" ist also noch ein undefinierter Begriff. Die Begriffe „Idioplasma" (Naegeli) und „Artzelle" (Hertwig) sind doch nur Umschreibungen. Die organologische Auffassung kann hier aber Aufklärung geben. Wir sagen: ein ausgewachsener Organismus unterscheidet sich von seiner Anlage dadurch, daß bei ihm die Gestaltungsfaktoren seiner Entelechie fast ganz materialisiert sind, bei der Anlage noch nicht. Oder grob versinnbildlicht: Eine Anlage ist ein bis auf die Keimsubstanz noch nicht mit Materie ausgefülltes Kraftfeld, wie es der ausgewachsene Organismus ist. Nach dem biogenetischen Grundgesetze Haeckels wiederholt der Keim die phylogenetische Stufe der Einzelligen. Von diesen gilt also dasselbe: sie sind im wesentlichen noch unmaterialisierte Entelechie. Daher auch ihre „Pluripotenz", ihr hohes Regenerationsvermögen und das der Seeigeleier, nicht der ausgewachsenen Tiere. Wenn die Entelechie des Organismus gänzlich vermaterialisiert ist, sind keine Gestaltungskräfte mehr frei zu Regenerationen. Daher hat z. B. ein hypertrophisches Herz keine genügende Reservekraft mehr. Wenn man einem Baumeister das halbe Baumaterial wegnimmt, kann er, wenn erst das Fundament steht, noch ein ganzes, wenn auch kleineres Haus von dem halben Material bauen, nicht aber, wenn das Haus schon fertig ist, und man dann die Hälfte abreißt. Der Begriff der Anlage ist also nur organologisch

*) Jena 1916.

zu definieren und niemals materialistisch. Die Materie des Keimes kann daher nur Ausgangsmaterial sein und ist nur insofern morphogenetisch bedeutsam, als mit ihr die Entelechiekräfte des künftigen Organismus verbunden sind. Wir reden daher besser von „Erbkräften“ als von Erbmasse und können die Entstehung der Arten nur entelechial begreifen. Die wissenschaftlich erwiesenen Tatsachen sind also die empirischen Grundlagen für organologische Betrachtung.

Zwar scheint die Entstehung minderwertiger Organismen infolge von Keimschädigung durch Gifte, für eine entscheidende Rolle der Erbmaterie zu sprechen, indessen wissen wir, daß nicht die Materie den Organismus bildet, sondern nur Angriffspunkt für die Entelechie im Sinne der Ermöglichung ist, und zwar ermöglicht eine minderwertig gewordene Substanz weniger die Arbeit der harmonisch aufbauenden Entelechie, ermöglicht dagegen mehr die der destruierenden, disharmonischen Kräfte. Ohne diese Erbmasse würden die Erbkräfte keine Verbindung mit dem materiellen Keime haben, während andererseits die Erbmasse ohne die entelechialen Erbkräfte nicht mehr wäre als die Chromatinsubstanz anderer Zellen, also keine Vererbungseigenschaft besäße.

Die Gleichheit der Individuen einer Art ist demnach aus der Gleichheit nicht der Erbmaterie, sondern der Erb- und Bildungsentelechie zu begreifen, desgleichen die sog. Konstanz der Arten. Denn bei der Labilität der organischen Substanz würde diese durch die zahlreichen störenden äußeren Einflüsse (vor allem chemischer Art) dauernd verändert werden, wenn nicht die organische Heteronomie der Erb- und Bildungsentelechie ihre innere Gestalt fortwährend regenerierte. Das Mendelsche Prinzip z. B. ist nicht Ausdruck der Chemie der Erbmaterie, sondern der Organisation der Erbkräfte zur Regeneration der artgemäßen Gestalt. Da nun auch jedes Einzelwesen Erb- und Bildungskräfte besitzt, so müssen diese, sofern sie artgleich sind, doch einen gemeinsamen Ursprung haben, nämlich die entelechiale Art, die das Erb-Bildungsschema repräsentiert, von dem wir oben sprachen.

Die Entelechie eines Organismus gestaltet aber auch dessen Funktionen, die physiologischen Prozesse wie die Bewegungen und die Art der Sprache, also die Grundlagen der Persönlichkeit. Auch diese stehen daher unter fortwährendem heteronomen Einflusse der Volks-, Rasse- und Mensch-Entelechie. So kommen wir zu Begriffen von entelechialen Einheiten, die die Grundlagen dessen sind, was uns als Tier- oder Menschengattung, Rasse und Volk erscheint und Gattungen, Rassen und Völker immer wieder neu gestaltet. Es sind der entelechiale Typus, der Hund, das Pferd, der Mensch, die entelechiale, eigentliche Rasse, das entelechiale eigentliche Volk. In diesem organologischen Sinne haben wir also den Satz zu verstehen, daß der einzelne Mensch Kind seines Volkes (wie auch seiner Rasse) ist.

Die Entelechien der höheren Urformen, etwa einer Gattung, sind somit die Grundlagen und Ursachen für die Gleichartigkeit der Individuen und Gruppen derselben, also dafür, daß die Angehörigen eines Stammes, eines Volkes und einer Rasse den gleichen Stammes-, Volks- und Rassencharakter tragen, den gleichen Typus verkörpern.

Es ist phänomenologisch interessant wie auch bedeutsam für den Wahrheitsinstinkt unserer Sprache, daß man wohl vom Veilchenhaften, Katzenhaften, Indianerhaften sprechen kann, nicht aber vom Stuhlhaften, Haushaften, ja nicht einmal vom Automobilhaften. Man fühlt, daß hinter diesen letzteren Worten nichts steht, daß sie leer sind, während die ersteren auf das Organische sich beziehenden Worte inhaltreich sind, metaphysische Realitäten bezeichnen. —

Während die Entelechien der Tiere und Pflanzen sich in Gruppen gliedern, scheint beim Menschen noch ein individuelles Prinzip auch im Körperlichen hinzuzukommen, das die seiner individuellen Eigenart entsprechende äußere Gestalt am sinnfälligsten in Gesicht und Händen bildet. Zwar sind auch die Tiere einer Art nicht absolut gleich, aber diese Unterschiede sind doch anderer Art als die der Menschen eines Stammes. Wir meinen hier auch nicht die durch Mischung der „Erbmassen" bedingten Unterschiede, sondern die darin hervortretenden individuellen Nuancen, die mit dem individuellen Charakter des Menschen einen gemeinsamen Ursprung haben, nämlich das Ich. Am deutlichsten tritt dieser Faktor hervor beim Genie; denn da kann nur ein Materialist sagen, es sei Produkt der Erbmasse, und zwar ein zufälliges, während wir bestreiten, daß ein Höheres, Differenzierteres aus niederen, primitiven Eigenschaften entstehen kann ohne ein höhergestaltendes Prinzip. Und gerade beim Genie haben wir ja meist die erstaunliche Tatsache, daß es sich weit über das Niveau seiner Eltern erhebt. Beim Tiere kommt das nicht vor, weil eben dort dieser individuelle Faktor fehlt.

Gäbe es nicht den entelechialen Typus, so gäbe es weder Tier- noch Menschenarten im heutigen Sinne, sondern jede Rasse wäre anatomisch und physiologisch anders organisiert, so daß etwa ein Arzt für nordische Menschen einen ostischen nicht ohne weiteres behandeln könnte. Daß ein Tierarzt Hunde, Katzen, Kühe und Pferde behandeln kann, beruht eben darauf, daß sie alle die Säugetierorganisation auf Grund der Säugetierentelechie haben, die wiederum der Wirbeltierentelechie untergeordnet ist. Gäbe es diese Entelechien nicht, so müßte es auch Tierärzte für die verschiedenen Tiergruppen geben.

Was die Funktionen der Menschen- und Tierorganismen verschiedener Arten betrifft, also ihre Physiologie, so ist wie bei allen generellen organischen Prozessen die durch die Einzelorganisation bedingte Komponente von der zu unterscheiden, die durch die Volks- und Rassenentelechie bedingt ist. Da dies aber nur feine Unterschiede sind, so können sie nur durch subtile Untersuchungen festgestellt werden. Immerhin wird es schon ohne weiteres einleuchten, wenn wir behaupten, daß der Stoffwechsel eines Negers sich von dem eines Europäers und der eines Eskimos von dem eines Italieners in gewisser Beziehung unterscheidet und zwar nicht infolge der Verschiedenheit der Ernährung und der äußeren Temperatur, sondern durch typische rassische Eigenheiten.

### B. DAS SEELISCHE DER HÖHEREN ORDNUNGEN

Da man die Seele bisher als Hirnfunktion betrachtete, hatte man keine Veranlassung, höhere Entelechien für ihre Gleichartigkeit innerhalb der Völker und Rassen anzunehmen. Diese ergab sich vielmehr aus den durch die Vererbung gleichartig entwickelten körperlichen Grundlagen. Erkennt man die Seele hingegen als besondere Realität, so entsteht dasselbe Problem wie soeben bzgl. der gruppenweisen Gleichartigkeit der Organismen.

Die Frage, wie auf Grund der organologischen Seelenauffassung seelische Vererbung zu denken ist, ist noch ungeklärt. Zweifellos ist der Vorgang an den körperlichen Vorgang der Vererbung gebunden. Da sich Gehirn- und Seelenentwicklung weitgehend entsprechen, ist anzunehmen, daß beide eine gemeinsame entelechiale Grundlage haben, d. h. daß die Volks-, Rassen- und Menschentelechie auch die gruppenweise Gleichartigkeit der Einzelseelen bewirkt. Denn da die Seele, wie wir darlegten, ein organisches System ist, muß sie durch Entelechie gebildet und in ihrer Beschaffenheit dauernd regeneriert werden. So kommen wir zu der Annahme einer Volks-, Rassen- und „Menschseele", Begriffen, die bisher nur als Sammelbegriffe gedacht waren. Volks- und Rassenseelen, sind also entelechiale Differenzirungen der „Menschseele", die wohl zu unterscheiden ist von der einzelnen Menschenseele. Sie ist die Grundlage für die allgemeine menschliche Gleichartigkeit der Seelen aller Menschen, wodurch diese sich von den Tierseelen unterscheiden. Analoges gilt von den Gruppen der Tierseelen. Da die Seelen-Entelechie auch die völkischen, rassischen, allgemein-menschlichen Funktionen im Seelenleben des Einzelnen gestaltet, ist der Satz erst im organologischen Sinne recht verständlich, daß in der Seele des Deutschen, des Italieners der Deutsche, der Italiener lebt. Die gleichartigen seelischen Schwingungen des Volksempfindens sind demnach Ausdruck der Volksseele. Bei den Tieren tritt das generell-Seelische in den hochentwickelten Instinkten besonders deutlich hervor in ihren Lebensformen, insbesondere der Sorge für die Arterhaltung und der Staatenbildung mit ihren Vorstufen, den Schwärmen und Herden. Dabei ist die relative Unintelligenz der Einzelwesen bezeichnend. Beim Menschen, der bewußt handelt und auch sein Gemeinschaftsleben organisiert, scheint alles auf Einzelpersönlichkeiten zu beruhen; indessen hat der einzelne der Masse gegenüber niemals Erfolg, wenn sein Wille nicht deren Gefühl, also dem Volksempfinden entspricht; dieses liegt also dem individuellen Willen eines großen Führers oder Kulturgestalters zugrunde und inspiriert ihn, so daß sein persönlicher Wille im wesentlichen Ausdruck des Volkswillens, der Volksseele wird. Daher der Eindruck auf das Volk, daß eine höhere Macht durch ihn wirkt. Die Volksseele ist also der Grund dafür, daß es Völker gibt und die Triebfeder, wenn Völker sich erheben oder erneuern, die Angehörigen eines Volkes also volksmäßig denken und fühlen. Ebenso beruht die biologische Verbundenheit der Angehörigen eines Volkes auf der seelischen Heteronomie der Stammes- und Volksseele und nicht, wie es der Auffassung des Materialismus entspricht, auf Reaktionen des einzelnen auf äußere Verhältnisse infolge von Schutz- und Hilfsbedürftigkeit, also auf Idionomie, obwohl dies auch eine Rolle spielt.

Deutlicher wird die Heteronomie der Volks- und Stammesseele in Sprache und Brauchtum. Niemandem würde es einfallen, die Entwicklung der Sprache und ihre Dialekte auf einzelne Menschen zurückzuführen oder zu glauben, völkisches Brauchtum hätten sich einzelne intellektuell ausgedacht. Hier redet vielmehr die Volks- bzw. Stammesseele durch Menschen, die diesen Inspirationen kraft ihrer Begabung Gestalt geben konnten. Ebenso verhält es sich mit den künstlerischen Schöpfungen eines Volkes. Besonders hierbei müssen wir wohl unterscheiden, was künstlerische Eingebung und was ohne Eingebung gewissermaßen ausgedacht ist und nicht Kunstwerk, sondern Machwerk genannt wird. Denn wahre, aus der Tiefe kommende Kunstwerke sind inspiriert, nicht alleiniges Produkt des einzelnen und weisen daher auf höhere Gestaltungsfaktoren hin als die des Künstlers. Ferner tragen durchschnittlich alle wahren Kunstwerke eines Volkes auf den verschiedenen Gebieten den gleichen völkisch-seelischen Charakter, verraten also eine Gleichartigkeit der Eingebungen, die auf eine gemeinsame Quelle, die Volksseele schließen läßt. Allerdings handelt es sich bei diesen Eingebungen immer nur um völkische Formen, nicht um den geistigen Inhalt, der eine andere Quelle hat, von der wir noch reden werden. Beim Normalmenschen bemerkt man die Heteronomie der Volksseele nur deshalb nicht, weil sein Verhalten gewissermaßen die Norm ist, die nach Idionomie aussieht; denn wir kennen die Organisation der Menschenseele nicht so, daß wir aus ihr die Grenzen ihrer Idionomie bestimmen könnten. Wenn also nur außerordentliche Leistungen, die den Stempel der Genialität tragen, die Wirklichkeit der Volksseele bezeugen, so dürfen wir deshalb den Normalmenschen doch auch von ihr beeinflußt ansehen. Die völkischen Funktionen beruhen nicht allein auf der „Erbmasse“ oder den seelischen Erbkräften des einzelnen, sondern in ihrer höheren allgemeinen Gestalt auf der heteronomen Einwirkung der Volks- und Rassenseele. Wie also ein Mensch denkt, fühlt und handelt, ist im einzelnen zwar durch seine persönliche seelische Organisation bedingt; im allgemeinen indessen durch den heteronomen Einfluß der Volks- und Rassenseele, wodurch sein Gesamtverhalten trotz seiner verschiedenen Entwicklungsphasen, Erfahrungen und Spannungen völkisches Gepräge erhält. — Da sich die Volksseele zu der Einzelseele abstammungsmäßig nicht so verhält wie die Seele eines Kindes zu der der Eltern, sondern als Entelechie auf einer höheren Ebene*) lebt, dürfen wir uns die Volksseele und erst recht die Rassen- und Menschseele nicht nach Art der Einzelseele denken, — ist doch die Entelechie des Körpers auch von diesem wesentlich verschieden — sondern als gestaltendes Prinzip für das Völkische, bzw. Rassische im Denken, Fühlen, Wollen der Einzelseele.

Was die zu einer Rasse gehörigen Völker miteinander verbindet, ist der gemeinsame rassische Charakter ihrer Kulturen. Dieser ist also Ausdruck der Rassenseele, von dem aus wir auf ihre Wirklichkeit schließen. Kultur aber ist Lebensgestaltung; die Summe der geleisteten

*) Vgl. VII. Kap.

Arbeit ist nur ihre Materie. Lebensgestaltung aber beruht auf tiefinstinktiven Strebungen, deren Grundart eben in der Rassenseele liegen muß und in den einzelnen Völkern durch Verbindung mit deren Eigenart ihre völkischen Abwandlungen oder Differenzierungen erfährt. Die Rassenseele wirkt also dauernd in die Volksseele und durch sie und die Stammesseele in die Einzelseele hinein und erneuert dauernd deren rassische Eigenart. Daher lebt in jedem Deutschen, Engländer, Schweden die nordische Seele, in jedem Tibetaner, Chinesen und Japaner die Mongolenseele, in jedem Afrikaner die Negerseele. Inwiefern die Rassenseele einen gemeinsamen Ursprung mit der Säugetier- und Wirbeltierseele hat, werden wir noch erörtern. Als Grundlage und Ursprung der allgemein-menschlichen Seelenorganisation und ihrer Funktionen ist sie auch die Grundlage des Menschlichen in allen Kulturen. Gäbe es die Menschseele nicht, so hätte jede Rasse eine andere Art Seele mit anderen Funktionen, und ein menschliches Denken oder Empfinden im heutigen Sinne wäre unmöglich.

Die hier entwickelten Begriffe der Volks-, Rassen- und Menschseele erhalten eine wesentliche Unterstützung durch die Forschungen von C. G. Jung über das „kollektive Unbewußte", nämlich die Entdeckung von gleichen Ideen, Phantasien und Symbolen in weit auseinanderliegenden Gegenden der Erde, die auf einen gemeinsamen seelischen Ursprung schließen lassen. Dieser kann aber nur eine Volks-, Rassen- oder Menschseele sein, deren Bilder sich in den Einzelseelen spiegeln. —

Damit haben wir die heute so bedeutungsvollen Begriffe „Volk und Rasse" organologisch begründet. Bis vor kurzem war es noch möglich, daß auf Grund materialistischer Einstellung Pseudophilosophen behaupteten, eigentlich gäbe es realiter kein „Volk", sondern nur einzelne Menschen, wie keinen Wald, sondern nur Bäume. Von ihnen kann man also sagen, sie sähen „das Volk" vor lauter Menschen, wie „den Wald" vor lauter Bäumen nicht. Denn auch der Wald ist für den Organologen keine bloße Summe von Bäumen und Waldpflanzen, sondern physischer Ausdruck der Entelechie „der Wald", die er mit dem geistigen Auge sieht, wie „das Volk" und „die Rasse". Lehnt man aber den organologischen Standpunkt ab, so bleibt nur der materialistische.

Nach dem Grundgesetze der organischen Entwicklung müssen die Rassen und Völker durch Differenzierung eines primitiven Urzustandes entstanden sein, und in der Tat verkörpern noch heute die einzelnen Völker die einzelnen Entwicklungsstufen. Wie in verschiedenen Teilen des Organismus, z. B. im Kopfe und unteren Rumpfe, verschiedene Stufen der Entelechie des Menschen vom Animalischen zum Geistigen zum Ausdruck kommen, so auch in den verschiedenen Rassen und Völkern. Insofern ähnelt also das Gesamtbild der gleichzeitig lebenden Menschheit dem einzelnen Menschen, worin wir wiederum das Prinzip der organischen Gestaltung entsprechend dem V. Hauptsatze vom organischen System erkennen.

Da es sich bei den Stammes-, Volks- und Rassenseelen und der Menschseele um einander über- bzw. untergeordnete Entelechien handelt, so wäre es falsch zu sagen, die einzelnen Menschen seien organische Teile des (entelechialen) Volkes, die Völker seien organische Teile der Rasse, oder die Rassen seien organische Teile der Menschheit. Dieser Begriff der Menschheit als einer biologischen Gemeinschaft aller Menschen, Völker und Rassen nach Art eines allgemeinen Volkes entstammt einer falschen Ideologie und wird daher auch von uns abgelehnt.

### C. DER GEIST IN DEN MENSCHLICHEN GLIEDERUNGEN

In der Seele des entelechialen Typus „Mensch“, also der Menschseele, denken wir uns als höchstes gestaltendes, von aller Gestalt unabhängiges Prinzip das Geistige lebend, den Ursprung des Ich-Selbst der Einzelmenschen, das Wesen und die Quelle aller Logik, Kunst und Religiosität, kurz aller Kultur. Durch seinen Einfluß muß in der Menschseele die Anlage zur Organisation der Ichfunktionen entstanden sein, also zur Befähigung, Geistiges aufzunehmen und individuell zu verarbeiten. Daß das Geistige aller Kulturen aus jener einen Quelle stammt, bestätigt uns die Tatsache, daß trotz der Verschiedenheit der rassischen und völkischen Formen alle Kulturen gewissermaßen nach einem Punkte konvergieren, wie alle Pflanzen sich der Sonne zuwenden, sofern sie (die Kulturen) nicht durch spirituelle Degeneration entartet sind. Ob Laotse die Lehre vom Tao verkündete, Buddha den achtgliederigen Pfad lehrte oder Jesus das Christentum begründete, ob die Künstler der verschiedenen Völker und Rassen Tempel, Moscheen oder Dome bauten, die Schönheit der Natur, die Freuden und Leiden der Menschenseele besangen oder herrliche Musikwerke schufen, sie alle dienten letzten Endes doch dem Einen, das über aller Welt das ewige Sein ist, dem alles sein Dasein verdankt.

Daß ferner das Geistige in den Ichfunktionen der Menschen aller Völker und Rassen gleichartig ist, also ein und denselben Ursprung haben muß, ersehen wir daraus, daß es nur ein Prinzip der Logik in allen Denkformen, ein Prinzip der Gerechtigkeit in allen Arten der Justiz, ein Prinzip der Schönheit in allen Kunstwerken und ein Prinzip der Religiosität und Moralität in allen Religionen und Moralen gibt, auf Grund deren eine Verständigung zwischen den verschiedenen Völkern möglich ist, so daß Wissenschaftler, Politiker und Wirtschaftsführer der verschiedensten Völker ihre Gedanken austauschen, internationale Kongresse abhalten, ja sogar religiöse Führer ihre Lehren auf andere Völker übertragen können und z. B. in Japan Werke deutscher Komponisten gespielt werden. Wenn Nationen, die eben noch in erbittertem Kampfe lagen, Frieden schließen und einander zu gemeinsamer Kulturarbeit die Hände reichen, so kommt darin wie auch in der ärztlichen Betreuung verwundeter Feinde das über den nationalen Gegensätzen stehende gemeinsame Geistige zum Ausdruck, das Völker verbindet und rassische Gegensätze überbrückt. Auf dieser Ebene des Geistigen, nicht im Physischen, besteht also eine Gemeinschaft aller Menschen: „die Menschheit". Dieser organologische Begriff der Menschheit unterscheidet sich also wesentlich von dem, der von Politikern abgelehnt wird. Ihm wird sich kein Einsichtiger verschließen, dem an der Hebung der internationalen Vernunft und Moralität gelegen ist. Diese geistige Gemeinschaft „Menschheit" ist gestaltet und wird getragen von dem Geiste der Menschheit, der in jeder Rasse, jedem Volke und jedem Einzelmenschen lebt und hier die menschlich geistige Gleichartigkeit bedingt. Er ist als oberstes Prinzip des Menschengeistes der Ursprung seiner höchsten geistigen Ideale: der Wahrheit, Güte und Schönheit, also nicht ein beschränktes Wesen, sondern eine unbegrenzte mit der höchsten Gestaltungskraft begabte kosmische Macht von einer für uns unvorstellbaren Reinheit und Erhabenheit. — Gäbe es ihn nicht, so würden auch die Kulturen, das Denken, Schönheitsempfinden und die Moralität der verschiedenen Völker nicht nur der Art, sondern dem Wesen nach so verschieden sein, daß nichts geistig Gemeinsames, Verbindendes in ihnen lebte, und es daher auch keine Verständigung zwischen ihnen gäbe, sondern nur Verständnislosigkeit und ewigen Krieg. Die Angehörigen eines Volkes könnten nicht die Sprache eines anderen erlernen, dessen Gedanken nicht nachdenken, fremde Kunst bliebe ihnen unverständlich und erst recht fremde Moral. Es gäbe überhaupt mangels eines allgemeingültigen Prinzips der Logik weder Wissenschaft noch Technik im heutigen Sinne, keine Kunst, die ein allgemeines Prinzip der Schönheit verkörperte und kein völkerverbindendes Rechtsgefühl.

Daraus folgt, daß die Kulturen der einzelnen Völker sich gar nicht zu der geistigen Höhe des reinen Menschentums erheben, sondern im animalisch-Primitiven stehen bleiben und ihrer rassischen Entwicklung entsprechend immer mehr divergieren würden, wodurch sie einander nur noch unverständlicher erschienen. Aus dem Blicke der Menschen solcher Völker spräche nicht das gemeinsame Geistige zwischen dem Ich und Du, sondern nur eine geistige Starrheit und Fremdheit, die an das Tierhafte erinnerte; denn nicht der menschliche Geist dächte in ihnen als ein freies Ich, sondern die Rasse bzw. das Volk mit einer Art von intellektuellem Instinkte. Jene menschenähnlichen Wesen wären nur Exemplare ihrer Rassen, keine menschlichen Persönlichkeiten. Wer also das menschlich-Geistige im Denken der Völker nicht anerkennt, erniedrigt den Menschen zum Tier, wie es dem geistfeindlichen Materialismus entspricht. Ja, nicht einmal der allgemeine Begriff „Rasse“ mit seinen Differenzierungen könnte durch eine nur rassisch oder völkisch bestimmte Denkweise gebildet werden, da hierzu schon ein allgemeingültiges menschliches Denken gehört.

Wenn wir nun das über Volk, Rasse und Menschheit Gesagte überblicken, so können wir folgendes Schema zeichnen, in dem die Stämme und Sippen eine instinktive Gemeinschaft bilden ähnlich der der Tiere. Über ihnen bestehen dann die höheren Formen menschlicher Gemeinschaft nach dem Prinzip des organischen Aufbaus (von unten nach oben zu lesen):

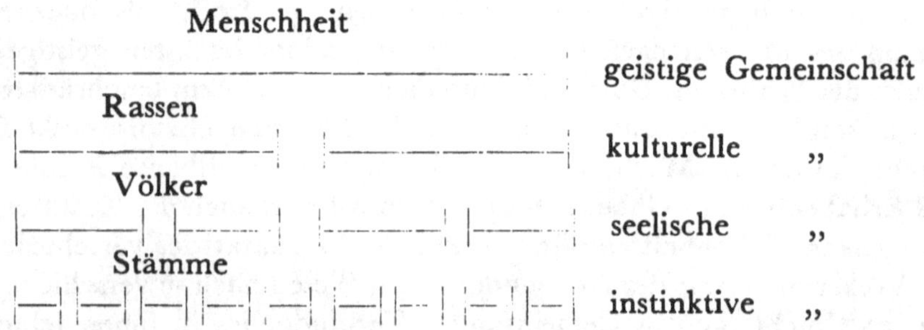


Diesem Aufbau entsprechend hat sich auch die Politik entwickelt: zuerst gab es nur eine solche der Sippen und Stämme, dann wurden diese durch die großen Führer zu Völkern geeint, und neuerdings wird von Deutschland ein Zusammenschluß der rassisch gleichen Völker erstrebt, also wieder eine höhere Stufe mit einem Gedanken kultureller Gemeinschaft, was wir als Idee von welthistorischer Bedeutung zu würdigen wissen. Denn was hier zum Ausdruck kommt, ist das Prinzip der Rassenseele.

Da es viele Rassen und Völker gibt, entsteht die Frage, ob ebensoviele verschiedene Geiste der Rasse und des Volkes existieren, die sich durch ihre rassisch-völkische Eigenart, also verschiedene Ausprägung jenes allgemein menschlichen Prinzips von einander unterscheiden. Mit einer solchen Annahme würden wir aber in einen schwerwiegenden Fehler verfallen, nämlich vom Begriffe des rein-Geistigen abweichen und ihn mit dem des Seelischen verwechseln. Wir haben das Geistige als das oberste Prinzip, den Logos der sinnvollen Gestaltung definiert, der sich in den verschiedenen organischen Gestalten offenbart, und können ihn daher als das Prinzip oder *die* Wahrheit begreifen, die bei den verschiedenen Rassen, Völkern und Menschen verschieden ausgedrückt wird. Wie aber das Prinzip der Logik oder der Gerechtigkeit in Deutschland, Indien oder Japan verschieden dargestellt werden kann und doch ein und dasselbe bleibt, also selbst keinen Modifikationen unterliegt, so bleibt das rein Geistige ebenfalls unverändert, wenn es sich auch in verschiedenen Formen offenbart. Denn jene der Annahme nach verschiedenen Geiste der Rassen und Völker würden doch ein Gemeinsames haben, das sie als Abkömmlinge des Geistes der Menschheit kennzeichnete. Auf dies Gemeinsame, Gleiche und Identische kommt es uns aber an. *Dies* wäre das Geistige in den Rassen und Völkern, jene Modifikationen wären nur dem Geistigen untergeordnete seelisch-entelechiale Formen, nicht mehr reiner Geist. Wir ertappen uns also dabei, daß wir das Geistige schon materialisieren, wenn wir denken, es gäbe verschiedene Arten ein und desselben Prinzips. In Wahrheit gibt es als Prinzipien nur *die* Logik, *die* Schönheit, *die* Moralität, m. a. W. *den* Logos, nicht aber verschiedene Arten davon, sondern nur verschiedene Ausprägungen Darstellungen, Offenbarungen. Hätte jedes Volk oder jede Rasse ihr eigenes geistiges Prinzip, also ihren eigenen, von anderen verschiedenen Logos, so wäre grob gesagt bei dem einem Volke $3 \times 3 = 8$, bei einem andern $= 10$ und bei einem dritten $= 9$. So aber gibt es überall nur *eine* Mathematik, nur *eine* Physik, wenn auch in verschiedenen Darstellungen. Ein „Geist der Rasse" und ein „Geist des Volkes" kann also nur qualitativ dasselbe Geistige sein, das wir unter dem Geiste der Menschheit begreifen, nämlich eine Individuation desselben. Die menschlichen Rassen an sich sind daher Formen der Organisation des Körperlichen und Seelischen. Das rein Geistige ist nicht organisiert. Was man vulgär unter dem Geist einer Rasse oder eines Volkes versteht, nennen wir *Geistigkeit* oder *Mentalität* als ein Produkt von Geist und Seele; denn das Seelische als Organisation oder Gestalt kann in verschiedenen Arten existieren. Ob es aber ein geistiges Selbst der Rasse und des Volkes gibt, ist eine Frage, die nur mit Vorbehalt beantwortet werden kann. Das Selbst verleiht bekanntlich Individualität; dann würden also die Volks- und Rassenseelen Individualität besitzen, und in der Tat beobachten wir eine ausgesprochene Selbständigkeit der Rassen und Völker, nicht nur in ihrer Kulturentwicklung, also nach innen, sondern auch nach außen in ihrem Verhalten zueinander und in ihrem Wachsen und Sterben. Hätten sie kein Selbst, so wären sie alle generell von dem Geiste der Menschheit beseelt, der dann wie ein höherer Instinkt wirken würde. In diesem Falle würde jene Selbständigkeit wohl nicht zutage treten, sondern eine unbewußte Gebundenheit an ein höheres Gesetz und damit auch an eine weisheitsvolle Ordnung, wie sie im Tierreiche besteht. Die Völker und Rassen würden in ihren Grenzen bleiben, friedlicher, aber auch stumpfer und gleichförmiger nebeneinander leben, weil sie eine Freiheit nicht mißbrauchen könnten, die sie nicht hätten. Auch von einer freien Persönlichkeit würden sie sich infolge ihrer inneren Gebundenheit nicht über ihre Grenzen führen lassen. Da aber tatsächlich das Gegenteil der Fall ist und die Geschichte fortwährend Zeugnis ablegt vom Gebrauch und Mißbrauch der Freiheit seitens der Völker, so müssen wir annehmen, daß auch sie ein Selbst haben.

Wenn man einwenden würde, das individuelle Verhalten der Völker sei nur auf die Individualität einzelner Führer zurückzuführen, das Volk sei doch erwiesenermaßen selbst nur eine hülf- und geistlose Masse, so erwiderten wir, daß große Führerpersönlichkeiten gewissermaßen Beauftragte des Willens der Volksseele bzw. des Volksgeistes sind. Daher folgt ihnen das Volk, was nicht möglich wäre, wenn ein einzelner einer großen Gesamtheit seinen persönlichen, dieser wesensfremden Willen aufzwingen wollte; die Masse des Volkes ist ferner nicht *das* Volk oder die Volksseele, sondern die Summe der Menschen, die als solche selbstredend unintelligent ist.

Wenn trotz Gleichartigkeit ihres Selbst die verschiedenen Völker und Rassen kulturell verschieden entwickelt sind, so beruht das unserer Auffassung nach auf der verschieden differenzierten rassischen Organisation, die die Aufnahmefähigkeit für das rein Geistige und dessen Manifestation in verschiedener Art und verschieden hohem Grade *ermöglicht*. An der Hervorbringung genialer Persönlichkeiten sind also die Rasse und das Volk insofern beteiligt, als sie die hochwertigen Organisationsbedingungen dazu liefern; das eigentlich

Schöpferische ist hingegen der Geist, der mit seiner unendlichen Fülle von Formideen gewissermaßen nur darauf wartet, aufgenommen zu werden, um sich manifestieren zu können; und diese Aufnahmefähigkeit ist eben bei den einzelnen Völkern und Rassen qualitativ verschieden, so wie Räume mit verschiedenfarbigen Fenstern von dem gleichen universellen Sonnenlichte eben nur verschiedene Strahlen aufnehmen. Aus der Organisation der verschiedenen Rassen- und Volksseelen ergibt sich also Art und Gestalt ihrer Geistigkeit und damit ihrer Kultur. Daher wenden sich Künstler mit der Gestalt ihrer Schöpfungen an das eigene Volk und werden auch von dessen Gefühl und weniger von den Andersrassigen verstanden und mit Begeisterung aufgenommen, während das Geistige einer Kultur (die Logik, die Schönheit, die Moralität) wegen seiner Wesensgleichheit bei allen Völkern, infolge Wesensgleichheit der Ichfunktionen auch von Andersrassigen bei entsprechendem Niveau verstanden wird. Daher gelten die Werke schöpferischer Wissenschaftler, Philosophen und religiöser Führer nicht nur ihrem Volke, sondern der „Menschheit".

Der reine Geist entspringt also nicht der Organisation; denn wir finden ihn in seiner höchsten Manifestation, der Genialität ja meist dort, wo man ihn nie vermutet hätte, nämlich meist nicht bei Kindern wohlsituierter und kulturpflegender Familien, sondern bei kleinen unscheinbaren Existenzen, ja auch bei Mischlingen, Psychopathen, Epileptikern und im Falle Beethoven's beim Sohne eines Trinkers. Der reine Geist sucht sich also anscheinend die Seelen für seine Inspirationen nach seinen Gesichtspunkten aus, worüber wir im Abschnitt über die Polarität des organischen Prozesses einiges angedeutet haben (seelische Spannung und Empfänglichkeit). Das beweist, daß der Geist erst da sein muß, um hervorgebracht werden zu können. Wer diesen Begriff des reinen Geistes zum Unterschiede von der „Geistigkeit" ablehnt, muß auf die Frage, welcher Rasse denn Gott angehöre, antworten, jede Rasse habe ihren eigenen Gott (nicht zu verwechseln mit dem Gottesbegriff).

Wenn wir nun das Selbst des Einzelmenschen vom Selbste seines Volkes ableiten und uns dabei der Wesensgleichheit dieses Geistes des Volkes mit dem Geiste der Menschheit bewußt sind, so werden wir auch das Selbst des Einzelmenschen als Individuation des allgemeinen menschlich-Geistigen ansehen und als frei von aller Organisation der Rasse und des Volkes begreifen, die nur deren Seelisches betrifft. Das höhere Ich des einzelnen wie das des Volkes und der Rasse wäre demnach weder arisch noch mongolisch, weder deutsch noch französisch, weder männlich noch weiblich, weder klein noch groß, weder krank noch affektiv verändert, es wäre als innerstes Wesen des Menschen der ruhende Pol und die Identität in allen seinen Erscheinungen; es bliebe dasselbe, wenn der Mensch, wie die Mythologien und Märchen schildern, in eine andere körperlich-seelische Gestalt „verzaubert" würde. Dabei wird also eine solche Identität vorausgesetzt. Da wir dem Tiere und der Pflanze kein Selbst zuerkennen, begreifen wir, weshalb u. W. in den Mythologien und Märchen niemals von Verzauberungen von Tieren und Pflanzen, noch weniger von toten Gegenständen die Rede ist; es bliebe ja nichts identisches dabei und wäre daher sinnlos. Ohne diesen Begriff des Selbst wäre das Ideal reiner Menschlichkeit hinfällig.

### D. DIE ABSTAMMUNG DES MENSCHEN

Wie in der Pflanzen- und Tierwelt herrscht auch in der Entwicklung der Menschen das Gesetz des organischen Aufbaus, d. h. auf primitiven Stufen sind immer differenziertere entstanden und zwar bei einigen Rassen in steigender Vervollkommnung; bei anderen (z. B. den Negern) ist diese Entwicklung stehen geblieben, so daß wir heute noch zahlreiche Entwicklungsstufen „des Menschen" vor Augen haben. Allerdings lebt z. Zt. immer nur die letzte Entwicklungsstufe von jeder Rasse, die früheren sind ausgestorben, aber ihre Entelechien leben im organischen Aufbau fort. Das zeigt die vergleichende Anatomie und Entwicklungsgeschichte z. B. in den Segmenten unserer Wirbelsäule, die an die Würmer, in den Kiemenspalten, die an die Fische erinnern, und überhaupt in der ganzen Organisation, die uns mit den Wirbeltieren, speziell Säugern verbindet. Damit ist nicht gesagt, daß der Mensch von den Fischen und Würmern abstammt, sondern nur, daß gemeinsame Urformen irgendwie vorhanden gewesen sein müssen, wovon wir sogleich noch reden werden. Die Entelechie des organischen Aufbaus enthält also die Entelechie von gemeinsamen Urformen der verschiedenen daraus entstandenen Arten, die wiederum einen gemeinsamen Ursprung haben müssen.

Die Abstammungsverhältnisse der Tiere und des Menschen stellt man sich nach Darwin und Haeckel bekanntlich so vor, daß sich die höheren Formen durch allmähliche Veränderung aus den niederen entwickelt hätten, so bei den Wirbeltieren: aus den Selachiern über die Ganoiden die Lungenfische, aus diesen die Amphibien, aus diesen die Reptilien, aus diesen die Vögel und Säuger. Zwar seien jene Vorstufen nicht die jetzt lebenden Formen gewesen, sondern weniger differenzierte und spezialisierte Urformen, aus denen sich die heute lebenden Arten herausdifferenziert hätten. So entstand der Stammbaum der Tiere, an dessen Gabelpunkten sich jene gemeinsamen Urformen befunden haben sollten, während außen an den Ästen die heute lebenden Tiere gedacht werden. Nun hat man aber nirgends solche Urformen in Skelettresten oder Abdrücken gefunden, alle bekannten Tierarten sind schon so spezialisiert gewesen, daß sich von ihnen keine anderen mehr ableiten lassen. E. Daqué schreibt darüber*):

„Wir erleben bei allen stammesgeschichtlichen Betrachtungen stets das Schauspiel, daß jede vorliegende Gruppe, jeder wirklich vorliegende Typus sich als Abzweigung, als Seitenzweig, als eigene Seitenstraße am gemeinsamen idealen Stammbaum erweist und daß die wirklichen Ahnen, die wirklichen Stammeltern einer späteren Gruppe wiederum nur hypothetisch existiert haben. Das ist ein so durchgehendes Ergebnis, daß es wissenschaftlicher wäre zu sagen, es gibt keinen äußerlich in Formenreihen verlaufenden physischen Stammbaum, weil jedesmal dort, wo ein Beleg erfordert wird in Form wirklicher Lebewesen, keiner vorhanden ist; und wo man Belege hat (Urvogel, Säugereptil usw.) diese konkreten Belegformen sich als einseitig abgeirrte Seitenzweige oder Zeitformenbildungen oder beides in einem erweisen."

Das bereitet natürlich den Wissenschaftlern noch heute erhebliches Kopfzerbrechen, (weshalb man auch wenig von dieser Schwierigkeit hört), weil eben jene Urformen am Stamme, die es gegeben haben muß, anscheinend nicht existiert haben. Dazu kommt die Tatsache der Konstanz der Arten: aus einem Sperlinge wurde auch in Jahrtausenden niemals weder ein Fink noch eine Meise; im Gegenteil: die in Bernsteinstücken gefundenen Insekten aus urferner Zeit gleichen den heute lebenden angeblich noch bis aufs Haar. Es ist daher kaum denkbar, wie sich z. B. aus den Tieren, die die gemeinsame Urform etwa der Reptilien und der Vögel, oder die „Ursäuger" waren, sich die heutigen vielfältigen Arten entwickelt haben sollten. Es müßte dann früher das Gesetz der Konstanz der Arten nicht gegeben haben, oder wenigstens nicht für jene Urformen. Während man früher den Menschen vom Affen ableitete, nimmt man heute eine gemeinsame Urform an, von der aber auch noch nirgends Überreste gefunden wurden. Was man fand, war bereits menschlich.

*) Organische Morphologie und Paläontologie, Berlin 1935, S. 408.

„So bleibt jede Urform“, schreibt Daqué a. a. O. „so bleibt auch der Stammbaum eine Idee. Der Stammbaum selbst existiert naturhistorisch wirklich nur in seinen Ästen oder Zweigen. Denn da es nur spezialisierte Formen, also auch nur spezialisierte Gruppen, Ordnungen, Klassen des Tier- und Pflanzenreiches gibt, so müssen sie alle, wie sie heute oder in den Zeitaltern der Vorwelt existierten, im Stammbaumbild in die Äste und Zweige versetzt werden. Der Stamm aber, also das eigentlich Zusammenhaltende, das, woraus alles das entspringt, was es an Ästen und Zweigen gibt, ist eine Idealität, wenn man es naturwissenschaftlich fassen will; dagegen ist es dennoch metaphysische Realität.“ (S. 421.)

Indessen ist diese Schwierigkeit kein Grund, die Existenz derartiger Urformen, von denen uns vergleichende Anatomie und Embryologie beredtes Zeugnis ablegen, zu leugnen und damit den Entwicklungsgedanken aufzugeben. Wie wir schon mehrfach bemerkten, liegt in einer solchen scheinbaren Unvereinbarkeit zwischen Tatsache und Theorie ein neues Naturgesetz verborgen, dessen Auffindung die Frage klärt.

Vom organologischen Standpunkte aus handelt es sich in erster Linie um Erforschung der entelechialen Gesetze und Vorgänge, durch die die materiellen Gestalten erst verständlich werden, und wenn wir auf Grund der offenbaren Verwandtschaft der Tier- und Pflanzenarten Urformen postulieren, so gilt das zunächst für den organischen Aufbau der Entelechie. Ob sich diese Urformen materiell verkörpert haben, ist eine andere Frage. Wird sie verneint, so ändert das an unserer Entwicklungstheorie gar nichts, während eine materialistische Abstammungslehre damit zusammenbräche. Das in jener scheinbaren Unvereinbarkeit verborgene neue Naturgesetz ist also dies, daß die Entwicklung der physisch erschienenen Arten nicht im Physischen, sondern, wie Poppelbaum in seinem Buche „Mensch und Tier“*) ausführt, im Überphysischen vor sich gegangen ist, die Urpflanze (Goethe), das Urtier (mit seinen Unterformen, dem Urinsekt, dem Urfisch, der Urkatze usw.) sowie der Urmensch nur entelechial existiert haben und noch existieren; erst wenn sich aus diesen Urformen, die in ihrer Allgemeinheit, Ideenhaftigkeit vielleicht noch gar nicht verkörperungsfähig sind, konkrete Artentelechien herausdifferenziert hatten, konnten sich diese materiell verkörpern. Im Psychischen haben wir dies Phänomen dauernd: man weiß, was man sagen will, kann es aber erst sprachlich formulieren, wenn es sprach-

*) Basel 1928.

fähige Gestalt angenommen hat. (Darauf, daß die Vorstufen der Worte und Sätze nicht sprachfähig sind, beruht z. T. die Aphasie.) Die einem entelechialen Typus wie jeder Urform innewohnende Vielfältigkeit kann sich als solche nur in der Verschiedenheit der Arten bzw. der Völker verkörpern, und auch diese treten nicht als der Deutsche, der Chinese auf, sondern in einer strukturierten Vielzahl von Individuen. Die physischen Tier- und Pflanzenformen sind also den Früchten an einem unsichtbaren Baume vergleichbar, wobei allerdings an den verschiedenen Zweigen verschiedene Früchte vorgestellt werden müssen. Der Haeckelsche Stammbaum der Tiere ist also im Prinzip richtig, nur muß er entelechial, nicht materiell verstanden werden. Er liegt also nicht in der physischen Ebene, wo eine materialistische Naturwissenschaft ihn sucht, aber nicht finden kann, sondern steht bildlich ausgedrückt senkrecht zu ihr. Erst die Früchte des Baumes treten in der Physis in Erscheinung.

Der naturwissenschaftliche Stammbaum der Arten gibt uns aber auch in anderer Beziehung zu denken; denn sein Prinzip ist nicht nur die Entwicklung des Differenzierten aus dem Primitiven, sondern auch die der höheren aus den niederen Formen, was dem organologischen Standpunkte nicht entspricht. So wurde die Lehre, daß der Mensch nur ein höherentwickeltes Tier sei, mit innerem Widerstreben aufgenommen, obwohl der Wirbeltier-, speziell Säugetiercharakter des menschlichen Organismus die Abstammung vom Tiere zu bestätigen scheint. Daß aber die Seele des Menschen nur eine hochentwickelte Tierseele sei, wie es dem Weltbilde des Materialismus und Bolschewismus entspricht, stößt doch auch heute noch auf das zum mindesten unterbewußte Gefühl, daß hier etwas nicht stimmt. Wir sehen uns daher veranlaßt, diese Frage vom organologischen Standpunkte aus genauer zu prüfen, und beziehen uns wieder auf das Buch von Poppelbaum „Mensch und Tier", in dem vergleichend anatomische Forschungsergebnisse führender Wissenschaftler wie Virchow, Klaatsch, Bolk, Stratz u. a. unter einem neuen Gesichtspunkte verarbeitet sind. Es wird dort gezeigt, wie Hand, Haupt, Zähne, Hirn und innere Organe beim Menschen nicht etwa als höher entwickelte Tierorgane angesehen werden können, sondern nur als Ausgangsformen für die tierischen Bildungen, so daß die Teile des menschlichen Organismus die Jugendformen der tierischen Organe in etwa beibehalten haben, auf ihrer Entwicklungsstufe sozusagen stehengeblieben sind, während die tierischen Organe aus diesen Grundformen sich zu spezialisierten Werkzeugen entwickelten. Die Extremitätenbildungen der Tiere wie Tatze, Huf, Flosse, Flügel lassen sich alle von der menschlichen Hand bzw. dem menschlichen Fuß ableiten, nicht aber die menschliche Form von einer tierischen. Diese sind für einen bestimmten Zweck so spezialisiert, daß sie zu nichts anderem mehr zu gebrauchen sind, während die menschliche Hand noch eine fast universelle Verwendungsfähigkeit hat. In ihrer Entelechie liegen also die Anlagen Tatze, Flosse, Flügel zu werden. Dasselbe kann vom Gebiß des Menschen und der Tiere gelten. Es soll damit nicht gesagt sein, daß die tierischen Formen von der heutigen menschlichen Form abstammen, sondern von ihrer Urform, die der Mensch sich weitgehend bewahrt hat. — Dafür spricht auch die auffallende Erscheinung, daß z. B. der Kopf des jungen Schimpansen menschliche Gestalt hat und sich erst später zu dem häßlichen tierischen Gebilde umgestaltet. Affen- und Menschenschädel haben also eine gemeinsame Grundform; der Mensch hat sie gewissermaßen konserviert. Auch das Gehirn des Menschen hat, wie Bolk nachwies, die ursprünglichen fötalen Lagebeziehungen der Teile in Form der Krümmungen seiner Achse beibehalten und sich auf dieser Grundlage weiterentwickelt, während die Gehirne der Tiere jene Krümmungen durch Streckung verloren haben. — Bezüglich innerer Organe (Niere, Milz und Blinddarm) vertrat Westenhöfer die These, daß der Mensch sich im Gegensatz zu anderen höheren Säugetieren Eigenschaften der inneren Organisation bewahrt habe, durch die er den primitiven Wassersäugern nahestehe. Besonders bei den Affen seien diese Organe weiter entwickelt, könnten also nicht als Vorstufe zu der des Menschen angesehen werden. Wir fügen hinzu, daß z. B. das Magensystem der Wiederkäuer wohl aus den menschlichen Verdauungsorganen, aber nicht umgekehrt dieses aus jenem abgeleitet werden kann. Damit erscheinen, wie Poppelbaum hervorhebt, auch die sog. Atavismen in einem neuen Lichte: Das Spitzohr beim Menschen z. B. ist nicht ein Rückfall in frühere tierische Gestalt, sondern eine anormale tierhafte Ausgestaltung der menschlichen Grundform. Und die zuweilen vorkommende Vergrößerung der Morgagnischen Taschen des menschlichen Kehlkopfes ist keine „Reminiszenz“ an die Brüllsäcke bei Anthropoiden, sondern ebenfalls eine ins Tierhafte gehende Entartung.

Betrachten wir einzelne Teile des menschlichen Organismus für sich, z. B. den Verdauungskanal: Rachen, Speiseröhre, Magen und den verknäulten Darm, so haben wir das Bild einer Schlange. Die Hand ähnelt losgelöst einem Polypen, die Wirbelsäule mit ihren Segmenten einem Wurm, der Kopf mit dem Brustkorb und den ausgebreiteten Armen einem Vogel, die Gallenblase einem Tintenfisch, die Ganglienzellen einer Amöbe, die Zellen des Flimmerepithels einem Infusor. Damit sollen nicht bestimmte Tiere von bestimmten menschlichen Organen abgeleitet werden, sondern aus Gestaltungsprinzipien, der entelechialen Urform. Da sie sich, wie wir annehmen, von ihm abgespalten und abgewandelt haben, enthält sie der Mensch in anderer Form, als sie heute in den Tieren erscheinen.

Auch im Seelischen bestehen ähnliche Verhältnisse, auf die wir von uns aus hinweisen. In unserer Menschenseele finden wir nämlich tierhafte Anlagen, die gewöhnlich auf die Abstammung vom Tiere zurückgeführt werden: das Raubtierhafte, das Stier-, Schweine-, Schlangenhafte, ja wohl auch das Fischhafte, das uns die Freude im Wasser gibt, und das Vogelhafte, das uns zum Fliegen trieb. Bei den einzelnen Tiertypen scheint solches aber nicht der Fall zu sein, wenigstens bemerken wir im Raubtier nichts vom Schaf, im Hunde nichts von der Katze, im Vogel nichts von der Schlange usw. Die Tierseelen sind anscheinend alle auf ihre Eigenart beschränkt. Die Menschseele erscheint dagegen universell veranlagt, sie hat diese Anlagen nur nicht wie die Tiere einzeln entwickelt, sondern den Urzustand beibehalten, sie ist daher abstammungsmäßig den Tieren nicht gleichwertig, sondern erheblich höherwertig. Jene Anlagen, aus denen sich das heutige Tierische entwickelt hat, sind in ihr zu einer Einheitlichkeit vereinigt. Schon Aristoteles sah im Menschen die Tierheit enthalten, und im 16. Jahrhundert schrieb wie M. Gumpert*) berichtet, G i r o l a m o  C a r d a n o, auf den unser Cardangetriebe zurückgeht: „Der Mensch ist kein Tier, sondern ‚alle Tiere', der Inbegriff des gesamten tierischen Lebens auf höchster Stufe". Es sollte uns wundern, wenn sich nicht auch bei Goethe ein derartiger Ausspruch fände. Ebenso nehmen wir an, daß im Tiere je nach der Höhe seiner Entwicklung niedere oder höhere Gruppen von Pflanzenentelechien enthalten und zum Tierischen verarbeitet sind, so daß das einzelne Tier nicht einzelnen Pflanzen, sondern ganzen Gruppen derselben entspricht, wie der einzelne Mensch nicht dem einzelnen Tier, sondern der Tierheit. — In seinem bekannten Buche „Urwelt, Sage und Menschheit"**) schreibt Daqué (S. 96/97): „Es ist eine alte, tief wahrhaftige Anschauung, die uns in einem letzten modernisierten und symbolisierenden Ausklang noch in Herders „Ideen

---

*) Das Leben für die Idee, Fischer, Berlin 1935.

**) München 1928.

zu einer Philosophie der Geschichte der Menschheit" begegnet, daß im Menschenwesen körperhaft und seelisch — wir würden sagen entelechisch — alles enthalten sei, was die lebende Natur bildet, wie auch dies, daß die lebende Natur des Menschen körperliches und seelisches Werden wiederspiegele".

Die Menschseele ist demnach nicht ein Abkömmling der Säugetierseele, sondern diese ist eine Abart von jener. Wir können also die von Daqué und Poppelbaum vertretene Lehre anerkennen und die These verfechten: nicht der Mensch stammt vom Tiere, sondern die Tiere stammen vom Menschen ab, d. h. von seiner entelechialen Urform, die wir den „Vormensch" nennen. Als universeller entelechialer Typus und Ursprung ganzer Naturreiche ist der Vormensch nicht als ein früheres irdisches Individuum oder als eine irdische Gattung zu denken, sondern als ein kosmisches Wesen, wie überhaupt alle entelechialen Typen kosmische Realitäten sind. Im Vormenschen war also, wie wir annehmen, das Tierische vom Menschlichen noch nicht getrennt, sondern Teil seiner Organisation. Als organischer Teil derselben muß das Tierische aber andere Gestalt gehabt haben als heute, wo es sich vom Menschen getrennt hat und z. T. entartet und verwildert ist, — nämlich eine menschenähnliche Gestalt. Das sagen uns u. a. die Jugendform des Schimpansenkopfes und die anderen angeführten Tatsachen. Das Tierische ist demnach eigentlich erst durch Loslösung vom Vormenschlichen entstanden, durch Entartung infolge der Trennung vom Geistigen. Dem entspricht wohl die Legende vom Paradies, in dem der Mensch und alle Tiere in Eintracht lebten.

Aus dem Vormenschen muß nun durch Abspaltung oder Aussonderung des Tierischen der „Urmensch" entstanden sein, also nicht der primitive Mensch, sondern der entelechiale Typus „Mensch", aus dem sich wiederum die einzelnen Menschenarten (Rassen usw.) herausdifferenziert haben. Der „Urmensch" ist ein kosmisches Wesen, nämlich der kosmische Mensch, den die alten Inder „purusha" nannten, der entelechiale Ursprung der irdischen Einzelmenschen.

Diese zentrale Stellung des Menschen in der organischen Natur erhält noch ihre Vollständigkeit und Einzigartigkeit dadurch, daß wir auch das Pflanzliche als im Menschen veranlagt betrachten. Daß der menschliche wie der pflanzliche Organismus aus Zellen besteht und daß deren Hauptfunktionen: Ernährung, Wachstum, Fortpflanzung und Abbau prinzipiell ähnlich sind, muß auf ein und demselben Urprinzip beruhen, das wir im Menschen erblicken, so daß wir also nicht den Menschen von der Pflanze ableiten, sondern die Pflanze vom entelechialen Vormenschen. Daß sie, wie auch gewisse Tiere, früher in die irdische Erscheinung traten als der Mensch, erklären wir daraus, daß sie sich vorher abgespalten haben.

Ein Bild des Prinzips dieser Entwicklung durch Abspaltung gibt uns die Pflanze. Wenn von einem Holzstamm durch Spaltungen von oben her zuerst bis unten hin, dann bis in immer höhere Abschnitte schmale Teile losgelöst werden, aber so, daß sie unten noch mit dem Stamme zusammenhängen, und mit diesen wieder dasselbe geschieht, so entsteht eine baumartige Gestalt, besonders dadurch, daß die unteren Äste länger werden als die oberen, wie es z. B. bei der Tanne der Fall ist. Auch bei den krautartigen Pflanzen erscheinen die Blätter wie vom Schafte abgespalten, erst die unteren, dann die oberen, bis zuletzt als Krönung des Ganzen das Innerste und Höchste der Pflanze, die Blüte mit den Samenanlagen erscheint. Das Innerste und Wesentliche kann sich also anscheinend erst entfalten oder manifestieren, wenn das Äußere, Unwesentliche abgespalten ist: der Sinn der Entwicklung durch Differenzierung in der Form der Pflanze. Die alte Theorie der Präformation taucht hier wieder in unserer Erinnerung auf als vermaterialisierte und dadurch verfälschte Ahnung einer metaphysischen Tatsache, wie das in der Wissenschaft schon mehrfach vorgekommen ist (z. B. beim Stammbaum der Tiere oder in der Biologie, wo die Funktionen der Entelechie als Funktionen der kolloidalen Materie beschrieben, und statt Teilentelechien materielle „Gene“ und „Organisatoren“ angenommen wurden u. a. m.).

Die Seele des Vormenschen muß ebenfalls als entelechiale Urform ein kosmisches Wesen sein, sozusagen eine ganze Welt, aus der sich die entelechialen Typen der Tierseelen abgespalten haben, bevor die Seele des Urmenschen daraus entstehen konnte, die wir die Menschseele nennen. Aus ihr ist das rein Seelische der Rassen- und Volksseelen hervorgegangen und zwar erst der niederen, dann der höheren Rassen und Völker.

Da, wie wir annehmen, die Volks- und Rassenseelen ein eigenes Selbst haben, so betrachten wir sie nicht als Abspaltungen des Äußeren der Menschseele, sondern als deren Entfaltungen, da sie ihr Innerstes, das Geistige miterhalten haben. Ohne diese Differenzierung in Rassen und Völker hätte die Vielfältigkeit der Menschseele offenbar nicht konkret in irdische Erscheinung treten können; die europäische Kultur wäre nicht entstanden, wenn in der Seele des nordischen Menschen noch die entelechialen Seelentypen des Negers, des Juden, des Mongolen lebten. —

Während also die materialistische Naturwissenschaft keinen wesentlichen Unterschied zwischen Tier und Mensch zu finden imstande ist, erscheint im organologischen Weltbilde der Mensch nicht als Abkömmling des Tierreiches, sondern gewissermaßen als der Vater und Beherrscher aller Lebewesen, also in einer königlichen Stellung, die seiner geistigen Höhe, seinem seelischen Reichtum und der Würde seiner Erscheinung entspricht. Als Träger überirdischer Ideale repräsentiert sein höheres Ich den Geist der Menschheit, und, da dieser in seiner zentralen Stellung den Wesenskern der gesamten organischen Natur bildet, repräsentiert er auch den Geist des Organischen überhaupt und damit das kosmisch Geistige.

## VII. METAPHYSIK DER GESTALTUNG

Wer an den Geist glaubt,
der ist unseres Geschlechts.
(Fichte.)

### ERKENNTNISTHEORETISCHE RECHTFERTIGUNG

Metaphysik als Wirklichkeitserkenntnis, wie sie uns immer noch als höchstes Ziel und Krönung aller Wissenschaft vorschwebt, kann nur eine Metaphysik der Natur und der Seele sein, weil die empirische Grundlage eben nur durch diese Zweiheit gegeben ist: die Welt um uns und die Welt in uns.

Nun hat Kant bekanntlich die alte rationale*) Metaphysik als Scheinmetaphysik oder Illusion entlarvt, indem er in der Transzendentalen Dialektik seiner Kritik der reinen Vernunft zeigte, daß aus bloßen Vernunftideen keine Erkenntnisse von objektiver Realität abgeleitet werden können. Was wir hier erstreben, ist aber nicht Auferweckung jenes längst gestorbenen Rationalismus, sondern eine Metaphysik auf empirischer Grundlage. Diese letztere besteht für uns in der Tatsache der sinnvollen Gestaltung sowohl der Natur wie der Seele. Und was uns berechtigt, darauf eine Metaphysik aufzubauen, ist die im I. Kap. gewonnene Erkenntnis, daß sinnvolle Gestalt und Gestaltung objektive Realitäten, und daß die Begriffe Ordnung, Schönheit und Zweckmäßigkeit im Falle organischer Heteronomie nicht, wie Kant lehrte, regulative, sondern konstitutive Prinzipien sind.

Damit erhält der praktisch leer gewordene Begriff „Metaphysik" einen neuen Inhalt, nämlich den eines neuen Gebietes möglicher, allerdings indirekter Erfahrung. Unsere organologische Naturbetrachtung führt ja zwangsläufig über die Physis, die wahrnehmbare Welt hinaus in eine „Metaphysis", wie wir die hinter der Sinnenwelt gestaltend wirkende übersinnliche Welt, das Gebiet der Entelechie, nennen wollen. Führt die Analyse der Materie doch den Physiker

*) d. h. aus bloßen Ideen hergeleitete.

und Chemiker auch in Gebiete des „Untersinnlichen", das Reich der Molekel, Atome, Elektronen und Ätherwellen hinein, deren Struktur keines Menschen Auge jemals gesehen hat noch wird sehen können, und doch sind es Erkenntnisse objektiver Realität! Ebenso errechnet der Astronom kosmische Größen, Entfernungen und Bewegungen, die uns kaum vorstellbar sind. Da nun unserer Theorie zufolge die sinnvolle organische Physis von der Metaphysis durch formative Kausalität gestaltet wird, so können wir von den sichtbaren Phänomenen sinnvoller Gestaltung so gut auf jenes Übersinnliche schließen, wie die Physiker auf das „Untersinnliche". Es handelt sich also, um mit Kant zu reden, um synthetische Urteile a posteriori. Damit kommen wir dem ursprünglichen Begriffe „Metaphysik" des Aristoteles näher, der ja nichts anderes bezeichnete als das, was nach dem Physischen abgehandelt wurde, nämlich das Überphysische. Später ist Metaphysik allerdings ein Begriff für rationale Spekulation geworden, und neuerdings nennt man weltanschauliche Philosophie und Erkenntnistheorie so*) — u. E. nicht mit Recht.

Unsere Metaphysik darf nun auch nicht verwechselt werden mit einer Lehre vom „Ding an sich" im Kantschen Sinne; dann würde sie die Grenzen möglicher Erfahrung überschreiten und „transzendent" sein. Was wir unter „Metaphysis" verstehen, ist ja nicht das Übernatürliche, sondern nur das Überphysische als unsichtbarer Teil der Natur, von der die sichtbare Welt ja nur einen Teil ausmacht. Wenn wir also unsere metaphysischen Erkenntnisse als Naturerkenntnisse (höherer Ordnung) bezeichnen, so tun wir prinzipiell nichts anderes als der gesunde Menschenverstand, der auch von physischen Äußerungen auf eine Seele und ihre Zustände also etwas Überphysisches schließt. So ist die in den vorigen Kapiteln dargelegte Entelechie- und Seelenlehre schon Metaphysik. Die Metaphysik der Natur erstrebt dementsprechend die formale Erkenntnis der Weltentelechie. Materiale Erkenntnis der Metaphysis wäre uns nur durch hellseherische Wahrnehmung möglich. Da uns diese aber versagt ist, so kann es sich hier nur um formale Konstruktionen handeln, die deshalb für unsere Erkenntnis nicht weniger Bedeutung haben, weil sie „bloß formal" sind — im Gegenteil, wir haben ja im I. und II. Kapitel gesehen, welche Bedeutung das formale Prinzip für das Begreifen sinnvoller Gestaltung hat. Ohne diese begrifflichen Formen aber würde metaphysisches Material nur Konfusion machen, wie wir

*) Vgl. z. B. A. Wenzl, Wissenschaft und Weltanschauung, Leipzig 1936.

es vielfach im Okkultismus erleben. Allerdings können sich unsere Theorien nicht mit denen der Physik auf eine Stufe stellen, weil diese mathematisch begründet sind, wir dagegen etwas in die Dinge hineinlegen, was in ihnen nicht unmittelbar gegeben ist, also keine zwingende Erkenntnis bedeutet. Durch die Verbindung der Apriorität unsers Denkens mit empirischen Tatsachen ist aber die Gewähr gegeben, daß unseren Theorien, wenn sie richtig gebildet sind, Realitäten entsprechen. Die hier entwickelte Metaphysik erhebt also den Anspruch, die naturwissenschaftliche Entelechielehre zu sein, die z. Z. in Frage kommt, wenn man überhaupt diesem Probleme näher treten will. Wer ihr nicht folgen kann, muß u. E. auf naturwissenschaftliche Metaphysik und Weltanschauung verzichten. Infolge der logischen Verbindung mit Empirie besteht aber auch die Möglichkeit, unsere Theorien durch natürliche und experimentelle Phänomene organischer Gestaltung zu bestätigen oder zu korrigieren und weiter auszubauen. So glauben wir das Gebiet „möglicher Erfahrung“ wieder um einen großen Bereich zu erweitern und damit einen höheren philosophischen, aber doch wirklichkeitsgemäßen Zweig der Naturerkenntnis neu zu begründen, der, wie wir sehen werden, richtunggebend für die Problemstellung im Organischen ist und daher von grundsätzlicher Bedeutung für die Neugestaltung der Natur- und Geisteswissenschaften. Für seine Berechtigung berufen wir uns auf den Ausspruch Kants in seiner Kritik der Urteilskraft:

„Soweit Begriffe ihre Anwendung haben, soweit reicht der Gebrauch unseres Erkenntnisvermögens und mit ihm die Philosophie.“

## A. DAS FORMATIVE SYSTEM

### 1. Der Systemcharakter der Entelechie

Wir betreten jetzt das eigentliche Gebiet organologischer Metaphysik, nachdem wir an Hand der Erscheinungen sinnvoller Gestaltung der biologischen und kosmischen Natur, sowie des Seelenlebens uns die Begriffe des Organischen zum Unterschiede vom Anorganischen gebildet und so die Grundlagen festgelegt haben, von denen wir auf die Beschaffenheit und Organisation der hinter der „Physis“ gestaltend wirkenden „Metaphysis“ schließen wollen. Es ist also das Gebiet, das sich von dem, was früher „Lebenskraft“ genannt wurde, erstreckt bis zum Ursprung des Sinnvollen, Schönen und Zweckmäßigen: dem Geistigen.

Wenn wir das Geistige, wie es eben gekennzeichnet wurde, als die direkte gestaltende Ursache für die organischen Erscheinungen annehmen würden, so wären wir offenbar so weit wie das Kind, das sagt: „der liebe Gott hat das alles gemacht", die Rätsel der Komplikationen der organischen Gestaltung blieben aber ungelöst. Letzten Endes, betonten wir immer, muß allerdings das Sinnvolle in der Natur auf das Geistige zurückgeführt werden, aber damit ist nicht gesagt, daß der Geist selbst direkt auf die Materie wirkt. Vielmehr zwingen, wie wir sehen werden, die Erscheinungen dazu, diese Wirkung als eine indirekte, durch Zwischensysteme vermittelt zu denken. Bei genauerer Analyse der organischen Gestaltung nämlich zeigt sich, daß gewisse Gesetzmäßigkeiten, die im normalen Verlaufe zwar sinnvoll sind, unter gewissen anomalen Bedingungen des Experimentes mit einer Stereotypie eintreten, die dann sinnlos ist. Ein ganz allgemeines Beispiel für solche sog. „Dysteleologie" ist z. B. die narbige Schrumpfung nach Heilung einer Wunde, die normalerweise sinnvoll wirkt, weil sie die durch die Verletzung getrennten Gewebe wieder vereinigt, unter gewissen Umständen aber auch schwere Schäden, Herzklappenfehler, Kontrakturen, Entstellungen des Gesichtes entstehen läßt. Hier wirkt also ein ursprünglich sinnvoller Prozeß sinnlos. Ebenso verhält es sich mit Verknöcherungen von Gelenken nach Gelenkbrüchen, oder mit Bildung von Pseudarthrosen (falschen Gelenken) dort, wo Knochen gebrochen waren, aber eine Gelenkbildung, die nicht dorthin gehört, die Funktionsfähigkeit des Gliedes schwer beeinträchtigt. Ferner gehören hierher überschießende und sinnlose Regenerationen mit Wucherungen und überzählige Regenerationen. Zum Beispiel ist es der experimentellen Biologie mit der Larve der Knoblauchskröte gelungen, durch Verpflanzung von Keimbezirken Mehrfachbildung der Hinterbeine zu induzieren, was nur durch aus der Ordnung herausgenommene, also lösbare Teilentelechie begriffen werden kann. Hierbei ist beachtenswert die unserer Theorie entsprechende Feststellung des Japaners Kosugi (1931), daß Stoffwechselvorgänge in überlebenden künstlich durchspülten Organen völlig anders verlaufen, als in solchen, die normal von den Blutbahnen her ernährt werden, die also der Heteronomie des Organismus unterliegen. Alles dies deutet hin auf eine mangelnde Beherrschung niederer Lebensvorgänge durch den Geist der sinnvollen Gestaltung des Ganzen. Untergeordnete Entelechien funktionieren hier also selbständig, so wie wenn in einem Mechanismus durch Lösung des Zusammenhanges mit dem Ganzen Leerlauf eintritt. Analoge Phänomene im Seelischen haben ja zur Annahme des Unterbewußtseins geführt, nämlich psychische Äußerungen, die nicht vom bewußten Geiste stammten und auch nicht vom Gehirn, und deshalb einem unterbewußten Seelischen und dessen Störungen zugeschrieben werden müssen. So fliegt die Mücke nicht vom Geiste getrieben, sondern infolge ihrer niederseelischen Organisation ins Lampenlicht, wo sie verbrennt. Das Gleiche gilt von den im Abschnitte über den Instinkt angeführten Dysteleologien im Tierleben. Blicken wir in die große Natur, so sehen wir dort vieles, was ursprünglich sinnvoll, unter gewissen Umständen sinnlos zerstörend wirkt: Regen, Wind, Sonne erzeugen zur Unzeit und im Übermaß Katastrophen und Hungersnot, selbst der im Winter wohltätige und harmlose Schnee richtet im Frühjahr gefallen unermeßlichen Schaden an. Auch diese Vorgänge begreifen wir als organische, durch Mangel oder Störung der sinnvollen Regulation entstanden. Störung kann aber nur in Systemen vorkommen, niemals in einer geistigen Einheit. Daher können wir für jene Erscheinungen im Kleinen wie im Großen nicht das Geistige als sinnvolles Prinzip verantwortlich machen, sondern sind gezwungen, eine untergeistige, aber überphysische Organisation sowohl im Organismus zwischen Körper und Geist wie in der Natur zwischen Geist und Materie anzunehmen. Das ist ein Forschungsprinzip, was in der Wissenschaft überall mit Erfolg angewandt wird; denn wenn ein System, oder eine Organisation, in die man nicht direkt hineinsehen kann, reibungslos funktioniert, ist seine Struktur unerkennbar, man meint, es ginge alles von selbst, bzw. durch den Geist. Treten aber Anomalien auf, so wird daraus die innere Beschaffenheit ersichtlich. Wir merken auch erst, daß wir ein Herz oder einen Magen haben, wenn wir krank sind, und an den zerstörenden Vorgängen in der Natur erkennen wir erst, daß es außer dem Geiste der Harmonie noch niedere Mächte gibt. So haben wir in der Tatsache von Krankheiten und allen disharmonischen Zuständen in der gesamten organischen Natur zwingende Hinweise auf das Bestehen einer entelechialen Organisation zwischen Geist und Materie — aber natürlich nur, wenn jene disharmonischen Zustände organisch heteronom sind.

Eine auf den naturwissenschaftlichen Materialismus verpflichtete Wissenschaft konnte natürlich eine Entelechie zwischen Geist und Materie nicht annehmen und mußte daher auch auf die Theorie einer Seele zwischen Bewußtsein und Gehirn verzichten. Und da das Bewußtsein nun einmal als übermaterielle Realität nicht abzuleugnen war und mit Geist sozusagen identifiziert wurde, mußte man die Störungen der höheren seelischen Funktionen „Geistesstörungen" nennen. Der Geist kann also nach dieser „wissenschaftlichen" Auffassung schwachsinnig werden! Weltanschaulich hatte diese Einstellung angesichts des so oft sinnlos und sinnwidrig erscheinenden Schicksals die Erschütterung und vielfach den Verlust des Glaubens an eine lebensnahe, schützende und helfende Gottheit zur Folge, weil eben eine Organisation wie sie z. B. zwischen Volk und Regent besteht, in der Natur bisher unbekannt war.

Die Annahme einer solchen entelechialen Zwischenwelt dient also insofern zur Erklärung der organischen Gestaltung, als sie, bzw. ihre Teilsysteme, ihre Idionomie haben, die normalerweise vom Geiste und von dem übergeordneten Systeme beherrscht wird, unter Umständen aber auch nicht beherrscht wird und dann ihrer eigenen Beschaffenheit entsprechende abnorme, sinnlose bzw. destruierende Vorgänge bewirkt. Der organische Gestaltungsprozeß ist demnach zwar seinem Wesen nach geistigen Ursprungs, seiner Art und Gestalt nach indessen Funktion der entelechialen Organisation, die aus organischen Teilsystemen besteht, und in diesen Teilen nur eine beschränkte, mehr oder weniger schematische Intelligenz hat, wie es etwa die Instinkte der Tiere zeigen. Wir nennen diese entelechiale Organisation zwischen Geist und Materie sowohl im Organismus wie im Kosmos das formative System und seine Funktion, die organische Gestaltung, den formativen Prozeß. Das formative System spielt also dieselbe Rolle wie ein Ministerium zwischen Regent und Volk oder wie die Organisation der Stäbe in der Armee. Damit sein Begriff für uns wissenschaftlich brauchbar wird, muß er näher bestimmt werden, so daß wir uns formale Vorstellungen über die Beschaffenheit des formativen Systems machen und daraus Folgerungen ziehen können. Dies wollen wir im folgenden Abschnitte versuchen.

## 2. Die Stufen der Materialität

Die Frage des Übergangs vom Geiste zur Materie ist die des Übergangs von der Einheit zur Vielheit. Sie wird, wenn wir sie uns bildlich vergegenwärtigen, indem wir die Einheit als eine Linie, die Vielheit als eine Reihe von Punkten zeichnen, rein theoretisch am natürlichsten dadurch gelöst, daß wir uns einen stufenweisen Aussonderungsprozeß aus der Einheit bis zur atomistischen Vielheit denken. Auch die Vielheit der Zellen eines Organismus entsteht durch fortgesetzte Teilung der Einheit des Eies. Die erste Stufe der Aussonderung aus der Einheit des Geistigen, die diesem also am nächsten stünde, wäre die des Entstehens zweier oder mehrerer großer Teile; es folgten weitere Stufen bis zur Auflösung in die atomistische Vielheit der Materie, wie es im nebenstehenden Schema angedeutet ist. Da nun durch die Vielheit der Teile eine neue Gesetzlichkeit gegenüber der Einheit des Ganzen entsteht, so haben die verschiedenen Stufen verschiedene Idionomien, die höheren eine höhere, die niederen eine niedere. Das Wesen der Materialität besteht also im Gegensatze zum Wesen des Geistigen in der Vielheit, und durch die Stufen der Vielheit kommen wir zum Begriffe der *Stufen der Materialität.*

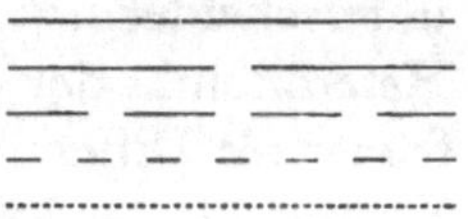

Im Endresultate eines wie oben geschilderten Zerfallsprozesses müßte die organische Stufung offenbar so zum Ausdruck kommen, daß in der Vielheit der organischen Materie Gruppen gleichartiger Teile erkennbar wären, die früheren Einheiten entsprechen. Denken wir uns z. B. die Teile der obersten Zerfallsstufe als rot und blau, so würden wir diese Farben (vielleicht verändert, aber doch erkennbar) in zwei Gruppen der atomistischen Vielheit wiederfinden. Finden wir nun in der organischen Materie solche Spuren höherer Einheiten, so sehen wir unsere Theorie bestätigt. Die Vielheit der organischen Gestalten besteht nämlich nicht in einer regellosen Mannigfaltigkeit, sondern in universellen organischen Systemen mit einer bis ins Kleinste durchgeführten organischen Gliederung, in der die Art der verschiedenen Entelechien an der Gestalt der Gruppen und Teile erkennbar ist. Die jeweilig übergeordnete Einheit wirkt ja heteronom gestaltend als Entelechie auf die ihr untergeordneten Teile. So denken wir uns auch die höheren Stufen der Materialität heteronom gestaltend auf die niederen wirkend und so, an den großen Gruppen der organischen Gliederung erkennbar, den Einfluß des Geistigen auf die Materie vermittelnd. Das Prinzip des Organismus lebt demnach auf einer höheren Stufe als die Entelechien der Organe, und diese leben wieder auf einer höheren Stufe als die der Zellen. Ebenso lebt das entelechiale Volk auf einer höheren Stufe als die Entelechien der Einzelmenschen und die entelechiale Rasse auf einer höheren Stufe als „das Volk". *Den höheren Ordnungen im Physischen entsprechen also höhere Stufen im Metaphysischen* wie der Gliederung etwa eines Heeres die Rangordnung der Führer entspricht. *Die organische Gliederung der Physis fassen wir also auf als Ausdruck einer metaphysischen Hierarchie*, wie es (nachträglich vom Verf. bemerkt) schon mehrere Philosophen seit Aristoteles getan haben*).

Die durch die Bildung der Teile entstandene Idionomie derselben unterscheidet sich, wie wir wissen, wesentlich von der sie gestaltenden Heteronomie der Einheit, in der nach unserer Auffassung die Teile früher als Differenzierungen gelebt haben. Sie haben sich also durch Lösung aus der Einheit dieser entfremdet, sie waren vorher nicht das, was sie als Teile geworden sind, sondern gewissermaßen höhere Gestalten, denn durch Loslösung und Selbständigwerden sanken sie zunächst vom Geistigen aus gesehen, eine Stufe tiefer und nahmen eine ungeistigere, nämlich materiellere, aber auch konkretere Gestalt an. Da das Geistige das ewige Prinzip der Dinge ist, und die Materie die Grundlage des Konkreten bleibt, so ist der Inhalt der höheren Ebenen weniger konkret, aber prinzipieller zu denken als der der niederen und umgekehrt, wie ein Plan, etwa ein Haus zu bauen oder eine Reise zu unternehmen, zunächst in allgemeiner oder prinzipieller Form besteht und durch Verwirklichung immer konkreter wird. Materialisierung bedeutet also stufenweise Konkretisierung. Denkt man sich hierbei in der Natur die verschiedenen Eigenarten der verschiedenen Teile auf den einzelnen Stufen mitwirkend, so wird die Mannigfaltigkeit der organischen Gestalten begreiflich.

So kommen wir zu der Annahme der metaphysischen Ebenen, deren höhere sich wesentlich von den niederen unterscheiden und doch wie auch das Geistige und die physische Materie nur Existenzformen ein und derselben Weltsubstanz sind, die die Grundlage aller Realität ist. Der philosophische Begriff der Substanz ist also nicht mit dem der Materie zu verwechseln. Letzterer bedeutet prinzipiell nur eine gestaltbare Vielheit im Gegensatz zur Form der gestaltenden Einheit; ein Teil dieser Vielheit auf entelechialer Stufe kann selbst wiederum gestaltende „Form" im Verhältnis zur „Materie" der niederen Stufe sein. „Form" und „Materie" sind also relative Begriffe. Selbst die höchste entelechiale Stufe unter dem Geiste ist diesem gegenüber „Materie". „Substanz" ist dagegen ein absoluter Begriff, der jeder Wirklichkeit, d. h. allem Wirkenden, also auch dem Geistigen zukommt. Es entfällt daher der Einwand, unsere Metaphysik sei nur höherer Materialismus. Das organologische Weltbild ist vielmehr charakterisiert durch den Begriff der Substanzialität des Geistes, aus der die Materie hervorgegangen ist, wodurch der Materialis-

*) D. Oldekop, Über das hierarchische Prinzip in der Natur und seine Beziehungen zum Mechanismus- und Vitalismus-Problem. Reval 1930.

mus, der nur der Materie Realität zuerkennt, erst wirklich entthront wird; denn er will das Geistige als substanzlos, d. h. wesenlos und ohne Realität hinstellen, wobei allerdings behauptet wird, das sei eine besonders geistige Auffassung. Die Folge dieses Irrtums ist die bekannte Gleichsetzung des Geistigen entweder mit Intellektualität oder mit blut- und wesenlosen Abstraktionen, wenn nicht mit Hirngespinsten, wodurch man eben nie über die Physis hinaus zum Begriffe höherer Wirklichkeit kommen konnte. Wenn wir dagegen das Geistige als das Ursprüngliche und Primäre setzen und die Materie als Resultat eines stufenweisen Materialisations- oder Aussonderungsprozesses des Geistigen auffassen, so befinden wir uns damit nicht nur in Einklang mit uralten Vorstellungen der Menschheit, sondern kommen auch den modernsten Anschauungen der Physik vom Wesen der Materie nahe, die ja auch keine kompakten Massen mehr als letzte Bestandteile der Materie kennt, sondern Wirkungsquanten, also etwas anscheinend unmaterielles, womit der Materialismus überwunden sein soll. Daß dies letztere aber keineswegs der Fall ist, ergibt sich aus dem Fortbestehen des Atomismus in der Vielheit jener Wirkungsquanten, der im Gebiete der Physik berechtigt ist, im Organischen aber, wenn er als Grundlage allen Geschehens angenommen wird, das Wesen des Materialismus ausmacht. Wenn man wie dieser die Masse der Atome als primär gegeben annimmt, so bleibt z. B. der Aufbau der verschiedenen Gruppen der Atome und das damit zusammenhängende periodische System der Elemente unerklärbar, während es als Ausdruck ursprünglicher geistiger Zusammenhänge begreiflich ist.

Die Abstammung der Materie vom Geistigen bedeutet ferner, daß ihrer heutigen Beschaffenheit Vorstufen vorausgegangen sind, die dem Geistigen ähnlicher, also weniger kompakt und massiv waren, sondern stufenweise immaterieller. Vielleicht deuten auf diese Vorstufen die höheren Aggregatzustände der physischen Materie hin: das Flüssige und das Gasförmige. Nach der Lehre eines Forschers war die nächsthöhere Stufe die reine Wärme. Ein höherer Aggregatzustand der physischen Materie ist für uns aber nur physischer Ausdruck für die Beschaffenheit höherer Stufen; daher darf man sich diese nicht etwa nach Art der flüssigen oder gasförmigen atomistischen Materie denken, sondern immer bestehend aus höheren Einheiten.

Während die physische Materie infolge der Kleinheit ihrer Elemente eine intelligenzlose Masse darstellt, bildet die Materie der höheren Stufen entsprechend ihrer geistähnlicheren Beschaffenheit eine relativ intelligente Vielheit, woraus sich der Begriff der „höheren Materie“ mit einer höheren, nämlich sinnvolleren Idionomie ergibt, deren Heteronomie nach oben hin abnimmt, während ihre Autonomie zunimmt. Auf den höheren Ebenen gibt es demnach keine tote Materie mehr wie in der Physik; auch der Begriff „anorganisch“ paßt dort nicht mehr — höchstens im übertragenen Sinne, insofern als es natürlich auch dort idionome Vielheiten (bloße Summen) von Teilen gibt, deren Idionomie aber relativ sinnvoll ist. Auch kann man dort nicht mehr von physikalischen „blinden“ Kräften im anorganischen Sinne reden, sondern nur von „Mächten“; denn unter „Macht“ wird hier in der Physis eine sinnvolle organisierte Summe von Kräften verstanden, — dort in der Metaphysis ist jede sinnvolle Einheit schon eine Macht. Lebewesen auf jenen Ebenen werden der dortigen „Materie“ entsprechend also immer geistiger, je höher sie stehen. Da jede Stufe der Materialität, wie gesagt, ihre eigene Idionomie hat, bildet sie einen geschlossenen materialen Kausalkomplex für sich, eine „höhere Welt“; denn wie in der Physis dürfen wir auch in der Metaphysis keinen Übergang materieller Kausalität von einer Ebene in eine andere annehmen, wohl aber von formativer Kausalität im formativen Prozeß.

Wie dieser verläuft, wurde schon früher angedeutet: durch die Stufen der Entelechie, und zwar wirkt die der physischen Materie am nächsten stehende Stufe mit ihrer gestaltenden „äußeren“ Beschaffenheit auf die „innere“ Beschaffenheit, die Steuerbarkeit der Materie, also auf den ihr wesensverwandten Bestandteil derselben, etwa so wie der Magnetismus auf die magnetische „innere“ Beschaffenheit des Eisens wirkt. Wir denken uns also, daß die Materie einer jeden Ebene als „innere“ Beschaffenheit die „äußere“ Beschaffenheit der nächsthöheren Materie enthält, von der sie ja unserer Theorie nach abstammt. Auf diese „innere“ Beschaffenheit wirkt also die „äußere“ der höheren, als Entelechie fungierenden Materie, auf deren innere wieder die äußere Beschaffenheit der nächsthöheren Stufe usw. Darauf beruht nach unserer Auffassung die zwischen der gestaltbaren Materie und ihrer Entelechie anzunehmende formative Affinität.

Wenn wir diese Verhältnisse im räumlichen Bilde skizzieren, so ergibt sich etwa nebenstehendes Schema, in dem der Kreis das Geistige, das Dreieck die physische Materie darstellen soll. Die vertikalen Verbindungslinien soll andeuten, wie die obere formative Stufe auf die innere Beschaffenheit der jeweilig niederen wirkt. Man sieht, wie die innere Beschaffenheit der Materie einer Stufe dieselbe ist wie die äußere Beschaffenheit der Materie einer höheren Stufe.

Auf den einzelnen formativen Stufen, den höheren Ebenen müssen wir auch materiale Kausalität annehmen, die zwischen den Teilen ihrer Idionomie entsprechend von äußerer zu äußerer Beschaffenheit wirkt, also in unserer früheren Zeichnung in horizontaler Richtung dargestellt würde. Vgl. nebenstehendes Schema, das entsprechend der hierarchischen Struktur der Entelechie noch so gezeichnet werden könnte, daß die Zahl der Elemente einer Ebene nach unten zunimmt, also von der Einheit des Geistigen sich durch Zwei- oder Mehrteilung stufenweise vervielfacht bis zur atomistischen Vielheit der Materie.

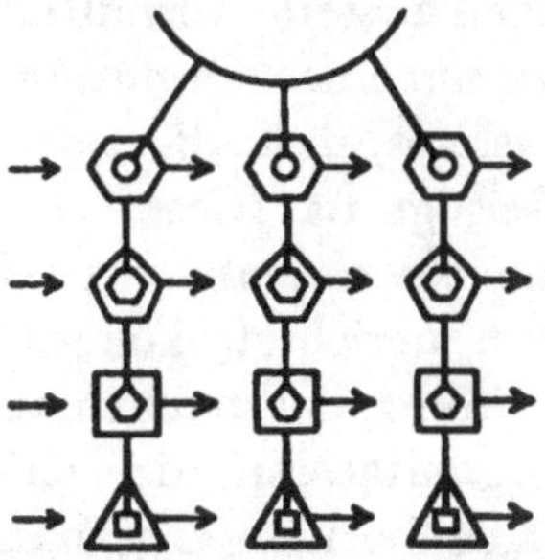

Die Idionomie einer höheren Ebene muß nun für die von ihr gestaltete niedere als formale Gesetzlichkeit gelten und ist nicht zu verwechseln mit der formativen. Sie kommt durch die formative Wirkung in der Heteronomie der gestalteten Materie der niederen Ebene zum Ausdruck.

Beispiele von formaler Kausalität sind die psychische Kausalität, die Gesetze der Harmonienfolge und der Rhythmen in der Musik, die Gesetze der Linien in der Architektur, überhaupt alle die Verhältnisse, von denen man sagen kann: auf dies muß das und das folgen.

Um die Bedeutung des hier dargestellten Schemas des formativen Systems für das Verständnis physischer Vorgänge zu erkennen, in denen auch Geist durch vermittelnde Instanzen auf Materie wirkt, denken wir an eine industrielle Organisation oder an die der Armee. Auch dort werden von der obersten Leitung Anordnungen nicht unmittelbar an die Arbeiter oder Soldaten gegeben, sondern etwa vom Chef an den Architekten, von diesem an den Ingenieur, von diesem an den Techniker, von diesem wieder an die Handwerker; bei der Armeeleitung werden die allgemeinen Befehle durch die Hierarchie der Stäbe sinngemäß bearbeitet, bis sie als konkrete Befehle an die Soldaten gelangen. Und zwar wirkt dabei der Höherstehende nicht direkt auf die Bewegungs- und Sprachorganisation des Untergeordneten, sondern, wenn auch indirekt, auf dessen Inneres, seine Seele, die den Impuls ihrer Eigenart entsprechend durch die äußere

Sprachorganisation wieder an das Innere des Untergeordneten weitergibt usf.*). Ebenso wird u. E. auch in der Natur die differenzierte sinnvolle Gestaltung der Materie durch den ihr wesensfremden Geist ermöglicht. Ohne die Vermittlung des formativen Systems wäre dieser wohl außerstande, auf die Materie zu wirken. Daher kann nach unserer Auffassung nur das Prinzip des formativen Systems die Grundlage für geistige Beherrschung und Gestaltung einer relativ unintelligenten Vielheit sein. Überall, wo wir sinnvolle Gestaltung einer Materie haben, müssen wir diese durch die Organisation des formativen Systems vermittelt denken. Alle Entelechie, ob im Kosmos oder im einzelnen Organismus muß also die Grundstruktur des formativen Systems, d. h. die einer Hierarchie haben, deren oberste Instanz das Geistige ist. Diese Organisation der Entelechie wird bestätigt durch die experimentelle Analyse der Regenerationsvorgänge. Wie B. Dürken berichtet, kommt man dadurch zum Ergebnis einer „Rangordnung der nacheinander auftretenden Organisatorwirkungen und Organisatoren, die sich danach in eine Stufenreihe einordnen lassen", (Keimbezirke, Organanlagen, Organe), „und deren Wirkung vom Allgemeinen zum Besonderen fortschreitet"**). In Wirklichkeit sind dies hierarchisch gegliederte Teilentelechien, die ohne die Heteronomie des Ganzheitsprinzips sinnlos stereotyp wirken. Analog dieser entelechialen Organisation ist die Leitung menschlicher Organisationen auch nur durch ein formatives System möglich. Indessen unterscheiden sich diese menschlichen organoiden Systeme von der formativen Organisation der Natur dadurch, daß sich sowohl in den oberen wie in den unteren Stufen physische Menschen befinden, also qualitativ annähernd gleiche Besetzung besteht, während in der Natur auf den höheren Stufen auch höhere Kräfte herrschen, die also durch ihre höhere Organisation zur Beherrschung der niederen Stufen qualifiziert sind.

Wenn das formative System in der Natur und im Menschen so beschaffen wäre, daß es die Prinzipien des reinen Geistes unverfälscht auf die Materie übertrüge, so hätten wir sowohl in der Natur wie im Verhalten der Menschen den Ausdruck des Logos, d. h. der höchsten Weisheit und Harmonie. Daß dies aber leider nicht der Fall ist, beweist nach unserer Theorie, daß die Prinzipien des reinen Geistes sich entweder nicht bis zur Materie durchsetzen oder bei ihrem Durch-

*) Wenn das Beispiel hinkt, so deshalb, weil die übergeordneten Persönlichkeiten alle auf der physischen Ebene stehen.

**) B. Dürken, Entwicklungsbiologie und Ganzheit, Leipzig 1936.

gang durch die verschiedenen Ebenen Änderungen erfahren wie etwa das weiße Licht beim Durchgang durch verschiedenfarbige Medien. Dies ist offenbar nur dadurch möglich, daß die Einheiten der Ebenen des formativen Systems eine mehr oder minder große Selbständigkeit besitzen und sich dadurch ihrem geistigen Ursprunge entfremdet haben, also keine willenlosen Transformatoren der geistigen Impulse sind, sondern sich mit ihrer Eigenart an der organischen Gestaltung beteiligen. Im Seelenleben des Menschen ist dies seit der Entwicklung der Tiefenpsychologie eine bekannte Tatsache. Wir fühlen und handeln nicht immer so, wie es der Forderung unseres höheren Ichs entspräche. In der Hysterie werden sogar die Entschlüsse des Bewußtseins durch niedere Instanzen sabotiert und bei sog. Geistesstörungen überhaupt ausgeschaltet. In den Gestaltungen der Tiere und Menschen, die disharmonische und destruierende Zustände zur Folge haben, denken wir uns geistfeindliche Mächte niederer Ebenen wirksam, während die Pflanzen im allgemeinen noch in der kosmischen Harmonie verblieben sind und daher noch am meisten den Eindruck der Reinheit und Unschuld, aber auch der Unselbständigkeit machen. Durch die relative Selbständigkeit der mitgestaltenden niederen Entelechien wird demnach der Ausdruck des reinen Geistes in der Physis verfälscht. Die physische Welt mit ihren Lebewesen, einschließlich der Menschen kann daher, so wie sie ist, keineswegs als eine Offenbarung Gottes angesehen werden, sondern muß von tieferstehenden Mächten, wie die Gnosis lehrt, von den Demiurgoi mitgestaltet sein, von Halbgöttern, unter denen sich auch geradezu teuflische Wesen befinden müssen, wie gewisse häßliche und bösartige Tierarten bezeugen. Ja auch in den einzelnen Organismen kommt die Idionomie der verschieden hohen gestaltenden Ebenen zum Ausdruck. Schon bei der Pflanze stammt die Blüte offenbar aus einer anderen Werkstatt als die Blätter und diese wieder aus einer anderen als die Wurzel. Die Blüte erscheint uns rein gestaltlich als das Höhere, die Wurzel als das Niedere. Und beim Menschen sind es offenbar auch verschiedene metaphysische Stufen, die die ihrem Wesen nach so verschiedenen Teile seines Organismus gebildet haben. Man denke nur an das individuell-Geistige des Auges und das generell-Animalische der tierisch behaarten Fortflanzungsorgane.

Die Theorie der Mehrstufigkeit der Entelechie gibt uns die Möglichkeit, nicht nur die Uneinheitlichkeit vieler organischer Gestalten, die sich in deren Stufen ausdrückt, sondern auch Anomalien, Störungen und Sinnwidrigkeiten höherer Ordnung organologisch zu begreifen, nämlich als Ausdruck von anomalen Vorgängen in höheren Ebenen. Denn das Krankhafte und Destruierende hat wie alles Organische auch seine höhere Planmäßigkeit, durch die die niederen destruierenden Gestalten und Prozesse heteronom ebenso bestimmt sind wie die harmonischen Gebilde der Natur. Wenn man daher die Theorie der formativen Stufen nicht annehmen will, so bleibt nur übrig, die Entelechie zwischen Geist und Materie als eine Ebene zu denken, die ähnlich der physischen organisch gegliedert ist. Sie unterschiede sich hinsichtlich dieser Gliederung von der Materie dadurch, daß sie an Stelle der niederen Gruppen von Vielheiten, also etwa denen der Zellen, aus Einheiten bestünde, darüber hinaus stellte sie indessen auch ein organisches System dar, weil nur in einem System Störungen auftreten können. Die Heteronomie dieser entelechialen Ebene stammte dann direkt vom Geistigen, das ihre Struktur bildete und erhielte. Die Bestimmtheit der Teile durch das Ganze beruhte dann nicht darauf, daß die Entelechie des Ganzen der der Teile übergeordnet wäre, sondern direkt auf der Differenziertheit des Geistigen. Dieses müßte dann aber für Anomalien, Erkrankungen und Sinnwidrigkeiten höherer Ordnung, also für die einheitliche Gestaltung häßlicher und destruierender Gebilde (Tumoren), Organismen und Prozesse direkt verantwortlich gemacht werden, was zu neuen Schwierigkeiten im Begreifen der Natur und des Geistigen führen würde; wir müßten wieder eine neue Theorie dafür erfinden, daß sich Störungen höherer Ordnung bilden könnten, wenn wir das Geistige nicht als ihren Urheber annehmen wollen, aber anerkennen müssen, daß eine Vielheit organischer Einheiten nur durch eine übergeordnete Entelechie von einer höheren Ebene aus beherrscht werden kann. Eine solche Theorie kann aber nur die der Mehrstufigkeit der Entelechie sein. Mit der Annahme einer einstufigen Entelechie würden auch immerhin drei Stufen der Materialität gegeben sein: Geist, Entelechie und Materie. Es käme aber noch hinzu das Seelische als vierte Stufe. Ein prinzipieller Unterschied zu unserer Annahme der Mehrstufigkeit der Entelechie läge also garnicht vor. Diese hat außerdem den Vorzug, den Übergang vom Geistigen zum Materiellen auf natürliche Weise begreiflich zu machen.

### B. DIE SEELE ALS FORMATIVES SYSTEM

Da die Seele ebenfalls ein Werkzeug sinnvoller Gestaltung ist, muß auch ihre Grundform die des formativen Systems sein, wenn auch durch Entwicklung abgewandelt. Das Denken, Fühlen, Wollen, die Instinkte und Triebe stellen ja schon verschiedene Schichten des Seelischen dar, und im V. Kapitel haben wir nachgewiesen, wie einerseits organische Gliederung, andererseits organische Heteronomie im Seelischen herrscht. Der Einheit des Ich muß also die Grundform des formativen Systems zur Verfügung stehen, wenn es unser Denken und Handeln beherrscht. Man stelle sich zum Verständnis des Motorischen nur die Leistung etwa eines Seiltänzers vor. Als oberste Determination besteht die, auf dem Seil das Gleichgewicht zu halten, und ihr werden heteronom und sinnvoll alle Bewegungen und Wahrnehmungen untergeordnet und zwar stufenweise durch die motorische und sensible Organisation. Nur dadurch ist also dauernde Regeneration des Gleichgewichtes möglich. Dasselbe gilt im Kleinen beim Radfahren wie auch beim Gehen. Ebenso unterliegt die Bildung von Wahrnehmungen und Erfahrungen der heteronomen Determination, ist also auch ein sinnvoller Gestaltungsprozeß, der aber nicht wie der motorische von der Einheit zur Vielheit zentrifugal, sondern von der Vielheit zur Einheit zentripetal verläuft. Wenn wir uns vergegenwärtigen, wie aus einer zunächst ungeordneten Menge von Empfindungen stufenweise Gruppen und sinnvolle Teileinheiten gebildet werden bis zur sinnvollen Einheit der Erkenntnis, so begreifen wir, daß dies auch nur durch die Organisation des formativen Systems möglich ist. Daher wird diese auch bei einer umfassenden Nachrichtenorganisation von Menschen gebildet.

Ein derartiger zentripetaler Prozeß der Wahrnehmungs- und Erfahrungsbildung muß aber auch im formativen System der Natur stattfinden. Denn wenn die Materie nach den Prinzipien höherer Ebenen gestaltet werden soll, so muß dort ihre Idionomie gewissermaßen bekannt sein; denn gewisse Gesetzlichkeiten, die an die physische Materie gebunden sind, wie die Schwerkraft, die Festigkeit, die Eigenschaften des Flüssigen und Gasförmigen sowie den komplizierten Chemismus der Atome gibt es im Überphysischen nicht, es müssen also bei der sinnvollen Gestaltung der Materie Tatsachen berücksichtigt werden, die der gestaltenden Entelechie wesensfremd sind. Sie müssen also durch Wahrnehmung und Erfahrung der nächsten der höheren Ebenen sozusagen bekannt geworden sein; sonst wäre es unbegreiflich, wie die teleologisch-technische Organisation der Lebewesen, also die Beschaffenheit der Flugtiere, der Fische, der Sinnesorgane derartig der Idionomie der Luft, des Wassers, des Schalles und Lichtes angepaßt werden konnte. Um ein Beispiel zu geben, wie diese Anpassung der durch menschliche Erfahrung ähnelt, sei auf die Linse unseres Auges hingewiesen. Diese ist zunächst aus der Materie gebildet, die durchlässig ist für die Lichtstrahlen, sie ist den optischen Brechungsgesetzen so angepaßt, daß ihre Konvexität für die Nähe zu-, für die Weite abnehmen kann. Die Zunahme geschieht durch Entspannung der Aufhängefasern, da sie an sich bestrebt ist, Kugelgestalt anzunehmen. Da sie nun aber durch diese Entspannung um ein weniges sinkt und dann nicht mehr genau mitten hinter der Pupille stünde, also beim Nahesehen kein ganz scharfes Bild mehr lieferte, ist sie in Ruhe, d. h. im Zustande des Fernsehens ein wenig so viel höher aufgehängt, daß sie beim Nahesehen genau zentrisch liegt. Dies ist nur eins von tausend Beispielen, die die Anatomie und Physiologie liefern könnten zur Illustration unserer Theorie der Erfahrungsbildung in der Natur oder der kosmischen Intelligenz. Da nun auch nach unserer Theorie die nächsthöhere formative Stufe mit der „inneren Beschaffenheit" der ihr untergeordneten Materie verbunden ist, so muß die Wahrnehmung auch über diesen Weg gehen, d. h. es werden von den höheren Stufen nicht die äußeren materiellen Zustände direkt wahrgenommen, wie von uns durch unsere Sinne, sondern indirekt gewissermaßen im Spiegel der inneren Beschaffenheit. Das hat Bedeutung für spätere Überlegungen, insofern vom Geistigen nicht das Physische, sondern der geistige Gehalt unserer Handlungen wahrgenommen wird. —

Es mangelt auch nicht an Gründen, Schönheitssinn, Moralität, aber auch unästhetische und unmoralische Tendenzen in der Natur anzunehmen; und zwar müssen diese auf niederen metaphysischen Ebenen ihren Ort haben, wogegen die hohen und reinen Gedanken und Tendenzen in den höheren Ebenen lokalisiert sind. Auch in der Menschenseele haben wir höhere und niedere Regungen und zwar entsprechend den Stufen der Moralität in Abwandlungen von höchster Spiritualität bis zur teuflischen Gemeinheit. Es entstanden die verschiedenen Formen der Liebe von ihrer reinen göttlichen Art bis zum triebhaften sinnlichen Begehren, und die Formen der Freude von geistiger Seeligkeit bis zum tierischen Lustgefühl. Die Seele der Tiere und Menschen scheint bei der prinzipiell gleichen Organisation der kosmischen Entelechie deren Abbild, also aus ihr heraus gestaltet zu sein, was unserer Theorie des kosmischen Vormenschen entspricht; denn dessen Seele entstammt ja das Seelische sowohl der biologischen Entelechie wie der Einzelwesen. Danach müßte die Natur aber auch Gefühl haben; denn woher sollte sonst unsere Gefühlsorganisation kommen? Liebe und Haß, Freude und Trauer, Begehren und Verabscheuen kann nicht in der Tierseele zum ersten Male aufgetreten sein; denn diese ist kein letzter Grund organischen Seins, sondern auch nur eine Konzentration universeller organischer Prinzipien im Menschlichen. Es muß also emotionelle Schwingungen und Spannungen in höherer Form auch im Kosmos geben, was wir auch schon in der Kosmologie angedeutet haben. Dann muß dies Gemüthafte aber auch in der organischen Gestaltung zum Ausdruck kommen. Oben wurde schon hingedeutet auf die häßlichen (= haßgeborenen) tierischen Gestalten; atmet aber die Rose nicht Liebe, lebt das Veilchen oder das Maiglöckchen nicht in Bescheidenheit, zeigt sich in der Eiche nicht die Stärke, in der Schwarzwaldtanne die Hoheit, im Wetter Freude und Trauer, in aller Zielstrebigkeit ein Wollen, im Sterben und Ausgestoßenwerden aus dem organischen Zusammenhange ein Verabscheutwerden? Legen wir das bloß in die Erscheinungen hinein oder zwingen diese uns diesen Eindruck auf? Es ist keineswegs phantastischer Anthropomorphismus, wenn wir die Welt nicht als seelisch kalt und tot betrachten, sondern als mindestens ebenso warm beseelt wie ihre Gebilde. — Mit obigen Hinweisen auf das Pflanzliche soll nicht gesagt sein, daß die einzelne Pflanze seelisches Leben hätte — das müßte sich in ihrem Verhalten zeigen — sondern daß die Mächte, die ihre Körper wie auch die der Tiere und Einzelmenschen gestalten, beseelt sind und zwar aus der Seele des Vormenschen heraus. Da aber auch diese wohl kein Letztes, sondern ebenfalls durch noch höhere universelle Prinzipien gestaltet ist, so kommen wir zum Begriffe des Seelischen des gesamten Kosmos oder der Weltseele.

Entsprechend den verschiedenen Gebieten ihrer Wirksamkeit muß sie organisch differenziert sein und analog der Einzelseele eine Hierarchie seelischer Ebenen darstellen mit einer Stufung von höheren und niederen Weltgedanken und Weltgefühlen, in der der Gestaltungsprozeß zentrifugal, der Erfahrungsprozeß zentripetal verläuft. Da letzterer einen kosmischen Sinn haben muß, so fassen wir die formativen Stufen und die physische Welt, aus der die niederen und höheren Erfahrungen genommen werden, als Organisation zur Entwicklung der Weltseele auf, wie der Einzelorganismus und seine Umgebung der Entwicklung der Einzelseele dient. Wie sich menschliche Weisheit über niedere Klugheit oder Schlauheit erhebt, so erhebt sich vieltausendmal höher kosmische Weisheit, Liebe, aber auch Haß über ihre kleinen menschlichen Abbilder.

## C. DIE METAPHYSISCHEN KÖRPER UND DIE THEORIE DER ORGANISMUSBILDUNG

Die Entelechie des Organismus ist, wie wir ausführten, eine Hierarchie, deren verschiedene Stufen nach oben hin immer allgemeiner, nach unten hin immer gesonderter werden. Die unterste Stufe ist an die Materie der Einzelorganismen gebunden und daher in Einzelentelechien aufgeteilt. Diese letzteren regeln die vegetativen oder vitalen Vorgänge, die reinen Lebensprozesse des Organismus. Eine solche Einzelentelechie nennen wir daher und mit Hinblick darauf, daß sie ein organisches System ist, den Vitalkörper des Organismus.

Ebenso verhält es sich mit dem Seelischen. Dessen Einzelorganisation nennen wir „die Seele". Zu ihr gehört als physische Grundlage das sensomotorische System, die Blutzirkulation und der animalische Stoffwechsel, wodurch das Tierische sich vom Pflanzlichen unterscheidet. Seele und tierische Physis müssen also eine gemeinsame Gesamtentelechie haben, die wir den Animalkörper nennen, zu dem also auch die Bewußtseinssphäre gehört. Beim Menschen kommt noch hinzu die Ich-Organisation mit dem Verstande oder dem Mentalkörper. Das höhere Ich oder Selbst können wir, da es kein System ist, nicht Körper nennen. Damit stimmen wir im Prinzip überein mit der Lehre der alten Inder, die vom Physischen bis zum Geistigen fünf Stufen des menschlichen Organismus kannten: sthula charira, den physischen, lhingam charira, den Vitalkörper, den niederen und höheren manas entsprechend dem Animal- und Mentalkörper, buddhi, das Selbst, und atman, das Göttliche im Selbst — sowie mit der Lehre des Aristoteles: anima vegetativa, anima sensitiva, anima humana.

Es entsteht nun die Frage, wie aus dem kosmischen Universalorganismus die Einzelorganismen der verschiedenen Naturreiche entstanden sind, und zwar durch folgende Überlegungen: Das Seelische, also der Animal- und Mentalkörper, ist nicht direkt mit der Materie verbunden, sondern mit der den physischen Körper bildenden und regenerierenden Entelechie, dem Vitalkörper; denn es beeinflußt den übrigen Organismus durch dessen Entelechie. Die Gehirnentelechie arbeitet, was die Gehirnfunktion betrifft, gewissermaßen im Auftrage der Seele. Diese ist also der Vitalentelechie übergeordnet und bewirkt in dieser deren Heteronomie. Das geschieht aber auch von der höheren Stufe der Vitalentelechie bezgl. der vegetativen Funktionen. Diese höhere (generelle) Vitalentelechie und das Seelische stünden also auf der gleichen formativen Ebene, d. h. ihre Materie wäre — wenigstens ursprünglich — gleichartig. Die höhere Stufe der Vitalentelechie bestünde also auch in der Natur aus seelenhafter Materie, eine noch höhere entsprechend der des Mentalkörpers aus Gedankenmaterie und die höchste aus Geist. Wir denken uns nun die zweifache heteronome Beeinflussung des Vitalkörpers dadurch entstanden und möglich, daß die seelenhafte Materie oder besser die Materie vorseelischer Art jener höheren Ebene z. T. zu seelischer Materie umgewandelt und zur Seele organisiert wurde, wobei sie ihre formative Affinität zum Vitalkörper behielt. So wurde aus dem Pflanzlichen ein Tierisches. Hierbei kommen wir zu einer Übereinstimmung mit einer früheren Theorie: Die dem pflanzlichen Vitalkörper übergeordnete, zum Teil zur Seele umgewandelte Entelechie ist nämlich eine generelle, die eine ganze Gruppe von Pflanzen, etwa alle Rosen, alle Linden umfaßt, während die unserer Theorie nach daraus gebildete Seele eine Einzelseele ist. Im vorigen Kapitel haben wir nun schon betont, daß ein Tier nicht einer einzelnen Pflanze, sondern einer oder mehreren Pflanzengruppen entspricht. Bei der Tierbildung ist also aus der Gruppenentelechie eine Einzelentelechie und eine Einzelseele geworden und zwar dadurch, daß die Gruppenentelechie sich zu einer Einzelentelechie konzentriert hat und gewissermaßen eine Stufe tiefer gestiegen ist, insofern sie nicht mehr in ihrer Ebene, sondern in einem physischen Organismus, also indirekt durch diesen auf der physischen Ebene lebt. Die Natur hat also die Individuation, das Selbständigwerden von Organismen nicht so vollführt, daß sie Teile aus dem großen Zusammenhange, die bisher unselbständig waren, einfach hat selbständig werden lassen, sondern sie hat höhere Einheiten mit relativ höheren Eigenschaften, insbesondere mit einer höheren Stufe von Autonomie zu niederen Einheiten, nämlich Einzelorganismen, konzentriert, wodurch diese die relative Intelligenz bekamen, die im Pflanzlichen nur höheren Einheiten auf höheren Ebenen zukommt. Durch diese Individuation wurde nun auch die Materie der neuen tierischen Organismen eine andere, nämlich eine höhere als die der einzelnen Pflanzen, desgleichen ihre Physiologie (vgl. Begriff des Animalkörpers).

Wenn wir diese Vorgänge zur besseren Veranschaulichung so gut es geht in irdisch-menschliche Verhältnisse übersetzen, so ergibt sich z. B. folgendes: Aus einer Armee sollen kleine selbständige Truppenteile von der Größe einer Kompanie zur Verfügung des A. O. K. gebildet werden. Das wäre nicht dadurch möglich, daß einzelne Kompanien aus dem großen Zusammenhange einfach herausgenommen würden, da sie dann nicht existenzfähig wären. (Wir müssen hier den entelechialen Verhältnissen entsprechend voraussetzen, daß ein Kompanieführer nur zur Führung einer Kompanie innerhalb der Gesamtordnung fähig ist, und der einzelne Mann nur zu der Funktion, auf die er eingeübt ist.) Es muß daher ein Offizier höherer Ordnung, also ein Bataillons- oder Regiments-Kommandeur mit der Bildung der kleinen selbständigen Truppe beauftragt werden, und auch die Mannschaften dieser Truppe müßten aus einer höheren Ordnung stammen, nämlich Gefreite und Unteroffiziere sein, um den vielfachen neuen Anforderungen gerecht werden zu können. Die Materie der neuen selbständigen Truppe wäre also eine höhere als die einer gleichgroßen unselbständigen im großen Zusammenhange. Der neue Führer aber würde mit seiner höheren Intelligenz zugleich die relativ selbständige Seele der Truppe bilden. Relativ, weil, wie wir angenommen haben, die Truppe nicht absolut selbständig ist, sondern vom A. O. K. ihre Aufgaben erhält. Infolge dieser Individuation würde der selbständig gewordene Führer auch entsprechende Eigenschaften entwickeln, die bisher in ihm nur veranlagt und durch die Heteronomie im großen Zusammenhange gebunden waren: eigene Wahrnehmung, Auffassung, Reaktion, Bewegungsfreiheit und Emotionalität. Damit hätten wir einen Vergleich zur Tierbildung. Die Entstehung des irdischen Menschen mit seiner geistigen Autonomie würde demnach einer noch höheren Konzentration entsprechen, nämlich der eines Armeekorps zur selben Größe, also der einer Kompanie.

Aus der Gleichartigkeit der höheren Entelechien mit dem Seelischen folgt nun noch, daß die höheren Stufen der Entelechie der Organismen den höheren seelischen Stufen gleichartig sind, daß also das dem Pflanzlichen übergeordnete tierische Prinzip seelenähnlich, das des Menschen geistähnlich ist. Die Tier- und Menschenseele wären demnach Umwandlungen der tierischen, bzw. menschlichen Organismus-Entelechie. Man könnte demnach die Begriffe des Animal- und Mentalkörpers sowie das Selbst so bestimmen, daß sie die entsprechenden körperbildenden Entelechien mitumfaßten. Dann wäre der Animalkörper mit seinem entelechialen Teile der Gestalter des niederen tierischen Körpers, sein seelischer Teil wäre die niedere Tierseele. Der Mentalkörper wäre mit seinem entelechialen Teile der Gestalter der höheren tierischen, insbesondere der Gehirnorganisation, mit seinem seelischen Teile der Verstand, das Selbst wäre entelechial der Gestalter des körperlichen Menschen —

natürlich über die niederen Stufen — mit seinem psychischen Teile das menschlich Geistige. So erklären sich auch einerseits die harmonischen Entsprechungen zwischen Seele und körperlicher Organisation, andererseits die Wirkungen von Gefühlen und Gedanken auf den Körper.

Vergegenwärtigen wir uns die im vorigen Kapitel angedeutete Struktur des kosmischen Vormenschen, aus dem sich die Pflanzen und Tiere abspalteten, so haben wir im Zentrum das Geistige, darum das animalisch-Seelische, darum das pflanzlich-Vegetative und in der Umgebung das Mineralische in einer noch nicht verfestigten Vorstufe der Physis. Bei der Pflanzenbildung trat also die Pflanzenentelechie auf ein pflanzliches Individuum zum Vitalkörper konzentriert in die Physis hinein, also eine Stufe tiefer oder nach außen; bei der Tierbildung trat das animalisch-Seelische zum Animalkörper konzentriert in den Vitalkörper hinein, also zwei Stufen tiefer; bei der Menschbildung trat das Mentale zum Mentalkörper konzentriert mit dem Selbst in den Animalkörper auf der Physis ein, also drei Stufen tiefer. (Ohne das Selbst würden, wie wir ausführten, mit Verstand begabte Tiere entstehen.) Bei diesem Tiefersteigen würden die metaphysischen Körper ihren Zusammenhang mit den höheren Entelechien verlieren, wenn diese nicht mit einem Teile ihres Wesens dem Herabstiege folgten. Vom Geistigen als oberster Instanz, wie vom animalisch Seelischen mußten sich also auch schon bei der Pflanzenbildung Prinzipien bzw. ein Komplex animalischer Kräfte individualisieren und eine Stufe tiefer steigen, bei der Tierbildung noch eine weitere Stufe tiefer, bei der Menschbildung wäre auch das Geistige auf der physischen Ebene angelangt. (Vom Begriffe dieses „Herabsteigens" wird im Abschnitte über den Entwicklungsprozeß noch die Rede sein.) Es ergibt sich dann ähnlich der Veröffentlichung von Poppelbaum folgendes Schema, in dem die großen Kreislinien

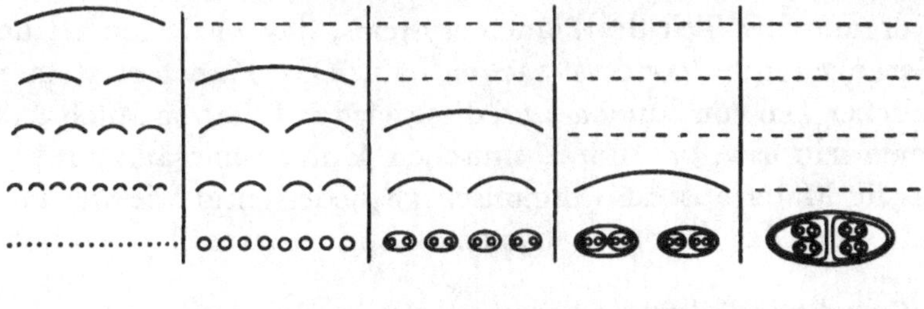

einen Teil des kosmischen Vormenschen bedeuten, die untere punktierte Linie die physische Materie, aus der sich ein Vitalkörper seine Behausung, den ersten Organismus baute.

Man sieht, wie aus dem Makrokosmischen ein Mikrokosmos entsteht, und wie erst der Mensch den kosmischen Vormenschen im kleinen verkörpert, während das Tier und erst recht die Pflanze nur Teilprinzipien von ihm enthalten. Ferner geht daraus, daß der Mensch das Geistige als individuelles Zentrum in sich enthält, hervor, daß er das höchste irdische Wesen ist, was sein kann, da ihm ein höheres Prinzip nicht mehr fehlt, wenn auch das Geistige die niederen Idionomien noch nicht genügend beherrscht, also in dieser Beziehung noch eine Höherentwicklung möglich ist.

## D. METAPHYSIK DER NATURREICHE

Man könnte nun die Frage aufwerfen, wieviele höhere Ebenen es denn nach unserer Theorie gäbe. Mit unseren noch primitiven Überlegungen kann dies natürlich nicht sicher entschieden werden. Immerhin wollen wir versuchen, von den großen Gliederungen der Natur in dieser Richtung Schlüsse zu ziehen.

Da haben wir zunächst das Mineralreich des Kosmos mit seiner mineralogischen Gliederung, so wie die zur Materie gehörenden Kräfte des Äthers, der Gravitation u. a. Wenn wir die mineralische Materie als organischen Teil der Natur auffassen, so soll das nur für sie als Ganzes und als Bestandteil kosmischer organischer Gebilde gelten, z. B. für die Erdmasse, das Meer, die Atmosphäre, außerdem aber auch für ihre Elemente, die Atome und wahrscheinlich auch die Moleküle, nicht aber für jedes materielle Konglomerat. Die aus dem organisch-kosmischen Zusammenhang herausgelösten Mengen von Materie sind anorganisch, wie überhaupt jede ungeordnete Vielheit organischer oder anorganischer Teile anorganisch ist. (Ein Volk ist etwas organisches, ein Haufen Menschen anorganisch.)

Das irdische Mineralreich oder die Erde ist nun unserer Auffassung nach organischer Teil des Planetensystems, das wiederum als untere Gliederungen die Mondsysteme enthält. Das Planetensystem wird organischer Teil von Sonnen- und diese wieder Teile von Milchstraßensystemen sein usw. bis zum kosmischen Universalorganismus*). Die kosmische Materie ist also organisch gegliedert, und wie wir im Abschnitte über das formative System ausführten, muß jeder höheren

*) Wenn diese Gliederung astronomisch nicht in dem Grade nachweisbar sein sollte, so schließt das eine prinzipielle organische Gliederung nicht aus. Es könnten ja auch im Kosmos Abspaltungen und Veränderungen von Systemen stattgefunden haben, so daß die oben skizzierte Ordnung nur ursprünglich bestanden hätte.

Ordnung auch eine höhere Ebene entsprechen, so daß für den materiellen Makrokosmos etwa vier Hauptebenen angenommen werden könnten.

Auf das Mineralreich sind nun aufgebaut das Pflanzenreich, das Tierreich und der Mensch. Da die ersten beiden im Menschen enthalten sind, können wir diesen als Repräsentanten für alle ins Auge fassen. Den Aufbau seiner metaphysischen Organisation haben wir im vorigen Abschnitte dargelegt. Er bzw. seine Seele besteht aus vier bzw. fünf Hauptteilen, dem Vitalkörper, Animalkörper, Mentalkörper, dem Selbst und — nach indischer Lehre — dem Göttlichen im Selbst. Da jede dieser Organisationsstufen mit ihrer „Materie" einer höheren Ebene entstammen muß, kommen wir also auch vom Aspekte des Menschen aus zur Annahme von vier (bzw. fünf) höheren kosmischen Hauptebenen. Davon entspricht die Vitalebene (das Pflanzliche) der Ordnung des Planetensystems, die seelische Ebene (das Tierische) der Ordnung der Sonnen- oder Fixsternsysteme (Tierkreis?), die Mentalebene der Ordnung der Milchstraßensysteme, und die geistige Ebene, der das spezifisch Menschliche entstammt, dem Universum. Dies bestätigt die Lehre eines Forschers, daß der Mensch ursprünglich ein kosmisches Wesen, nämlich durch Prinzipien oder Kräfte des ganzen Kosmos gestaltet ist, die Tiere dagegen, die nicht das universell-Geistige in sich tragen, aus den Prinzipien der Fixsternsysteme gebildet sind und die Pflanzen aus den Prinzipien des Planetensystems. Entsprechend der Gliederung der organischen Natur denken wir uns auch jene vier Hauptebenen in Unterebenen gegliedert, so daß sich eine größere Zahl metaphysischer Ebenen von der Materie bis zum Geistigen ergäbe. Zum Beispiel müssen den Ordnungen der Zellen, der Organe und der Organsysteme drei metaphysische Unterebenen entsprechen, im tierisch-Seelischen den Trieben, dem Instinkte, dem Gefühl wiederum drei, im menschlich-Seelischen dem Verstande, dem ästhetischen und moralischen Empfindungsvermögen ebenfalls drei Unterebenen und im Geistigen den Prinzipien der Logik, Schönheit und Moralität gleichfalls drei, so daß wir zu etwa zwölf Unterebenen I. Ordnung kämen, die wiederum in Stufen II. und III. Ordnung gegliedert sein würden.

Entsprechend der Überordnung und Heteronomie der metaphysischen Ebenen unterliegen die Gesetzlichkeiten der einzelnen Naturreiche im organischen Aufbau der Pflanzen, Tiere und des Menschen der Heteronomie der jeweilig höheren Stufe. So sehen wir das mineralische Prinzip modifiziert als organischen Chemismus im Pflanzlichen, Tierischen und Menschlichen, das vegetative Prinzip der Pflanze als Wachstum, Ernährung, Fortpflanzung und Sterben im Tier und im Menschen, und das animalische Prinzip des Tierischen (das sensomotorische System mit dem Seelischen) auch im Menschen.

## E. METAPHYSIK DES ORGANISCHEN PROZESSES

Da der organische Prozeß ein sinnvoll gestaltetes Geschehen darstellt, also eine zeitlich organische Gestalt, so kommt für seine Gestaltung eine andere Art formativer Prozesse in Betracht als die, welche räumliche Gestalten bilden, und diese „zeitlichen" formativen Prozesse müssen auf einer besonderen zeitlichen Organisation des formativen Systems beruhen.

In der Form, in der der organische Prozeß in der Physis existiert, nämlich in der Form des Nacheinander oder der Nachzeitigkeit, kann der metaphysische Ursprung seiner Gestalt nämlich nicht existieren. Ein Objekt kann keine Wirkung erfahren, noch kann es eine Gegenwirkung ausüben, wenn es noch nicht in irgendeiner Form da ist; denn nur gleichzeitig Vorhandenes kann sich wechselseitig bestimmen. Wenn also in einem zeitlich strukturierten Gebilde, wie es der teleologische Prozeß ist, nicht nur der Anfang das Ende, sondern auch das Ende den Anfang formal mitbestimmt und beide wie in den Lebenskurven oder in einem Drama den Höhepunkt in sich tragen, so wie im Höhepunkte Anfang und Ende in gewisser Weise enthalten sind, — wenn sich also alle Teile wechselseitig (= organisch) bestimmen, so ist eine solche organische Struktur nur möglich in einer Gleichzeitigkeit, also nicht in einer Nachzeitigkeit, der zeitlichen Form, in der sie sich physisch realisiert. Das gilt sowohl vom schematischen wie vom epigenetischen Prozesse.

Wenn wir statt Nachzeitigkeit „Zeitlichkeit" sagen, so ist Gleichzeitigkeit „Unzeitlichkeit", aber nicht Zeitlosigkeit; denn zeitlos nennen wir nur geistige Realitäten, die unabhängig von der Zeit existieren, während z. B. ein Bild in seinen Teilen zwar unzeitlich ist, aber in der Zeit existiert. Die Unzeitlichkeit ist also die Form des Ursprungs der zeitlichen Gestalten, nämlich der organischen Prozesse, wie die Unräumlichkeit der Ursprung der räumlichen organischen Gestalten ist.

Die Umsetzung von der Gleichzeitigkeit in die Nachzeitigkeit geschieht in uns wahrnehmbar beim Aussprechen eines Gedankens oder beim Realisieren einer Absicht in einer Handlung durch unsere seelische Organisation, in der Technik z. B. durch die Mechanik des

Grammophons, in der die Schallplatte das in seinen Teilen gleichzeitige oder „unzeitliche" Bild der zeitlichen Melodie darstellt. In der organischen Natur wird jene Umsetzung durch das prozeßbildende formative System bewirkt und zwar bei den schematischen und epigenetischen Prozessen in verschiedener Weise. Wir wollen daher zunächst die Bildung des schematischen Prozesses besprechen. Das unzeitliche Bild desselben nennen wir sein „Schema", das einer Vorstellung im Seelischen entspricht, also nicht rein geistig ist, weil es empirisches konkretes Material enthält, während das Geistige nur durch seine zeitlosen Prinzipien an seiner Bildung und Struktur beteiligt ist. Durch die zeitliche Organisation des formativen Systems, die wir im einzelnen nicht kennen, wirkt dieses Schema formativ auf die in der Zeit ablaufende materielle Kausalität.

Entsprechend der Gliederung der organischen Gestalten in höhere und niedrigere Ordnungen besteht, wie in der Theorie des organischen Prozesses ausgeführt wurde, auch eine solche Gliederung der organischen Prozesse, die wir ebenfalls als Ausdruck einer Hierarchie von Prozeßschemata auffassen, so daß z. B. die Atmungsschemata der verschiedenen Säugetiere dem Atmungsschema des Säugetiertypus untergeordnet sind, dieses also auf einer höheren Stufe lebt als jene. Ebenso steht das Schema der Fischatmung höher als die Atmungsschemata der einzelnen Fischarten, und beide Schemata der Säugetier- und Fischatmung stehen unter dem Schema der Wirbeltieratmung; über diesem und dem Atmungsschema der Wirbellosen steht wiederum das generelle Schema der tierischen Atmung überhaupt. Da diese Gruppe von organischen Schemata wieder im organischen Zusammenhange mit allen anderen schematischen organischen Prozessen steht, so haben wir eine Hierarchie metaphysischer Schemata von den kosmischen Prozessen der Sonnen- und Planetenbewegungen bis zu den kleinsten Prozessen des organischen Stoffwechsels anzunehmen.

Für die Bildung des epigenetischen Prozesses, der kein Schema zugrundeliegt, bedarf es, wie schon gesagt, einer besonderen Organisation, der seelischen, sowohl im Menschen und Tier wie in der Natur, da der Weg zum Ziele nur mit Hilfe von Erfahrung gefunden und auch das Ziel nur durch Erkenntnis gesetzt werden kann. Diese Zielsetzung und Wegfindung muß auch im Kosmos stattfinden — ob in derselben Art wie beim Menschen, bleibt dahingestellt —, da der epigenetische Prozeß einerseits teleologisch ist, andererseits sein Weg immer neu konstruiert werden muß. Da nun durch Standort und

Ziel der Verlauf des epigenetischen Prozesses prinzipiell bestimmt ist, so besteht auch für ihn zwar nicht ein „Schema", aber ein „Plan". Für dessen Durchführung muß der Weg durch konkretisierte Zielsetzung und etappenweise Wegfindung mit Hilfe von Erfahrung differenziert werden, also so, daß Unterziele und davon wieder Unterziele gesetzt werden, zu denen dann schrittweise der Weg gefunden wird. Hieran ist das Geistige nur insofern beteiligt, als es dazu die Prinzipien gibt, die im seelischen formativen System konkret „eingekleidet" und angewandt werden. Wenn diese Arbeit vollendet und das Ziel erreicht ist, ist auch erst das entelechiale „Bild" des Prozesses fertig und kann als Schema eines schematischen Prozesses dienen. Die Bildung des organischen Prozesses geschieht also so, daß das Seelische durch das Geistige befähigt wird, mittelst Erkenntnis und Erfahrung das Ziel zu setzen und den Plan des Weges zu finden, durch dessen Realisierung im epigenetischen Prozesse das Schema für den schematischen Prozeß entsteht.

Da die Grundlage dieser epigenetischen Funktionen, das geistig-Seelische, in organische Systeme und Teilsysteme gegliedert ist, besteht auch eine entsprechende organische Gliederung der Arten der epigenetischen Prozesse im Menschenreiche nach Rassen, Völkern, Stämmen und Individuen, im Tierreiche nach Gattungen und Arten und im Kosmos nach Lebensgebieten und den sie beherrschenden Mächten. Die dementsprechenden Hierarchien, die seelischen formativen Systeme, sind also zugleich die Hierarchien der epigenetischen Prozesse. Ihre obersten Stufen sind alle an das Geistige angeschlossen, und da dies auch in seinen individuellen Repräsentationen die gleichen Prinzipien enthält, so ist dadurch eine prinzipielle Einheitlichkeit aller epigenetischen Prozesse gegeben. In concreto dagegen besteht infolge der relativen Selbständigkeit der Individuen wie auch der entelechialen Mächte eine relative Uneinheitlichkeit — relativ insofern, als nicht jedes Individuum ungestraft machen kann, was es will, sondern ihm sein äußeres Ziel durch die äußeren Umstände und sein inneres geistiges Ziel durch seine innere Organisation in etwa vorgeschrieben ist. Da nun die äußeren Umstände letzten Endes auch durch die sinnvolle Gestaltung der organischen Natur und ihrer Lebewesen bedingt sind, so ergibt sich trotz aller individuellen Selbständigkeit eine im großen und ganzen einheitliche Richtung aller epigenetischen Prozesse und damit die Realität eines epigenetischen Weltprozesses, die wir auch schon deshalb annehmen können, weil wir das Weltall als organisches System, als einen organischen Kosmos auffassen, der sich in fortwährender organischer, also sinnvoller Veränderung befindet. Das Ziel des Weltprozesses kann vom organologischen Standpunkte aus nur formuliert werden als der vollkommene Ausdruck des Geistes der sinnvollen Gestaltung im gesamten Kosmos. Der Weg zu diesem Ziele ist der Weg des Weltprozesses, dessen einzelne Schritte von den individuellen Seelen und Mächten getan werden müssen. Dadurch entsteht eine Hierarchie der Ziele aller epigenetischen Prozesse, die harmonisch wäre, wenn die relative Freiheit von den Menschen und Mächten nicht mißbraucht würde. So aber weichen die niederen Ziele sehr oft erheblich von den höheren ab, und erfahren die epigenetischen Prozesse in der Physis und den niederen Ebenen der Metaphysis durch deren Eigenart Gestaltungen, die den höheren Stufen nicht mehr entsprechen, so daß auch sie und gerade sie kein getreues Abbild jener hohen und reinen Weisheit sind, die in den höheren Ebenen herrscht. Denn je tiefer ein Prinzip aus der geistigen Ebene in die Materialität hinabsteigt, um so mehr kommt es in die räumliche und zeitliche Getrenntheit hinein und damit aus der Weisheit in die Unwissenheit. Daher ist auch der Materialismus die Weltanschauung gelinde ausgedrückt der Unweisheit.

## F. METAPHYSIK DER ENTWICKLUNG

Die organische Entwicklung ist der Weg vom Primitiven zum Differenzierten, von der allgemeinen Einheit des Eies zur konkret gestalteten Einheitlichkeit der Vielheit der Zellen des Organismus. Bringen wir diesen Prozeß nun mit der Organisation des formativen Systems in Zusammenhang, so haben wir im Ei den noch undifferenzierten Ausdruck der Einheit des Geistigen, der die späteren Differenzierungen potentiell in sich enthält, in den primitiven Entwicklungsstufen den Ausdruck der beginnenden Differenzierung und Konkretisierung in den höheren Ebenen, und in der differenzierten Endgestalt die Verkörperung des ganzen formativen Systems. In ihr erscheint die Einheit des Geistigen in der Ganzheit und Einheitlichkeit, beherrscht also von der ersten Zellteilung an den gesamten Entwicklungsprozeß.

Da nun die Natur als organisches System sich auch vom Primitiven zur heutigen Differenziertheit entwickelt haben muß, so symbolisiert die Entwicklung des Einzelwesens die Weltentwicklung, die demnach auch auf dem Wege über die metaphysischen formativen Stufen vor sich gegangen sein muß. Wie alle die verschiedenen Formen der organischen Natur ein und derselben geistigen Einheit entsprangen, so gehen auch alle organische Gestalten aus der gleichen Urform des Eies hervor. Wie in dem Ei die Gestalt des Organismus gewissermaßen schlummert, so schlummerte auch— im Weltenschlafe, wie die alten Inder sagten — die Welt im Urzustande. In diesem ist also die Differenzierung des Geistigen unsichtbar oder nicht manifest. Beim Welterwachen treten die Differenzierungen des Geistigen in Erscheinung, manifestieren sich bis zur organisierten Physis, um, wenn Weltenschlaf und -wachen wie im Kleinen abwechseln, nach entsprechender Zeit zwecks Neugestaltung der Welt wieder zu verschwinden, was eine Auflösung der materiellen Natur und der metaphysischen Zwischenwelt bedeuten würde. Die alten Veden nennen diesen Prozeß den „Atem des Parabrahman", und eine von dessen Daseinsphasen ein „Maha-Kalpa" (nach Franz Hartmann (Bhagavadgita) ein Zeitraum von 311040000000000 Erdenjahren). In jeder organischen Entwicklung wiederholt sich dieser Prozeß im Kleinen: ein Mikrokosmos erwacht zum Entstehen, der organische Prozeß beginnt und zwar durch Polarität. So wird auch der Weltprozeß begonnen haben, nämlich durch Entstehung der Polarität in der Zweiheit der ersten formativen Stufen. Der Makrokosmos, also die gesamte Natur wird sich also analog zum Mikrokosmos aus einem Keim, dem „Weltei" als der Urform aller organischen Gestalten entwickelt haben. Die Milchstraßen- und Sonnensysteme sind danach nicht durch Zusammenballung kosmischer Nebel- oder Staubmassen entstanden, sondern durch organische Differenzierung einer kosmischen Anlage.

Hier kommen wir zurück auf das Problem der Entstehung der Sonnenwärme. Schon in unserer Kosmologie haben wir die materialistische Auffassung abgelehnt, nach der die hohe Temperatur der Sonne durch bloße Verdichtung und Reibung der Teilchen einer Nebelmasse entstanden sein soll. Wie Lebendiges aus Totem, Geist aus Materie, Ordnung aus Unordnung, Sinn aus Sinnlosigkeit, so soll auch Wärme aus Kälte hervorgegangen sein. Wir sind wohl auf dem richtigen Wege, wenn wir auch hier das Gegenteil der materialistischen Auffassung als richtig annehmen. Dann wäre der Wärmezustand das Primäre und die Kälte der Zustand „toter" Materie. Die Sonnen wären dann durch Konzentration der Wärme einer metaphysischen Welt bei ihrer Materialisation entstanden. So vermeiden wir die Annahme der Übertragung metaphysischer Energie in die Physis. Die molekulare Bewegung der Sonnenmaterie, durch die physische Wärme erzeugt wird, hat also schon bei Entstehung der physischen Sonne und zwar wohl in noch höherem Maße bestanden. Alle diese Vorgänge sind als teleologische Prozesse aufzufassen wie die Entstehung und Höherentwicklung der Organismen, mit deren Sinn wir uns jetzt befassen wollen.

Dieser Sinn wird im Prinzip wohl darin liegen, daß das Geistige im höheren Organismus zu einem vollkommeneren Ausdruck gelangt als in einem primitiven. Zwar liegt es allen organischen Gestalten zugrunde, es lebt in der niedersten Pflanze wie im höheren Tiere und im Menschen, im Ei wie im ausgebildeten Organismus. Daher ist eine Alge in ihrer Art ebenso vollkommen wie ein Mensch und ein Ei wie ein Organismus. Was ist also das Wesen des „vollkommeneren" Ausdrucks? — Um dies an einem Beispiel klar zu machen, stellen wir uns vor, eine universell begabte Persönlichkeit übernähme die Leitung einer Organisation; dann läge zwar allem, was in derselben geschähe, der Wille dieses Leiters zugrunde, er lebte gewissermaßen in jeder kleinsten Einrichtung und Handlung. Es wäre aber das Bestreben eines solchen Führers, seine Organisation nicht nur zu einem brauchbaren Werkzeuge zu machen — denn dann könnte sie später auch das Werkzeug eines Anderen werden — sondern jeden einzelnen Mann mit seiner autonomen Idee zu erfüllen, daß dieser selbst sein geistiges Abbild würde und bliebe. Erst wenn dieses erreicht wäre, könnte jener Führer sagen, daß er sich in seiner Organisation einen Ausdruck seiner selbst geschaffen habe. — Aus diesem Grunde mag Gott den Menschen, nicht den einzelnen irdischen, sondern den kosmischen Menschen erschaffen haben als „ein Bild, das ihm gleich sei". Wenn wir nun dessen Abbild, den Idealmenschen, als das Menschheitsideal und Ziel der Menschheitsentwicklung ins Auge fassen, so begreifen wir das Ziel aller Höherentwicklung darin, nicht nur vollendete Organismen, also Werkzeuge, sondern auch Persönlichkeiten, geistige Individualitäten heranzubilden, die fähig sind, das Wesen des Geistes, seine Autonomie würdig zu vertreten und an der Durchgeistigung der Welt mitzuarbeiten. Die Erreichung dieses Zieles erfordert aber einen epigenetischen Entwicklungsprozeß, der nicht nur nach geistigen Prinzipien, sondern auch sehr konkret nach physischen Verhältnissen ausgearbeitet werden muß, was allein durch Erfahrung möglich ist, wie wir schon betont haben.

Wenn wir so noch einmal den gesamten epigenetischen Weltprozeß, wie er sich uns darstellt, ins Auge fassen, so erscheint er uns wie die Fortentwicklung eines einzigen kosmischen Wesens, das im Prinzip starke Ähnlichkeit mit dem Menschen hat, also eines ins Kosmische vergrößerten Menschen. Und in der Tat ist es auch nach unserer Theorie der kosmische Mensch oder der Vormensch, der hinter allem biologischen Geschehen steht. Die einzelnen irdischen Menschen und die einzelnen Tier- und Pflanzenarten sind ja nur Abzweigungen desselben und ihre Fortentwicklungen nur organische Teilprozesse im Rahmen des großen Ganzen.

Greifen wir nun noch einmal auf die Metaphysik des organischen Aufbaus zurück, so sehen wir, wie durch die Höherentwicklung der biologischen Natur vom Pflanzlichen zum Menschlichen und hoffentlich über dessen jetzigen Zustand hinaus die Welt der Organismen gewissermaßen in die höheren Ebenen hineinwächst, d. h. wie immer mehr aus den höheren Ebenen physisch realisiert wird. Während also am Anfange, als es physisch nur den materiellen Kosmos ohne pflanzliches und tierisches Leben gab, vom Metaphysischen also sonst noch nichts physisch realisiert, die Erde also vom Metaphysischen aus gesehen öde und leer war, würden am Ende des Weltentwicklungsprozesses alle Ebenen physisch realisiert sein, die irdische Welt, wenn nicht die aller Himmelskörper entspräche nicht nur den niederen, sondern auch den höchsten metaphysischen Ebenen, das Geistige käme zum vollkommenen physischen Ausdruck — die Menschen wären sozusagen nach einem langen Wege wieder im Paradiese, aber nicht als unwissende vegetierende Geschöpfe, sondern als gottähnliche Wesen. In solchen lebte der Geist nicht als Ratgeber oder Kompaß, nach dem man sich richten oder nicht richten kann, sondern als alleiniger Herrscher, der der Persönlichkeit den Ausdruck einer noch nicht gekannten Hoheit und Erhabenheit geben würde, abgesehen von höheren Fähigkeiten. In diesem Typ wäre der Logos, wie es heißt, „Fleisch geworden", „inkarniert", es wäre der von Nietzsche ersehnte Übermensch.

In hochentwickelten, mit Persönlichkeit begabten Organismen lebt das Geistige also in anderer Weise als in niederen, nur vegetierenden, es hat sich in differenzierten organischen Relationen mehr zum Ausdruck gebracht, eingekleidet oder inkarniert als in primitiven, die, wie insbesondere das Ei, nur die Vorstufen dazu sind. In diesen, wie überhaupt in Zellen und niederen Organismen (Pflanzen) lebt das Geistige nur generell, d. h. in ihrer Gesamtheit, im hochentwickelten Menschen individuell. Bei der Entwicklungsstufe der Tiere zwischen Pflanze und Mensch nehmen wir indessen an, daß hier schon eine höhere Stufe der Individualisierung besteht als bei den Pflanzen, was ja auch im Wesen der Tiere erkennbar ist, daß also das Geistige hier nicht in der Gesamtheit, sondern in mehr oder weniger großen Gruppen individuelle Zentren bildet, so daß dem einzelnen Tiere mehrere Gruppen von Pflanzen und dem einzelnen Menschen mehrere oder alle Gruppen von Tieren entsprechen, wie es in der Theorie der Organismusbildung dargestellt wurde. Die Höherentwicklung der Organismen bezweckt also eine Individuation des Geistigen. Diese nimmt nun in den Individualitäten wiederum höhere Formen an und zwar in Gestalt der menschlichen Persönlichkeiten. Der wesentliche Unterschied zwischen einer kleinen untergeordneten und einer großen führenden Persönlichkeit beruht nach unserer Auffassung nicht in der größeren Anzahl von Windungen der Hirnrinde, sondern darin, daß in der großen differenzierten Persönlichkeit viele kleine vereinigt sind, wodurch es dem Geiste ermöglicht wird, sich in höheren Funktionen zu manifestieren. Dies wird einleuchtend, wenn wir an Persönlichkeiten wie Aristoteles, Leonardo da Vinci, Bach, sowie große Staatsmänner denken, die mehr geleistet haben als hundert andere ihres Faches. Durch die Gemeinsamkeit der gleichartigen Organisationsstufen der Menschen entstanden notwendigerweise die verschiedenen Kulturschichten in den einzelnen Völkern, woraus sich dann die Gesellschaftsschichten und -klassen ergeben haben, deren Grundlagen also metaphysisch sind, während von einer materialistischen Geschichtsphilosophie allein materielle Ursachen dafür propagiert wurden.

Mit Hinblick auf den Abstand des Geistigen von den Naturreichen können wir sagen: Das Geistige lebt *im* Menschen, *über* den Tieren, *hoch über* den Pflanzen, *weit* (da nicht inkarniert) von den Mineralien. — Diese Distanzunterschiede sind allerdings nur symbolisch in einem Sinne, der im nächsten Abschnitte dargelegt wird, zu verstehen.

Da nun der Mensch in seiner ontogenetischen Entwicklung vom Ei ab zuerst ein pflanzliches, dann ein tierisches, dann ein menschliches Stadium durchläuft, insofern der Keim zuerst eine Reihe von Metamorphosen wie die Pflanze durchmacht, sich dann nur vergrößert wie das Tier, und dann erst das spezifisch Menschliche, den Intellekt und aufrechten Gang entwickelt, also zuerst ein generelles Wesen ist, das sich stufenweise zur Individualität erhebt, so können wir auch von seiner Entwicklung sagen, daß das individuelle Geistige zunächst noch hoch über dem Ei ist, sich dann dem immer mehr differenzierten Organismus nähert und endlich als individuelles Zentrum in ihn einkehrt. Die Pflanzlichen und tierischen Entwicklungsprozesse bleiben demgegenüber auf einem drittel bis halben Wege stehen. So verstehen wir die Lehre, daß das unsterbliche, ewige Geistige bei der Entstehung eines Menschen vom Himmel auf die Erde herniedersteigt, während es beim Tiere und erst recht bei der Pflanze nicht bis zur physischen Ebene gelangt. Wir sehen: entelechial entwickelt sich das Primitive selbst, aus sich, während der materielle Organismus entwickelt wird. Die Annahme der Entwicklung eines solchen aus sich ist also eine irrtümlich ins Materielle verlegte Schau des Entelechialen.

## ANHANG: DAS PROBLEM DER URZEUGUNG

Bekanntlich nimmt die materialistische Naturwissenschaft an, daß zuerst die tote Materie bestanden habe und aus ihr, vielleicht unter dem hohen Drucke in der Tiefe des Meeres oder sonstwie einmal eine lebende Zelle, d. h. ein Komplex solcher chemischer Verbindungen entstanden sei, die das spezifische des „Lebens" ausmachen. Für den reinen Materialismus ist die erste Entstehung des Organischen also nur eine chemische Frage, für den Biologen aber, der die Eigengesetzlichkeit des Lebens anerkennt, wird die Urzeugung zu einem heiklen Problem; denn naturwissenschaftlich ist es kaum zu denken, wie sich einmal ein lebendiges Prinzip mit der toten Materie verbunden haben soll. Es würde unseren naturwissenschaftlichen Grundbegriffen vom Leben aus Leben, von der Unumstößlichkeit physikalischer Gesetze widersprechen; was damals geschehen konnte, könnte auch heute noch geschehen und die wichtigsten Stützen naturwissenschaftlicher Erkenntnis würden hinfällig.

Ganz allgemein ist zu derartigen Pseudoproblemen zu sagen, daß wenn das Ergebnis einer Theorie oder Rechnung mit der Wirklichkeit oder gesicherten Erkenntnissen in Widerspruch steht, die Theorie oder Rechnung falsch sein muß. Statt aber daraufhin die Theorie zu revidieren, hat der Materialismus aus jenem Widerspruche ein „Problem" gemacht, was auf den Laien sehr anziehend wirkt, weil es so aussieht, als sei man hier einem tiefem Geheimnisse der Natur auf die Spur gekommen. Der Inhaber eines Bankkontos würde aber wenig begeistert sein, wenn aus einer Unstimmigkeit in seiner Abrechnung ein mathematisches Problem gemacht würde. Für den Organologen besteht das Problem der Urzeugung des Lebens aus der Materie insofern gar nicht, als in seinem Weltbilde nicht zuerst die tote Materie war, die erst belebt werden mußte, sondern der Geist, also die Quelle alles Lebens, durch dessen Erscheinung in Raum und Zeit zuerst die lebendige Natur stufenweise erst metaphysisch, dann physisch entstand und zuletzt erst — gewissermaßen als Exkrement des Kosmos — die tote anorganische Materie. Der Übergang der Erde aus dem vorgeschichtlichen in den heutigen physischen Zustand muß allmählich vor sich gegangen sein und mit ihm der Übergang der vorgeschichtlichen Lebewesen in den endgültigen physischen Zustand. Die Nachkommen werden also immer tiefer in die Materialität hinabgestiegen sein als die Eltern, und zwar zuerst die niederen, dann die höheren Lebewesen, zuletzt der Mensch — alle aber als fertige Typen, die sich nicht mehr auseinander entwickelt haben. Wenn es also für uns überhaupt ein Problem der Urzeugung gibt, dann ist es das der Entstehung der organischen Natur aus dem Geistigen.

### G. DER ORGANOLOGISCHE BEGRIFF DES GEISTES

Bisher haben wir das Geistige als autonome gestaltende Einheit und als das Sinnvolle an sich definiert. Wenn wir nun sinnvolle Gestalten als Darstellungen organischer Relationen auffassen, so muß der geistige Ursprung jener Gestalten das Prinzip ihrer Relationen sein oder die differenzierte Relation an sich. Sprachlich bezeichnen wir ein solches Prinzip mit der Endung -keit. Das Prinzip aller Vierecke z. B. ist die Viereckigkeit, das Prinzip aller quadratischen Vierecke ist die quadratische Viereckigkeit, das Prinzip aller Rechtecke die rechteckige Viereckigkeit usw. Das wären Differenzierungen des Prinzips Viereckigkeit. Das Geistige als Prinzip oder Relation an sich ist also in Unterprinzipien oder sekundäre, tertiäre usw. Relationen differenziert bzw. differenzierbar. Diese Differenzierbarkeit ist aber nicht wie im Materiellen im Sinne einer Passivität zu verstehen, sondern als Autonomie im höchsten Sinne, als letztinstanzliche Aktivität, die sich selbst und damit den ihr untergeordneten Elementen das Gesetz gibt, nicht weil sie von einem solchen Gesetze durchdrungen ist (dann könnte sie auch von einem anderem durchdrungen sein), sondern weil sie selbst dies Gesetz, dieses organische Prinzip ist. Daher der Name Autonomie im Gegensatze zur Idionomie der Materie, die der Heteronomie bedarf, (wie ein Pferd des Reiters) um höhere Funktionen darstellen zu können.

In den anorganisch eingestellten Wissenschaften hat „Prinzip“ immer nur die Bedeutung einer bloßen Abstraktion, da man ja nur durch Abstraktion von der physischen Gestalt aus zu ihm gelangen kann, während wir im Organischen eine gestaltende Realität darunter verstehen, deren Begriff durch Abstraktion gefunden wird.

„Prinzip" bedeutet ja Ursprung; daß die Bedeutung des Wortes auch im Organischen zu der eines bloßen Gedankendinges verblaßt ist, ist nur eins von den vielen Zeichen der materialistischen Verödung unseres Denkens.

Auf den Stufen des formativen Systems nehmen diese Unter- oder Sonderprinzipien durch Entwicklung konkrete und abgewandelte Gestalt an; es entstehen so z. B. die Naturprinzipien des Pflanzlichen und Tierischen, dann des entelechialen Typus usw. bis „hinunter" zu den einzelnen konkreten Gestalten. Im Organischen kann man die Differenzierung oder Konkretisierung des Prinzips Pflanze oder Tier in jedem Lehrbuche der systematischen Botanik oder Zoologie finden; es ergibt sich eine Differenzierung in organische Systeme, die wiederum organisch differenziert sind. Diese Differenzierung und Einkleidung der Sonderprinzipien geschieht nach dem Prinzip des Logos oder der Logik, also logosmäßig oder logisch. Von einem Begriffe gilt dasselbe; daher entspricht die Differenzierung eines Naturprinzips der ihres Begriffes, weil eben beide denselben Ursprung haben, den Logos. Organische Differenzierung ist also logische Differenzierung, man kann sagen: das Organische verkörpert das Logische; daher die Logik der organischen Gestalt. Mit unserem menschlichen Geiste können wir diese Logik der Natur erfassen und prinzipiell begreifen, weil auch die apriorischen Funktionen unseres Verstandes und ästhetischen Empfindens (der „Urteilskraft" nach Kant) aus jenem kosmischen Geiste heraus gebildet, also verwandt mit ihm sind. Sonst könnte es sein, daß ein objektiv Schönes als häßlich (und umgekehrt) empfunden würde und wir nicht imstande wären, den Sinn einer organischen Erscheinung zu erkennen. Einen Menschen, der etwa einen Verwesungsgeruch als angenehm und eine organische Schönheit als abstoßend empfände, bezeichneten wir ja als anormal. Unsere erkenntnistheoretische Subjektivität erhält dadurch eine bedeutsame objektive Grundlage.

Für die Differenzierung einer Einheit gibt es nun verschiedene Möglichkeiten: ein Kreis kann zu einer Blütenfigur in verschiedener Weise abgewandelt werden wie ein musikalisches Thema oder eine Idee in verschiedener Weise ausgearbeitet werden kann. Auch ist jedes Ei rein morphologisch genommen, ob vom Fisch oder Vogel, eine nur wenig differenzierte Einheit; der künftige Organismus ist in ihm noch nicht vorgebildet, aus seiner Kugelgestalt könnten also alle möglichen Organismen gebildet werden, wenn nicht die „Organisation" der Chromosomen eine besondere Art bestimmte. Ein geistiges

Prinzip enthält also potentiell die Anlage zu unendlich vielen Gestalten; welche sich aus ihr entwickelt, wird durch besondere Verhältnisse bestimmt. In allen wirkt aber das gleiche geistige Prinzip. So denken wir uns auch den Weltgeist als den Ursprung und das unwandelbare Prinzip aller Gestalten des Kosmos, das sie potentiell enthielt und noch die künftigen enthält. Die höheren formativen Stufen enthalten also nur die Vorstufen zu allen möglichen daraus differenzierbaren oder konkretisierbaren Gestalten, nicht die konkreten Bilder von ihnen. Das Geistige enthält überhaupt keine einzelnen Vorstufen, sondern ist selbst die Vorstufe der ganzen Natur, die reine Potentialität alles Daseins. Während im Anorganischen, also bei toten Gegenständen das abstrahierende Prinzip von dem betreffenden Gegenstande oder Vorgange abhängt und nur mit dem, der es denkt, als Realität existiert, ist das geistige Prinzip der organischen Gestalten unabhängig von diesen und dem, der sie nachdenkt, es existiert absolut wie die Wahrheiten der Mathematik, ob es physische Punkte und Linien oder Organismen und menschlichen Verstand gibt oder nicht. Die geistige metaphysische Wahrheit ist also absolut, während eine sich auf das Physische beziehende Wahrheit relativ ist. Da beide Arten von „Wahrheiten" sich nur selten entsprechen — im Physischen gibt es Unglück, Krankheit und Tod, im Geistigen nur ewige Harmonie und ewiges Leben — so wird dem aufs Physische gerichteten Sinne die geistige Wahrheit durch physische Wahrheiten nicht erkennbar, sondern verschleiert; daher die Bezeichnung „der Schleier der Maja" für die Welt der Erscheinungen. Wie die Unberührtheit der Entelechie von physischen Verletzungen, so ist die Unberührtheit des Geistigen von Disharmonie jeder Art die Grundlage der Heilungsmöglichkeit. Denn das Geistige als das an sich Sinnvolle und Gestaltende, nicht Gestaltete, also nicht Systemhafte, kann nicht erkranken; es kann überhaupt nicht in Unordnung geraten, nicht weil es so fein und zweckmäßig organisiert ist, sondern weil es überhaupt nicht organisiert, sondern differenziert ist. Hätte das Böse seine Grundlage im Geistigen, so wäre es sozusagen Gottes Wille, und wäre der Kampf dagegen aussichtslos.

Es liegt im Wesen des Absoluten, daß es weder räumliche, noch zeitliche Gestalt hat; es besteht vielmehr jenseits von Raum und Zeit in der Unendlichkeit oder Ewigkeit als das reine Sein, das raum- und zeitlose Prinzip aller Dinge, während Raum und Zeit nur Existenzformen des Daseins der endlichen Natur sind. Das Sein hat also noch kein konkretes Dasein, sondern es offenbart sich in diesem.

Nehmen wir das Dasein für das Wirkliche, so ist das geistige Sein unwirklich (Nirwana); halten wir aber das Sein für die einzige absolute Wirklichkeit, so wird das Daseiende, (τὸ μή ὄν), zu einer Scheinwirklichkeit. Seit Plato ist dies jedem Studenten der Philosophie geläufig; wir wollen hier nur unsere Übereinstimmung damit bekunden.

Entsprechend der Beschaffenheit der Stufen des formativen Systems, die nach „oben" dem Geistigen immer ähnlicher werden, muß es auch Übergangsstufen von der Raum- und Zeitlosigkeit zum physischen Raume und der physischen Zeit geben, also höhere Formen des Raumes und der Zeit. Im Geistigen gibt es demnach einen im physikalischen Sinne raumlosen Raum, die Un-endlichkeit, und eine zeitlose Zeit, die Ewigkeit, woraus der physische Raum und die physische Zeit hervorgegangen sind, wie es schon die alten Veden lehrten. Entsprechend muß es auch in höheren Ebenen metaphysische Stufen der Bewegung geben und im Geistigen das raum- und zeitlose Prinzip der Bewegung, dessen räumlich-zeitlicher Ausdruck die physische Bewegung ist. Die organischen Bewegungen insbesondere der Himmelskörper sind demnach im Verlaufe der Materialisation aus metaphysischer Bewegung entstanden und nicht auf physikalische Weise aus der Bewegungslosigkeit. Im Gegenteil; was wir hier an physischer Bewegung haben, ist nicht eine Steigerung, sondern eine Abschwächung des ursprünglichen Zustandes, genau wie es bei der molekularen Bewegung, der Wärme nach unserer Theorie der Fall ist; denn die Schnelligkeit der Bewegung nimmt mit der Kleinheit der materiellen Teile zu. Nach der Relativitätstheorie ist die schnellstmögliche Bewegung die des Lichtes. Dieses wäre demnach das Urelement der Materie, was auch schon anderswo ausgesprochen wurde. Bei ihrer Bildung war also die Urmaterie schon mit höchster Bewegung begabt. Wir sehen, wie überall im Organischen die Dinge umgekehrt im Vergleich zum Anorganischen liegen, und die materialistischen Erklärungen gerade das Gegenteil der Wahrheit behaupten.

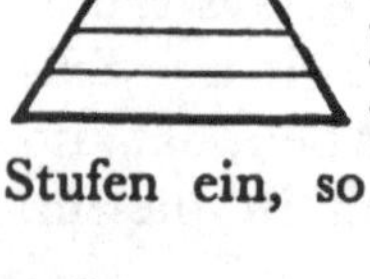

Bedeutungsvoll ist für diese Erörterungen wieder eine schematische Veranschaulichung. Zeichnen wir nämlich die Räumlichkeit als eine Linie und die Raumlosigkeit als Punkt und verbinden beides, so bekommen wir ein Dreieck. Fügen wir darin einige formative Stufen ein, so sehen wir, wie die Räumlichkeit abnimmt je näher die formative Stufe dem Geistigen steht. Wäre die Räumlichkeit als Fläche gezeichnet, so entstünde etwa ein Prisma oder eine Pyramide. Das Kleinerwerden der Linien nach oben hin bedeutet dabei nicht, daß in den höheren Ebenen alles kleiner, sondern daß es unräumlicher wird. Fügen wir nun noch mehrere solcher Dreiecke aneinander, wobei die Grundlinie den gleichen Abstand vom Punkte behält, so entsteht ein Vieleck und bei unendlich vielen Dreiecken ein Kreis mit Radien oder das Bild eines Rades. Dreidimensional, wenn also statt der Grundlinien Flächen genommen würden, entstünde eine Kugel. Diese wäre also das metaphysische Symbol des Kosmos. Die Kugelschale würde die physische Ebene bedeuten, die inneren konzentrischen Schichten die Stufen des formativen Systems und der immaterielle Mittelpunkt das un-endliche geistige Zentrum der Welt.

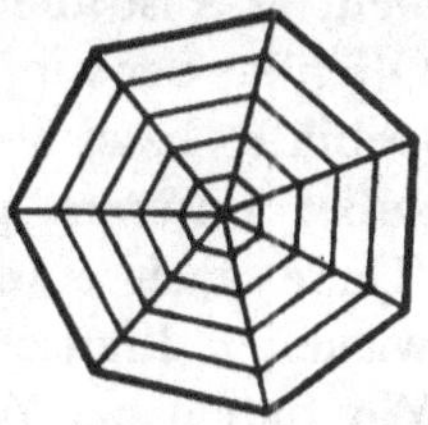

Dasselbe Schema läßt sich auch auf die Zeit anwenden. Wir sehen dann, wie stufenweise dem Punkte zu die Zeitlichkeit abnimmt, wie es also auch eine metaphysische Zeit gibt analog dem metaphysischen Raume. Der Kreis mit den Radien und den konzentrischen inneren Kreisen bildete dann das alte indische Symbol, das Rad des Geschehens, des Weltprozesses, das sich um den zeitlosen Mittelpunkt, die Ewigkeit, Brahman, dreht. Sein äußerer Ring bedeutete die physische Zeit, die danach in sich selbst zurückliefe, nicht wie eine gerade Linie in die Endlosigkeit sich fortsetzte. In dem Falle würde sie sich ja immer mehr von ihrem zeitlosen Ursprunge entfernen.

Wir haben hier einen Ansatz zu einer metaphysischen Symbolik, die keine leere Phantastik ist, sondern eine Projektion unräumlicher Verhältnisse in die Räumlichkeit. Es ist zu hoffen, daß sie sich zu einer Wissenschaft entwickelt und analog der höheren Mathematik Schlüssel zur tieferen Welterkenntnis liefert.

Dem Symbol der Kugel entspricht es, wenn wir unseren geistigen Kern in unserem Innern suchen. Bedenken wir aber, daß wir, je tiefer wir dahin hinabsteigen, um so mehr aus dem Räumlich-Zeitlichen in das Überräumliche und Überzeitliche gelangen, und wenn wir es vermöchten, bis zum rein Geistigen vorzudringen, wie es die Yogis und Mystiker lehren, in die Ewigkeit und Un-endlichkeit ein-

17*

träten, so wird uns klar, daß wir dann auch aus der Begrenztheit in die Unbegrenztheit, also aus uns heraus immer mehr in das universell-Kosmische gelangen. Das bestätigt sich uns schon bei Betrachtung unserer Vorstellungen: bekanntlich projizieren wir diese in die Außenwelt. Was ist aber der Projektionsschirm, auf dem wir sie erblicken? Offenbar der subjektive Raum und die subjektive Zeit, beides seelische Gebilde, bzw. Formen der Anschauung. Sie sind aber tatsächlich außer unserem physischen Körper, bilden beim Tiere und beim Kinde noch einen kleinen Umkreis, während sie beim höher entwickelten Menschen bald sozusagen den ganzen Kosmos umfassen. Wir malen bei Wahrnehmungen mehr oder weniger objektgetreu in den Sehraum hinein, setzen Richtung und Ort der Tonquellen in den Hörraum hinein usw. Daß wir dabei neuschöpferisch unsere Vorstellungen gestalten, ist daran erkennbar, daß wir oft etwas anderes verstehen und etwas anderes zu sehen glauben, als es wirklich war. Tachistoskopische Darbietungen sinnloser Figuren im peripheren Gesichtsfelde zeigen dies deutlich, außerdem die Sinnestäuschungen. Wir stehen also als physische Wesen wie kleine Körper in unseren großen Sehräumen und Hörräumen sowie in unserer Zeit drinnen. Für den Bereich unserer Begriffe gibt es, was Raum und Zeit angeht, überhaupt keine Grenzen; daher können wir damit den ganzen Kosmos erfassen und tief in seine Geheimnisse eindringen. Durch die Apriorität der Formen unserer Anschauung und unseres Denkens erhalten diese Funktionen weitgehend objektive Gültigkeit, indem sie den objektiven Verhältnissen entsprechen. Wenn dieses Entsprechen auch erst durch Erfahrung und Übung ausgebildet wird, so wird dies durch die Apriorität erst ermöglicht. Die formalen Gesetze der Anschauung und des Denkens sind also Individuationen kosmischer Gesetze, und die Arten der Materie, in denen sich jene Prozesse abspielen, müssen kosmischer höherer Materie und ihrer Idionomie entstammen. Je geistiger also die Gesetze und Inhalte unseres Seelenlebens sind, um so allgemeingültiger sind sie, d. h. um so mehr kosmischer Art. Daher sind die geistigen Gesetze in uns Weltgesetze und die geistigen Wahrheiten — aber auch nur diese! — Weltwahrheiten. So wird es auch verständlich, wenn wir sagen: Die Organismen sind vom Kosmischen aus gestaltet; nicht vom äußeren räumlichen Kosmos, sondern vom geistigen und entelechialen Kosmos über das Innere des Organismus. Dieser erscheint danach vom Geistigen aus gesehen nicht als die physische Schale um den geistigen Kern, sondern als äußerste Begrenztheit, als physischer Kern in einem geistig-entelechialen Mikrokosmos. Der individuelle geistige Kern in uns Menschen lebt also als generelles Prinzip auch in den Dingen der Außenwelt. Daher sagte der indische Weise seinem Schüler: tat twam asi*). —

Die Vorstufe des Weges zu Gott für den einzelnen Menschen ist also die Erkenntnis des Geistigen in der Umwelt entsprechend dem organologischen Weltbilde; erst dann kann heute u. E. der Weg über das Geistige in uns mit Erfolg beschritten werden. Denn ohne den Begriff des kosmisch-Geistigen besteht die Gefahr des Verfallens in Subjektivismus, nämlich das göttlich-Geistige als Idee des Menschengeistes hinzustellen, wie es der philosophische Idealismus des 19. Jahrhunderts tat. Daß dies keine Erkenntnis, sondern nur eine grobe Begriffsfälschung ist, die als der philosophisch-begriffliche Ausdruck des Materialismus Religion zerstört und spirituelle Degeneration erzeugt, wird jedem organologisch Geschulten klar sein. Denn zu sagen: „Gott ist eine Idee", womöglich noch Funktion der Hirnmaterie, bedeutet Atheismus und führt weltanschaulich zum Bolschewismus; es steht auf derselben Stufe wie jene Thesen, Seele sei Gehirnfunktion und Leben (organischer) Stoffwechsel. Wenn überhaupt die Realität Gottes anerkannt wird, so kann sie nur unabhängig vom menschlichen Denken gedacht werden, als das höchste kosmisch-Geistige, dessen Wiederspiegelung im menschlichen Geiste die Idee von ihm ist. Es dürfte also nur heißen: unser Gedanke von Gott ist eine Idee, aber nicht: Gott ist eine Idee. —

Wenn wir das Geistige im spirituellen Sinne als „das Licht der Welt" betrachten, so erhebt sich die Frage nach seinem Bewußtsein. Der heutige Naturwissenschaftler ist zweifellos nicht geneigt, Bewußtsein im Kosmos anzunehmen, sondern es nur dem Menschen und Tiere als Hirnfunktion zuzuerkennen, die Kräfte der Umwelt hingegen als bewußtlos hinzustellen. Das hängt mit dem Grundgedanken zusammen, daß das menschlich-Geistige das höchstentwickelte Geistige überhaupt sei. Wir sind indessen anderer Ansicht und fänden es sonderbar, das kosmisch-Geistige als unbewußt zu denken und sein Produkt, das Seelische als bewußt, wo es doch der Ursprung aller Geistigkeit, also auch des Bewußtseins ist. Nun haben wir aber das Bewußtsein als Funktion eines Bewußtseinsträgers, als eines Teiles der seelischen Organisation definiert, und so entsteht die Schwierigkeit, dies Bewußtsein dem Geistigen zuzuerkennen, wo es

*) Das bist Du.

doch als unorganisiertes Prinzip keinen Bewußtseinsträger haben kann. Alles Gestaltete, also auch die seelische Organisation, fassen wir als Ausdruck des Geistigen auf, mithin auch die Funktion einer Organisation, das Bewußtsein. Also ist dies auch nur eine Widerspiegelung seines geistigen Prinzips und kann das Geistige nicht in dem Sinne Bewußtsein haben, wie es das Seelische hat; es muß vielmehr das Prinzip, das Wesen des Bewußtseins sein, nämlich „die Bewußtheit an sich", deren Nachbilder (Spiegelungen) in der Natur die verschiedenen Bewußtseinsformen sind, die durch Begrenzung und Reizung entstehen. Der Bewußtseinsträger erzeugt also nicht, sondern ermöglicht nur die Spiegelung des Bewußtseins des Geistigen in der Seele und zwar je nach der Höhe seiner Entwicklungsstufe in verschiedenen Stufen der Vollkommenheit. Die Bewußtheit des Geistigen ist also ein qualitativ Höheres, da Primäres gegenüber dem sekundären animalischen Bewußtsein, sie ist als ewig, absolut und unveränderlich zu denken im Gegensatze zu der Veränderlichkeit und Relativität des irdischen Bewußtseins. Sie verhält sich demnach zu diesem wie das Sonnenlicht zum Mondlichte.

## H. DIE METAPHYSISCHE REALITÄT PHYSISCHER ATTRIBUTE

### 1. Organische Qualitäten

Unter physischen Attributen verstehen wir die Kennzeichnung der Eigenschaften eines physischen Körpers oder Prozesses (z. B. der Größe, der Konsistenz, der Gestalt, Farbe, Funktion, Schnelligkeit, Präzision) aber auch die Zahl. Diese Eigenschaften kennen wir in der Physis nur in der Verbindung von Körpern oder Prozessen, nicht als Realitäten für sich. Wir kennen also keine Eckigkeit ohne einen eckigen Köper, keine reale Farbe ohne einen farbigen Gegenstand, keine reale Bewegung ohne einen Körper, der sich bewegt, kein Gutes oder Schlechtes ohne eine Kombination, die gut oder schlecht ist usw. Diese Attribute fassen wir, soweit sie organisch-heteronom bedingt sind, als Ausdrucksformen metaphysischer Realitäten auf, also z. B. die fünfeckige Anordnung der Teile einer Blüte als Ausdruck der Fünfeckigkeit, die Form des menschlichen Schädels als Ausdruck der Rundheit, die Schnelligkeit der Schwalben als Ausdruck der Schnelligkeit, die sinnvolle Ordnung als Ausdruck der Weisheit, die ästhetische Harmonie der Naturformen als Ausdruck der Schönheit. Es ist also kein zufälliges, nebensächliches, sondern geistgewolltes Ergebnis, daß das Blut rot, die Wiese grün, die Blüte blau erscheint, also ihre

Materie Ätherschwingungen von einer bestimmten, uns rot, grün oder blau erscheinenden Frequenz reflektiert, sondern es hat einen Sinn, der bestimmend war für die Struktur jener Materie. Diesen Sinn — wahrscheinlich nur einen Schimmer davon — nehmen wir mittelst der Perzeption seines physischen Bildes wahr. Unsere subjektive Auffassung bildet also Wirklichkeiten einer geistigen Welt nach.

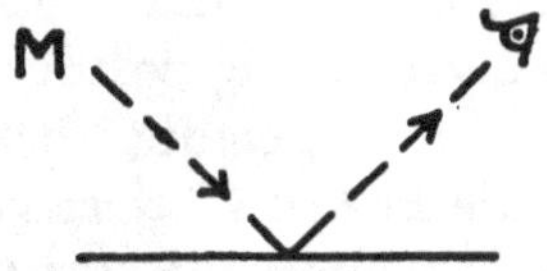


So vollzieht sich bei unserer Wahrnehmung gewissermaßen wie durch Spiegelung der umgekehrte Prozeß zu dem Materialisationsprozeß in der Natur: *eine sinnvolle, farbige, tönende, mit allen möglichen geistigen Qualitäten erfüllte metaphysische Welt materialisiert sich bis zu Schwingungsfrequenzen*; aus diesen entstehen in unserem Mikrokosmos wieder die Empfindungen von Farben, Tönen usw., und aus den sinnvollen Kombinationen dieser Elemente die Vorstellungen von Bildern, Melodien, Funktionen, Handlungen, also geistige Einheiten, denen in höheren Ebenen analoge Einheiten als Ursprünge jener materiellen Kombinationen entsprechen. Wir schauen also gewissermaßen im Spiegel der sinnvollen Gestalten dieser Welt in eine höhere Welt hinein; denn die organischen Gestalten und Qualitäten entstammen nicht der Physis, sondern der Metaphysis. Es ist also nicht richtig, wenn gesagt wird, wir könnten uns von der übersinnlichen Welt keinerlei Vorstellung machen. Wenn in Afrika eine elektrische Bahn gebaut wird, so kann sich der Neger dadurch zwar noch keine richtige Vorstellung von europäischer Zivilisation bilden, wohl aber bekommt er eine teilweise Ahnung davon; so auch wir Geistesneger von der höheren Welt durch irdische Gestalten. Allerdings können die physischen Bilder nicht ohne weiteres auf die Metaphysis übertragen werden, da wir die Idionomie der höheren Ebene und ihre Materie nicht kennen, wie etwa der Arbeiter eines Werkes von seiner Ebene nicht unmittelbar auf die der Direktion schließen kann; immerhin wird der organologisch Geschulte das Wesen einer organischen Erscheinung phänomenologisch erkennen und daraus seine formalen Schlüsse auf deren Metaphysis ziehen können. Das tuen wir schon instinktiv, wenn wir die Größe des Weltalls, die ruhige Majestät des Sternenhimmels auf uns wirken lassen und dabei einen Hauch von der unendlichen Größe und Hoheit der höheren Welt verspüren, wie wenn wir unseren Blick zu den Organismen wenden und sehen, mit welcher übermenschlichen Weisheit, Kunst und Präzision dort alles bis ins Kleinste ausgearbeitet ist. Ein feiner empfindendes Gemüt wird auch die Liebe empfinden, die in der Natur waltet, von der menschliche Liebe meist nur ein trüber Abglanz ist. Andererseits lassen uns die grauenhaften Erscheinungen des Bösen eine finstere Welt des Schreckens ahnen, die uns ständig bedroht und z. T. schon die Menschen in ihrer Gewalt hat. Zwischen diesen positiven und negativen Mächten, die sich in diametralem Gegensatze befinden, müssen sich gewaltige Kämpfe abspielen, die in den Göttersagen vor allem der nordischen Völker symbolisch-dichterische Gestaltung fanden.

Bei dieser Betrachtung der Natur verhalten wir uns so, wie wenn wir ein Kunstwerk auf uns wirken lassen. Wir sehen oder hören dabei zwar physische, von Menschen gebildete Kombinationen von Farben, Tönen usw., aber in ihrer Gestalt nehmen wir zugleich nachempfindend die geistige Stimmung wahr, in die der Künstler durch Inspiration versetzt wurde, also indirekt Inhalte metaphysischer Ebenen, und zwar um so höherer, je höher das Kunstwerk steht. Daher muten uns die erhabenen Werke unserer großen Meister mit Recht wie Offenbarungen einer höheren Welt an. Das gibt der Kunst eine hohe metaphysische Bedeutung, insofern sie geistige Werte und Impulse in das irdische Leben hineinträgt zur Höherentwicklung der Menschheit. Ebenso kommt es uns bei organologischer Naturbetrachtung nicht nur auf die Naturgesetze an, sondern auch auf den metaphysischen Gehalt der Naturerscheinungen, der für uns geistige Nahrung sowie höhere weltanschauliche und wissenschaftliche Orientierung bedeutet, die der Materialismus uns verweigerte.

Die gleiche Einstellung haben wir auch zur Geschichte, die u. E. vom kulturellen Gesichtspunkte aus betrachtet werden muß, da ja im Prinzip die Politik der Kultur dient bzw. dienen soll. Daher sind weltpolitische Taten ebenso wie epochemachende Erfindungen, geniale, die Kultur befruchtende Kunstwerke oder ein richtungsgebendes Buch nicht nur glückliche Errungenschaften von Einzelnen, sondern hinter ihnen steht jedesmal die metaphysische Macht, der die Wirkung entspricht, die also die Wirkung durch jene Einzelwerke und -taten hervorrufen wollte. Und eben deshalb haben so oft kleine, anscheinend unbedeutende Ereignisse in der Geschichte große Wirkungen, wenn metaphysische Mächte mit ihnen im Zusammenhang standen, wie das am allermeisten bei dem Ereignis von Golgatha der Fall gewesen ist. Das irdische Geschehen ist also nur ein teilweiser Ausdruck gewaltiger metaphysischer Vorgänge.

Die höhere Welt, aus der wir kommen und in die wir nach dem Tode wohl wieder eingehen, ist also unserer Auffassung nach weder ein ödes schattenhaftes Reich des Todes, noch eine langweilige Ebene palmenwedelnder Sentimentalität, wie sie uns oft dargestellt wird, sondern eine Welt voll Lebensfülle und Erhabenheit mit den ewig sprudelnden Quellen des Lebendigen, Seelischen und Geistigen, die nach dem Göttlichen zu immer herrlicher und vollkommener wird. Wie alle Gebiete der Natur dürfen wir sie uns von lebenden Wesen bevölkert denken, von höheren und niederen, guten und bösen, Engeln und Dämonen, die höheren Mächten dienen zu erhabenen Zielen wie zu furchtbarer Zerstörung, von deren Gewalt im Physischen die irdischen und kosmischen Naturkatastrophen reden und von ihrer Macht im Seelischen das Unglück der Welt. Bei alledem wird unsere physische Ebene an Fülle der Gestaltungen bei ihrer den Geist hemmenden materiellen Idionomie wohl weit hinter der Metaphysis zurückstehen. Für den Materialisten ist dies alles bekanntlich nur wunschbedingte Illusion oder wesenlose Phantastik, für uns hingegen reale und ernst zu nehmende Wirklichkeit. Von der Größe der Überwelt im Verhältnis zur physischen Welt kann man sich annähernd einen Begriff machen, wenn man eine elektrische Glühbirne, eine Verstärkerröhre oder eine Grammophonplatte etwa mit einer Mozartsymphonie engraphiert unter dem Gesichtspunkte betrachtet, welche Wissenschaft, kulturelle Entwicklung und welche Industrien dazu gehörten, um jene kleinen relativ einfachen Gebilde zustandezubringen, — und dann den Blick auf einen Organismus, zuletzt auf den Menschen richtet. Ein ganzer metaphysischer Kosmos war offenbar nötig, um ihn entstehen zu lassen.

### 2. Anorganische Qualitäten

Bei anorganischen Vorgängen und Gebilden dürfen wir, wenn sie auch schön und differenziert erscheinen wie etwa ein Schneekristall oder der Regenbogen keine organische Heteronomie annehmen. Es gibt also auch Qualitäten, denen keine metaphysische Realität entspricht, von denen aus aber auf geistige Qualitäten geschlossen wird, wenn sie in organischen Kombinationen auftreten (als Farben, Rundheit oder Eckigkeit, Wärme, Schnelligkeit usw.). Diese scheinbare Unstimmigkeit erklärt sich nach unserer Theorie so, daß die Bestandteile der anorganischen Materie ursprünglich organische waren und durch Lösung aus dem Zusammenhange anorganisch geworden sind. Sie haben dabei natürlich ihre letztlich aus dem Geistigen stammenden Eigenschaften (anorganisch verändert) behalten, und diese treten nun unter besonderen Umständen als schön oder scheinbar sinnvoll in Erscheinung. Die Farbe und der Geruch einer chemischen Substanz, der Klang eines Metalles oder Glases beruht auf Frequenzen, bzw. Relationen, also auf Zahlen, die wiederum bedingt sind durch zahlenmäßige Verhältnisse der Struktur jener Substanzen. Es liegt also ursprünglich einer jeden Materie eine komplexe metaphysische Zahl zugrunde, allerdings im organischen Zusammenhange eine andere als außerhalb desselben. Die Zahl der anorganischen Materie ist demnach eine Abart der Zahl ihres organischen Zustandes, und dadurch, daß die anorganische Materie noch metaphysische Qualität, wenn auch verändert repräsentiert und enthält, kann sie u. E. überhaupt wieder in den organischen Zusammenhang aufgenommen werden.

Die metaphysischen Zahlen, die Zweiheit, die Fünfheit usw. sind als differenzierte Einheiten objektiver Realität zu denken, die mit anderen Einheiten in logischem Zusammenhange stehen, der der Sinn der Zahl und ihr Ursprung ist. Die arithmetische Zahlentheorie stellt diesen Sinn nur mathematisch dar.

Durch die organologische Betrachtung der anorganischen Qualitäten kommen wir so zu Grundlagen einer Metaphysik der Zahl, als des Elementes sinnvoller Gestalten und lernen die anorganische Materie und ihre Attribute als Ausdrücke solcher metaphysischen Gestaltelemente begreifen. Daß wir die organischen Gestalten nicht mathematisch erfassen können, liegt daran, daß wir noch keine organische Mathematik haben, in der die einzelnen Zahlenfunktionen durch die höhere Einheit heteronom bestimmt, also anders sind, als wenn sie (anorganisch) isoliert stehen. In einer solchen müßten die anorganischen Verhältnisse vom organologischen Gesichtspunkte aus in Zahlenrelationen dargestellt werden, so daß man z. B. die chemischen und physikalischen Eigenschaften der Materie mathematisch begreifen könnte. Die Klarheit und Reinheit des Kristalles, die blaue Flamme des Wasserstoffes, die gelbe des Kohlenstoffes, die weiße Farbe des Schnees, die Schönheit und friedevolle Überbrückung des Regenbogens erscheinen dann nicht mehr als bedeutungslose Akzidentien, in die nur ein Phantast etwas Geistiges hineinlegen kann, sondern als wichtige Kennzeichen des

Wesens der betreffenden Substanz; denn die Farben, Tönen, Gerüchen zugrundeliegenden Schwingungsfrequenzen sind anorganischer Ausdruck geistiger Zahlen und metaphysischer Realitäten, nämlich der Farbe, des Tones, des Duftes an sich, denen unsere Sinnesqualitäten entsprechen müssen, da sie aus jenen metaphysischen Realitäten gebildet sind. Hier müssen wir wieder auf künftige Arbeiten organologischer Physiker verweisen, da die theoretische Physik mit Hinblick auf die Konsequenzen der Lagrande'schen Funktion bereits zu einer ähnlichen Auffassung vom Wesen der Beschaffenheit oder der Eigenschaften der Materie gekommen ist.

### J. DIE ORGANOLOGISCHEN BEGRIFFE VON GUT UND BÖSE

Ebenso wie anderen Attributen organischer Erscheinungen muß auch dem Guten und Bösen das metaphysische Gute und Böse an sich zugrundeliegen. Nun haben wir das Geistige oder den Logos als das an sich Harmonische und die Quelle aller Weisheit, Schönheit und Moralität, also als das über allem bestehende Gute an sich kennen gelernt. Andererseits ist ein Begriff des Guten als polarer Gegensatz zum Bösen berechtigt, also als ein sekundäres Gutes unter jenem universellen Guten. Als gut im polaren Sinne bezeichnen wir eine Art der Gesinnung, während der Logos, Weltgeist oder Gott jenseits oder über jener Polarität steht als das einzig Richtige, Wahre und geistig Wirkliche. D. h. außer ihm gibt es auf gleicher Stufe nichts anderes Richtiges, Wahres und Reales. Gott kennt also das Böse nicht, so wie die Logik nicht die Unlogik, das Licht nicht die Finsternis, die Wahrheit nicht die Lüge kennt. Das göttlich-Gute ist also das auf sich selbst beruhende absolute Gute, aus dem das menschlich-Gute als das relativ Gute und sein Gegensatz, das Böse, hervorgegangen sind. Das Böse erhält seinen Charakter aus seinem Gegensatze zum Guten; gäbe es nicht das Gute, so gäbe es auch nicht das Böse, wie es ohne Licht keine Finsternis, ohne Wahrheit keine Lüge, ohne Moralität keine Unmoralität gäbe. Es gibt also nur ein relatives, kein absolutes, auf sich selbst beruhendes Böses. Ursprünglich besteht also keine Polarität zwischen einem guten und einem bösen Prinzip als letzte Gegebenheit, die einen weltanschaulichen Dualismus rechtfertigte; das absolut Gute ist demnach das Höhere und Primäre, das Böse das Niedere und Sekundäre. Mit der Anerkennung der Realität einer guten und bösen Macht sind wir uns mit den Grundanschauungen aller Völker und Zeiten einig*), nur nicht mit dem Standpunkte des Materialismus und dessen traurigen Sprößlingen, dem Subjektivismus, der Gut und Böse als nur subjektiv existierend betrachtet, und dem Utilitarismus, der es von Nutzen und Schaden abhängig macht. Es versteht sich doch von selbst, daß das Gute nützlich und das Böse schädlich ist, vorausgesetzt, daß das Beziehungsobjekt gut ist; denn dem Bösen ist natürlich das Böse nützlich und das Gute schädlich. Hätte der Subjektivismus recht, so könnte man die Menschen dazu erziehen, das Böse als gut und das Gute als schlecht zu empfinden. In Wahrheit wehrt sich aber unser höheres Ich in unserem moralischen Gefühle dagegen; daher betrachten wir moralisch abnorm empfindende Menschen als pathologisch bzw. degeneriert.

Wer mit organologischem Wirklichkeitssinne die destruierenden Vorgänge in der Natur, im Schicksal und in den menschlichen Handlungen in ihrer Bosheit und Grausamkeit betrachtet, ist sich klar darüber, daß ein geistfeindliches, harmoniezerstörendes Prinzip Unglück, Krankheit und Unmoralität planmäßig in raffinierter Weise vorbereitet und gestaltet. Damit steht im Einklang, daß jeder organische Prozeß, also auch der destruktive, ein teleologischer ist. Die Teleologie des Bösen ist ein wichtiger Gesichtspunkt der organologischen Weltansicht; denn er lehrt uns viele Erscheinungen in der Natur, wie im Menschenleben erst richtig verstehen, und zwar nicht nur im Biologischen, sondern auch im bisher anorganisch aufgefaßten Kosmischen. Wir weisen z. B. auf die, jedem Alpinisten bekannte „Tücke der Berge" hin (verdeckte Spalten, Wächten, Steinschläge, Lawinen), und die niederschlagenden Sturzwellen des Meeres, deren Opfer die rückläufige Grundströmung in die Tiefe zieht. Wir denken ferner an die Fallböen und Zyklone, die Hagelschläge und Sandstürme, den Blitz und Wolkenbruch. Dies ist natürlich alles bereits „rein physikalisch erklärt", was für uns aber noch lange nicht besagt, daß nichts Böses dahinter steht; denn bei der Organisation der Materie der Erde haben eben metaphysische Mächte auch niederer Stufen mitgewirkt und augenscheinlich so mitgewirkt, daß auch ihre Tendenzen in den Eigenschaften der Materie, also auch ihre Idionomie ohne Heteronomie, zum Ausdruck kommen**).

---

*) Vgl. die Differenzierung des Bösen in der germanischen Mythologie: der Drache Nidhögg, der Fenriswolf, die Midgardschlange u. a.

**) Vgl. Faust II. 4. Akt (am Anfang): Mephisto (ernsthaft): „Als Gott der Herr — ich weiß auch wohl, warum —" u. den folgenden Dialog!

Eine Weltansicht, die die metaphysische Realität eines bösen Prinzips nicht kennt, erscheint vom organologischen Standpunkte aus dumm und unbrauchbar, ja sogar schädlich, insofern sie die Menschen ihren gefährlichsten Feind nicht einmal kennen läßt. Wir sind der Ansicht, daß diese scheinbar naive Weltansicht des Materialismus auch nur ein raffiniertes Produkt jenes bösen Prinzips ist, da sie in hervorragender Weise geeignet ist, die Wirklichkeitserkenntnis des Menschen zu verdunkeln, um ihn um so sicherer in die Netze der Versuchung aller Art einzufangen und ihn durch geistige, seelische und körperliche Degeneration der Vernichtung preiszugeben.

Den Ursprung des Bösen suchen wir, wie schon früher angedeutet, in der Lösung oder dem Abfall vom göttlich-geistigen Weltprinzip und Selbständigwerden niederer Einheiten, die ursprünglich unter der Heteronomie des rein Geistigen harmonisch wirkten, durch Lösung vom Geistigen aber entarteten und zu ihm in Opposition gerieten, wobei sie die ihnen vom Geistigen verliehenen Fähigkeiten in geistfeindlichem Sinne entwickelten. Die Sache liegt in der Natur gerade so wie in einem harmonischen, das Gute verkörpernden Staatswesen, in dem Menschen von der Ordnung abfallen und asozial werden. Niemand macht dafür die Regierung verantwortlich, sondern sieht den Ursprung dieser disharmonischen Zustände entweder in der Unvollkommenheit der Menschen oder, wenn sie planmäßig herbeigeführt werden, in einer verbrecherischen „Unterwelt“.

Man stelle sich vor, Teile des menschlichen Organismus, etwa die Hände, die Füße, die Augen, Ohren, der Mund, die im Rahmen des Ganzen doch nützlich und harmonisch funktionieren, würden sich loslösen und als selbständige Wesen ein Leben für sich führen. Was würde geschehen? Die Hände würden alles ergreifen und würgen, die Füße alles zertrampeln, die Augen alles beglotzen, die Ohren alles behorchen, der Mund mit dem Gebiß würde ein gefährliches beißendes Wesen. Prinzipiell denselben Vorgang haben wir im menschlichen Leben, wenn ein Mensch sich aus der harmonischen Gemeinschaft löst, asozial wird und entartet, wenn also ein Schlosser zum Einbrecher, ein Erzieher zum Verführer wird oder ein Treuhänder Unterschlagungen macht.

So begreifen wir das Böse als nicht direkt von Gott geschaffen oder gesandt, sondern durch Abfall von ihm und Entartung entstanden, wobei es von ihm stammende Fähigkeiten zu Mitteln seiner destruktiven Tendenz entwickelte, und zwar durch Abwandlung, die Klugheit zur Verschlagenheit und kalten Berechnung, die Kraft zur Brutalität, die Hoheit zur Überheblichkeit, die Seeligkeit zum tierischen Genuß usw., und durch Umkehrung die Liebe zum Haß, das Leben zum Tod, die Wahrheit zur Lüge, das Licht zur Finsternis. Vor dem Abfall lebte das Böse indessen nicht als Böses, sondern als harmonisches Teilprinzip der metaphysischen Welt. Nach dem Abfall hat es sich aber ein eigenes Reich geschaffen, das die Mythologie aller Völker als „die Hölle" kennt.

Weshalb wurde seine Entstehung aber zugelassen? — Den Grund erkennen wir, wenn wir uns die Welt ohne das Böse denken: weder die menschliche Persönlichkeit noch die metaphysischen Mächte würden sich zu freien, selbständigen Wesen, also zur geistigen Autonomie entwickeln, da es keine Möglichkeit gäbe abzuirren; sie würden ein geistiges Pflanzendasein führen wie wohlbehütete Kinder, die keine moralischen Erfahrungen machen und daher keine moralischen Erkenntnisse erwerben können. Das Problem des Bösen hängt also mit dem der Willensfreiheit zusammen, was auch schon anderswo betont worden ist.

Die Rolle des Bösen im Schicksale des Einzelnen ist eine andere Frage. Denn damit, daß das Böse im allgemeinen zugelassen wurde, ist es noch nicht im Einzelfalle zugelassen. Hier taucht wieder die Frage „Zufall oder Planmäßigkeit" auf: ist das schicksalsmäßige Geschehen ein nur durch blinde Kausalität bedingtes Chaos von Ereignissen, oder besteht auch hier eine heteronome Führung? Darüber soll in einer Sonderarbeit ausführlicher gesprochen werden. Wir können hier schon vorausnehmen, daß auch in dieser Frage die Wahrheit im Gegenteil zum materialistischen Standpunkte liegt.

Jede Beeinflussung des Menschen durch das Böse muß offenbar darauf abzielen, daß sein empirisches Ich, also seine irdische Persönlichkeit der Direktive des Geistigen, also seines höheren Ich entzogen wird, um niederen geistfeindlichen Einflüssen und Tendenzen gefügig werden zu können. Im allgemeinen geschieht dies einerseits dadurch, daß im empirischen Ich das Gefühl der Selbstherrlichkeit und Autonomie, also absolute Freiheit erweckt wird (vgl. die Geschichte vom Sündenfall) und andererseits durch Verblendung dem Geistigen gegenüber derart, daß dessen Realität über uns und in uns (das höhere Ich) als Illusion und Irrtum hingestellt und so das Gewissen abgestumpft wird (Gottlosenbewegung, Materialismus). In diesem Zustande des Fehlens der höheren Orientierung und der moralischen Blindheit ist der Mensch geistfeindlichen Lehren und Einflüssen ausgeliefert und gerät in Widerspruch mit den höchsten Weltgesetzen, wobei der

Materialismus den alten Glauben an ein Jenseits und Fortleben nach dem Tode mit entsprechenden Folgen irdischer Handlungsweise zerstört. Die meist unharmonische Gestalt des Lebens der Menschen ist also Folge einer weltanschaulichen Verirrung und falschen Erziehung, m. a. W. des weltanschaulichen Materialismus. Man stelle sich vor, welches Gesicht die Welt haben würde, wenn Reichtum und Macht vorwiegend in den Händen solcher Menschen lägen, die im Einklang mit den Weltgesetzen handelten und ihre Mittel in den Dienst des Guten stellten! Dies wäre offenbar der Zustand der Weltgesundheit, dem näher zu kommen nicht nur ein politisches und wirtschaftliches, sondern zunächst ein geistiges Problem ist.

Wir würden nun das Böse wohl erheblich unterschätzen, wenn wir annähmen, daß es ihm lediglich darauf ankäme, das irdische Leben zu stören und zu verunstalten. Da es ein kosmisches Prinzip ist, wird es wohl nach Beherrschung der Überwelt, also der höheren Ebenen streben. Hierzu soll ihm anscheinend der Mensch dienen, der Beziehung zu jenen höheren Ebenen hat und vielleicht nach dem Tode durch die Stufen des formativen Systems in jene eingeht. Es ist daher zu bedenken, daß moralisch verdorbene Menschen nach dem Tode, wenn sie fortleben, vielleicht in den niederen Ebenen (der „Hölle") zu Dienern des Bösen gemacht werden, wodurch dieses seine metaphysische Macht vergrößern würde.

Diesem destruktiven Prozesse muß nun der des Guten entgegenwirken und zwar, wie wir denken, dadurch, daß unverdorbene Menschen nicht nur Gutes auf Erden wirken, sondern auch nach dem Tode für das Böse unangreifbar in den höheren Ebenen den Einfluß des Bösen verhindern. Es erscheint daher durchaus möglich, daß die, die ihr Leben einer höheren Sache geopfert haben, etwa für ihr Vaterland oder eine große Idee gestorben sind, ein Schicksal nach dem Tode haben, das ihrem wahren Wesen entspricht und ihnen ermöglicht, in noch höherem und wirksamerem Grade Diener und Wegbereiter geistiger Ideale zu sein als auf der physischen Ebene, wie es die Mythologien aller Völker verkünden. Daher kommt es vielleicht, daß die größte Wirksamkeit eines bahnbrechenden Genies erst nach seinem Tode beginnt. Wir sind damit auf ein Gebiet gelangt, das noch besondere Untersuchungen erfordert, die nicht mehr im Rahmen dieses Buches liegen. Nur der Abrundung des organologischen Weltbildes wegen seien hier diese Möglichkeiten angedeutet, die wir an anderer Stelle ausführlicher behandeln werden. Gerade auch hier wird ersichtlich, wie wichtig die Lehre von der objektiven Realität der Gestalt ist; denn wenn es keine objektiv sinnvollen und sinnlosen Gestalten gäbe, so bestünden auch moralische und unmoralische Handlungen nur in unserer subjektiven Auffassung, m. a. W. was kein Mensch gesehen hat, bliebe unbemerkt, hätte keine Folgen für den Täter — eine heute fast allgemeine Auffassung.

Wie die Geschichte der Philosophie lehrt, ist der Materialismus stets, auch schon im alten Indien als geistig-kulturelle Verfallserscheinung aufgetreten und nicht erst eine Errungenschaft des 19. Jahrhunderts. Niemals war er beteiligt bei kultureller Entwicklung eines Volkes. Denn ein Mensch wie ein Volk bedarf zu seiner seelisch-geistigen Entfaltung immer neuer Zufuhr spiritueller Kraft in Form von Religion, hohen Ideen, erhaben Beispielen, die ihnen „in Fleisch und Blut" übergehen, seine kulturelle Entwicklung fördern, die aber auch bei Überwindung der Schwierigkeiten und Mißstände des Lebens durch Idealismus verbraucht werden. Die Organisation, deren eigentliche Aufgabe die Durchdringung der Völker mit höchster Spiritualität sein sollte, ist die Kirche; wie sie dieser Aufgabe gerecht geworden ist, lehrt die Geschichte. Der Materialismus sperrt nun diese spirituelle Zufuhr ab; daher der Hunger unserer Zeit nach neuer Verbindung mit dem Geistigen. Diese weltanschauliche Absperrung vom Geistigen offenbart den teleologischen Charakter des Materialismus, dem ein destruktives Prinzip und eine metaphysisch-geistfeindliche Macht zugrunde liegen muß. Wohin er treibt, sehen wir am Bolschewismus und am Kriege, destruktiven Prozessen, in denen jene Macht ihre vollste irdische Entfaltung zeigt. Hieraus erhellt die Bedeutung jeder dem Materialismus entgegenarbeitenden Bewegung, insbesondere die des organologischen Weltbildes. Es wäre daher zu wünschen, daß die Regierungen der Völker hier klar sehen würden, damit sie erkennen, wem sie dienen und wohin ihr Weg führt. Wer dem Geiste wahrhaft dient, wird im Kampfe letzten Endes immer Sieger sein; wer es aber unternimmt, gegen den Geist zu kämpfen, der hat zwar dunkle Mächte für sich, aber die höchste Macht der Welt gegen sich.

Aus dem Primat des Guten ergibt sich die Möglichkeit der Überwindung des Bösen durch das Gute und Zurückführung der überwundenen und in ihrem Kern noch nicht verdorbenen, nur verführten Einzelwesen in die harmonische organische Weltordnung. Denn das Böse kann nicht dadurch überwunden werden, daß man nur seine Äußerungen bekämpft oder unterdrückt, womöglich noch mit den zerstörenden Mitteln des Bösen selbst, sondern vor allem dadurch, daß das entelechiale Böse durch die Heteronomie des ihnen übergeordneten geistig Guten wieder zu einem harmonischen Teil der Welt verwandelt, oder wenn es radikal böse ist, vernichtet wird. Diesen Prozeß haben wir in der Natur bei Überwindung einer Krankheit und im psychologisch-Menschlichen bei der Erziehung. Die Macht des geistig-Guten über das Böse liegt nach früheren Ausführungen in seiner absoluten Realität gegenüber der relativen Realität des Bösen. Daher der vernichtende Einfluß der Wahrheit auf die Lüge, des Lichtes auf die Finsternis, des Positiven auf das Negative. Es entsteht also für den geistig entwickelten Menschen die große, geradezu kosmische Aufgabe, dem Bösen auf spirituelle Weise entgegenzuarbeiten, was auf Erden den endgültigen Sieg des Geistes ermöglichen würde. Daher der infernalische Haß des Bolschewismus gegen die Religion und sein Bestreben, die Entwicklung der Spiritualität mit allen Mitteln zu verhindern. Daß jenes hohe Ziel aber erreichbar ist, dafür liegen schon Tatsachen vor, die hier nicht erörtert werden können. Nach dem Gesetze von Wirkung und Gegenwirkung (vgl. unsere Theorie der organischen Reaktion) wird die gewaltige Entwicklung des Bösen auf der Erde in höheren Ebenen entsprechende Gegenwirkungen auslösen, die, wenn auch in fernen Zeiten und nach schmerzlichen Umwegen den endlichen Sieg des Geistes gewährleisten.

## NACHWORT

Wenn wir rückblickend unsere nun erarbeitete Stellung gegenüber der offiziellen Naturwissenschaft beurteilen, so sehen wir uns in mancher Beziehung weit von ihr entfernt, andererseits fühlen wir uns dem weltanschaulichen Ideal des 18. Jahrhunderts wieder nahe. Die Abweichung von diesem Ideal durch den naturwissenschaftlichen Materialismus erkennen wir als eine Abweichung vom Wesen deutschen Geistes. Wir erinnern an die Äußerungen unserer großen Dichter, an Schillers Klage in den „Göttern Griechenlands", vor allem an Mephisto's Worte im Faust, an die immer wiederkehrenden Angriffe gegen den Materialismus und das sich immer von neuem meldende Bedürfnis des deutschen Menschen nach metaphysischer Erkenntnis.

Und wie empfand der Philosoph des 19. Jahrhunderts? Geblendet und fasziniert von den technischen Entdeckungen und Theorien suchte er unter Verzicht auf sein altes Ideal einen neuen „modernen" Standpunkt. In den fünfziger Jahren schrieb Hermann Lotze in der Vorbemerkung zu seinem „Mikrokosmos" folgende charakteristischen Worte, die heute noch gesprochen sein könnten:

> „Zwischen den Bedürfnissen des Gemütes und den Ergebnissen menschlicher Wissenschaft ist ein alter, nie geschlichteter Zwist. Jene hohen Träume des Herzens aufzugeben, die den Zusammenhang der Welt anders und schöner gestaltet wissen möchten, als der unbefangene Blick der Beobachtung ihn zu sehen vermag: diese Entsagung ist zu allen Zeiten als der Anfang jeglicher Einsicht gefordert worden."

Dies große, aus reinstem wissenschaftlichen Idealismus gebrachte Opfer sollte der Erkenntnis der Wahrheit dienen und war in seiner Selbst-Verleugnung *) doch nur eins von den Todeszeichen einer unter dem Gifthauch des aufkommenden Materialismus sterbenden romantisch-idealistischen Geistesepoche, die uns so herrliche Kulturwerte bescherte. Im organologischen Weltbilde erhalten dagegen „jene hohen Träume des Herzens" nicht nur wieder ihre Berechtigung, son-

*) Verleugnung seines Selbst!

dern erscheinen nur als schwache Ahnungen einer über menschliche Vorstellung erhabenen metyphysischen Welt. Psychologisch genommen sind sie die Sprache des Geistigen in uns und in der Volksseele, der zu folgen niemals falsch sein kann, da sie uns den Weg zu den Quellen des Lebens weist. Jetzt erkennen wir, daß der Verstand dem intuitiven Gefühl an Erkenntnisfähigkeit der großen Zusammenhänge nicht nur nicht überlegen ist, sondern wie das empirische Ich seiner höheren Führung bedarf und jenes höhere Wissen nur begrifflich differenzieren und sich an ihm bilden kann.

Hiermit beschließen wir vorläufig die Darlegung des organologischen Weltbildes und hoffen, daß sie Verständnis findet. Wie jede neue Idee wird aber auch die unsrige auf Widerstand stoßen, denn vor allem fordert ja die organologische Methodik gerade das, was von den exakten Naturwissenschaftlern stets abgelehnt wurde: die philosophisch-weltanschauliche Determination. Die Philosophie soll den Naturwissenschaften ihre Probleme und ihre Forschungsrichtung anzeigen; sie soll sich zwar von deren Ergebnissen belehren und evtl. korrigieren lassen, also materialiter die Erkenntnisarbeit nicht stören, sondern wie die Vernunft als Träger der Ideen dem Verstande seine Wege anzeigt, so soll sie als die oberste sinnvoll heteronome, also formal gestaltende Instanz aller Wissenschaften dastehen, indem sie empirische Induktion mit philosophischer Deduktion zu einer höheren Entwicklungsstufe wissenschaftlicher Erkenntnis verbindet. Diese neue organologische Naturforschung unter der Führung des Großen Generalstabes der Wissenschaften würde der seelisch-geistigen Gesamtorganisation des Menschen entsprechen, also die Struktur des formativen Systems haben, so daß die Universitas literarum eine Hiearchie der Wissenschaften darstellte, deren oberste Stufe die Metaphysik bildete. So würde ihre Funktion analog der Art sein, wie auch der einzelne Mensch zur Erkenntnis gelangt, indem nicht nur der Verstand, sondern auch das Gemüt und die Intuition zu ihrem Rechte kämen. Die Kluft zwischen Geistes- und Naturwissenschaften würde verschwinden zugunsten einer großen heteronomen Einheitlichkeit aller Fakultäten und ihrer Teilgebiete. Während heute noch, wie im Vorworte bemerkt, sich kein Spezialforscher von einem Philosophen in seine Wissenschaft hineinreden lassen will, wird der organologische Forscher die Mitwirkung eines Metaphysikers gerade als Förderung empfinden, wie in der Physik der Mathematiker willkommen ist. Daraus ergäbe sich die königliche Stellung einer deutschen Naturphilosophie.

## TAFEL DER ORGANOLOGISCHEN BEGRIFFE *)



*) soweit noch nicht anderweitig definiert.

Kolibri 360 GmbH
Ferdinand-Jühlke-Straße 7
99095 Erfurt, Deutschland
produktsicherheit@kolibri360.de